普通高等教育"十一五"国家级规划教材

"十三五"国家重点出版物出版规划项目——现代机械工程系列精品教材

计算机绘图

第 4 版

（AutoCAD 2022 版）

主　编　管殿柱

副主编　臧艳红　刘　慧

参　编　刘高照　管　玥　冯玉勇　宋新城　李文秋

机 械 工 业 出 版 社

本书是普通高等教育"十一五"国家级规划教材、"十三五"国家重点出版物出版规划项目——现代机械工程系列精品教材，是本科院校"计算机绘图"课程教材。全书共 15 章，包括计算机绘图技术概述、AutoCAD 概述、AutoCAD 绘图基础、绘制二维图形、规划与管理图层、修改二维图形、文字与表格、尺寸标注、块与外部参照、高效绘图工具、平面图形绘制、轴测图绘制、布局与打印出图、三维实体造型、图纸集等内容，力求让学生系统而全面地掌握利用 AutoCAD 进行计算机绘图的知识与技能。本书侧重于机械图样绘制，书中图样大都来源于生产实际。

本书可作为本科"计算机绘图"课程教材，也可作为高职、高专等各层次院校相关课程教材，还可以作为计算机绘图技术相关培训的教材。

本书配有电子课件，欢迎选用本书作教材的老师索取，主编电子邮箱：gdz_zero@ 126. com。

图书在版编目（CIP）数据

计算机绘图：AutoCAD 2022 版/管殿柱主编. —4 版. —北京：机械工业出版社，2023. 9（2025. 1 重印）

普通高等教育"十一五"国家级规划教材 "十三五"国家重点出版物出版规划项目 现代机械工程系列精品教材

ISBN 978-7-111-73739-1

Ⅰ. ①计… Ⅱ. ①管… Ⅲ. ①AutoCAD 软件–高等学校–教材 Ⅳ. ①TP391. 72

中国国家版本馆 CIP 数据核字（2023）第 160438 号

机械工业出版社（北京市百万庄大街 22 号 邮政编码 100037）
策划编辑：徐鲁融 责任编辑：徐鲁融
责任校对：李小宝 李 杉 封面设计：张 静
责任印制：常天培
北京机工印刷厂有限公司印刷
2025 年 1 月第 4 版第 6 次印刷
184mm×260mm·19. 5 印张·480 千字
标准书号：ISBN 978-7-111-73739-1
定价：59. 80 元

电话服务 网络服务
客服电话：010-88361066 机 工 官 网：www.cmpbook.com
010-88379833 机 工 官 博：weibo. com/cmp1952
010-68326294 金 书 网：www.golden-book.com
封底无防伪标均为盗版 机工教育服务网：www.cmpedu.com

前　言

高校"工程图学"课程的教学曾经是在图板上进行的，这明显与社会发展大大脱节。随着教育部 2000 年甩图板工程的实施，高校"工程图学"课程教学改革同步深入，老师们的教学任务就是要培养既掌握图学理论，又能熟练利用计算机绘图的现代人才。

计算机技术的发展使传统设计脱离图板成为现实，当今，如果一个设计师不会用计算机来绘制图样，简直是一件不可想象的事情。当然他们使用的绘图工具软件也多种多样，但从社会调查不难发现，他们之中的绝大部分已经习惯使用一种强大的绘图软件——AutoCAD，它的主要用途就是绘制工程图样，已经广泛应用于机械、电子、服装、建筑等领域。

随着产品的不断升级，AutoCAD 在快速创建图形、轻松共享设计资源和高效实现项目管理等方面，功能得到了进一步增强。本书采用 AutoCAD 2022 版本进行讲解，它扩展了 AutoCAD 以前版本的优势和特点，在用户界面、性能、操作、用户定制、协同设计、图形管理、产品数据管理等方面得到进一步增强，并且定制了符合我国国家标准的样板图、字体和标注样式等，更加便于设计人员使用该软件进行相关工作。

本书内容丰富，包括计算机绘图技术概述、AutoCAD 概述、AutoCAD 绘图基础、绘制二维图形、规划与管理图层、修改二维图形、文字与表格、尺寸标注、块与外部参照、高效绘图工具、平面图形绘制、轴测图绘制、布局与打印出图、三维实体造型、图纸集等内容，力求让学生系统而全面地掌握利用 AutoCAD 进行计算机绘图的知识与技能。本书侧重于机械图样绘制，书中图样大都来源于生产实际。同时，根据编者长期从事 CAD 教学和研究的体会，本书以"提示"内容总结、补充了一些经验和技巧。

本书设有"思政拓展"模块，以二维码的形式引入"科普之窗""信物百年""大国工匠"等内容，将党的二十大精神融入其中，让学生在学习"计算机绘图"课程知识之余，了解天河三号、天鲲号等中国创造的辉煌成就，熟悉工程中真实的氧气顶吹转炉、水轮发电机组等零部件，体会大国工匠的精神和品质，通过推动煤电清洁化利用的技术图纸、万吨水压机工程图等理解工程图样的重要价值，树立学生的科技自立自强意识，助力培养德才兼备的高素质人才。

本书配套电子课件，欢迎选用本书的教师向主编发送邮件（电子邮箱：gdz_zero@126.com）索取。本书配套部分例题和练习题的图形源文件，欢迎使用本书的同学和一般读者到机械工业出版社教育服务网的本书详情页下载。殷切希望这些配套资源对大家的工作和学习有所帮助！

本书由管殿柱（青岛大学）任主编，臧艳红（烟台大学）、刘慧（青岛大学）任副主编，参加编写工作的还有刘高照、管玥、冯玉勇、宋新城、李文秋。

由于编者水平有限，书中难免存在错误和不足之处，衷心希望读者批评指正。

编　者

目　录

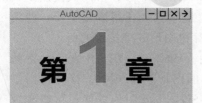

AutoCAD

第1章

计算机绘图技术概述

【本章重点】
- 计算机绘图的发展与应用
- 计算机绘图系统组成
- 计算机绘图与计算机辅助设计软件

1.1 计算机绘图的发展与应用

图形是表达和交流思想的工具。长期以来，绘图工作基本是以手工形式进行的，因此存在生产效率低、绘图准确性差、劳动强度大等缺点。人们一直在寻找代替手工绘图的方法，在计算机出现并得到广泛应用后，这种愿望才成为现实。

计算机绘图就是利用计算机对数值进行处理、计算，从而生成所需的图形信息，并控制图形设备自动输出图形，以实现图数之间的转换。计算机和绘图机的结合，可以帮助工程技术人员完成从设计到绘图的一系列工作。

1.1.1 计算机绘图发展概述

计算机绘图是 20 世纪 60 年代发展起来的学科，是随着计算机图形学理论及其技术的发展而发展的。图与数在客观上存在着相互对应的关系，把数字化了的图形信息通过计算机存储、处理，并通过输出设备将图形显示或打印出来，这个过程称为计算机绘图，而研究计算机绘图领域中各种理论与实际问题的学科称为计算机图形学。

20 世纪 40 年代中期，在美国诞生了世界上第一台电子计算机，这是 20 世纪科学技术领域的一个重要成就。

20 世纪 50 年代，第一台图形显示器作为美国麻省理工学院（MIT）研制的旋风 I 号（Whirlwind I）计算机的附件诞生。该显示器可以显示一些简单的图形，但因其只能进行显示输出，故也被称为"被动式"图形处理器。随后，MIT 林肯实验室在旋风计算机上开发出了半自动地面防空系统（Semi-Automatic Ground Environment，SAGE），第一次使用了具有指挥和控制功能的阴极射线管（Cathode Ray Tube，CRT）显示器。利用该显示器，使用者可以用光笔进行简单的图形交互操作，这预示着交互式计算机图形处理技术的诞生。

20 世纪 60 年代是交互式计算机图形学发展的重要时期。1962 年，MIT 林肯实验室的 Ivan E. Sutherland 在其博士论文《Sketchpad：一个人机通信的图形系统》中，首次提出了"计算机图形学"（Computer Graphics）这个术语，他开发的 Sketchpad 图形软件包可以实现在计算机屏幕上进行图形显示与修改的交互操作。在此基础上，美国的一些大公司和实验室开展了对计算机图形学的大规模研究。

20 世纪 70 年代，交互式计算机图形处理技术日趋成熟，在此期间出现了大量的研究成果，计算机绘图技术也得到了广泛的应用。与此同时，基于电视技术的光栅扫描显示器的出现也极大地推动了计算机图形学的发展。20 世纪 70 年代末至 20 世纪 80 年代中后期，随着工程工作站和微型计算机的出现，计算机图形学进入了一个新的发展时期，有关的图形标准相继被推出，如计算机图形接口（Computer Graphics Interface，CGI）、图形核心系统（Graphics Kernel System，GKS）、程序员层次交互式图形系统（Programmer's Hierarchical Interactive Graphics System，PHIGS），以及初始图形交换规范（Initial Graphics Exchange Specification，IGES）、产品模型数据转换标准（Standard for the Exchange of Product model Data，STEP）等。

随着计算机硬件功能的不断增强和系统软件的不断完善，计算机绘图已广泛应用于各个相关领域，并发挥越来越大的作用。

1.1.2　计算机绘图的主要应用领域

计算机绘图技术已经得到高度的重视和广泛的应用，目前，其主要的应用如下。

1. 计算机辅助设计（CAD）和计算机辅助制造（CAM）

计算机辅助设计（Computer Aided Design，CAD）和计算机辅助制造（Computer Aided Manufacturing）是一个最广泛、最活跃和发展最快的计算机绘图应用领域。具体应用包括：建筑工程、机械产品的设计；机械设计中的受力分析、结构设计与比较、材料选择、图样绘制，以及编制工艺卡、材料明细表和数控加工程序等；汽车、飞机、船舶的外形的数学建模、曲线拟合与光顺、图样绘制；电子行业中大规模集成电路、印制电路板的设计，以及设计后的图形输出。

2. 动画制作与系统模拟

用计算机绘图技术制作动画比传统手工绘制动画制作速度快，质量好。具体应用包括：广告和游戏制作，模拟核反应、化学反应等各种反应过程，模拟和测试汽车碰撞、地震等过程，模拟人体的各种运动过程，进而科学指导训练，军事领域的环境模拟、飞行模拟及战场模拟等。

3. 勘探、测量的图形绘制

应用计算机绘图技术，可以根据勘探和测量的数据绘制出矿藏分布图、地理图、地形图及气象图等。

4. 事务管理与办公自动化

用计算机绘图技术制作的图表可以用简明的方式提供形象化的数据和变化趋势，促进对复杂现象的了解，并协助做出决策。具体应用包括：绘制各类信息的二、三维图表，如统计的直方图、扇形图、工作进程图，以及仓库及生产过程中的各类统计管理图表等。

5. 科学计算可视化

传统的数学计算是数据流，这种数据不易理解，也不容易检查其中的错误。科学计算的可视化已用于有限元分析的后处理、分子模型构造、地震数据处理、大气科学、生物科学及医疗卫生等领域。

6. 计算机辅助教学（CAI）

计算机绘图技术能生成丰富的图形，用于辅助教学可使教学过程变得形象、直观、易懂和生动。学生通过人机交互方式进行学习，有助于提高学习兴趣和注意力，提高教学效率。

1.2　计算机绘图系统组成

计算机绘图系统是基于计算机的系统，由软件系统和硬件系统组成。其中，软件是计算机绘图系统的核心，而相应的系统硬件设备则为软件的正常运行提供基础保障和运行环境。另外，任何功能强大的计算机绘图系统都只是一个辅助工具，系统的运行离不开系统使用者的创造性思维活动。因此，使用计算机绘图系统的技术人员也属于系统组成的一部分，将软件、硬件及人这三者有效地融合在一起，是发挥计算机绘图系统强大功能的前提。

1.2.1　计算机绘图系统的硬件组成

通常，将可进行计算机绘图作业的独立硬件环境称为计算机绘图的硬件系统。计算机绘图系统的基本硬件组成如图 1-1 所示，主要由主机、图形输入设备（键盘、鼠标、扫描仪等）、图形输出设备（图形显示器、绘图仪、打印机等）、信息存储设备（主要指外部存储器，如硬盘、U 盘、光盘等），以及网络设备、多媒体设备等组成。

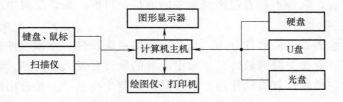

图 1-1　计算机绘图系统的基本硬件组成

1. 主机

主机由中央处理器（CPU）和内部存储器（简称为内存）等组成，是整个计算机绘图硬件系统的核心。衡量主机性能的指标主要有两项：CPU 性能和内存容量。

（1）CPU 性能　CPU 性能决定计算机的数据处理能力、运算精度和速度。CPU 性能通常用每秒可调用的指令数目或进行浮点运算的速度指标来衡量，其单位符号为 MIPS（每秒处理 1 百万条指令）。一般情况下，用芯片的时钟频率来表示运算速度更为普遍，时钟频率越高，运算速度越快。

（2）内存容量　内存是存放运算程序、原始数据、计算结果等内容的记忆装置。内存容量过小将直接影响计算机绘图软件系统的运行效果，因为内存容量越大，主机能容纳和处理的信息量也就越大。

2. 外部存储器

外部存储器简称为外存。虽然内存可以直接与运算器、控制器交换信息，存取速度很快，但内存成本较高，且其容量受到 CPU 直接寻址能力的限制。外存可视为内存的后援，可将计算机绘图系统大量的程序、数据库、图形库存放在外存储器中，待需要时再调入内存进行处理。外存通常包括硬盘、U 盘、光盘等。

3. 图形输入设备

计算机绘图作业过程需要能够快速输入图形，而且还应能够将输入的图形以人机交互方式进行修改，以及对输入的图形进行图形变换（如缩放、平移、旋转）等操作。因此，图形输入设备在计算机绘图硬件系统中占有重要的地位。目前，计算机绘图系统常用的输入设备有键盘、鼠标、扫描仪等。

4. 图形输出设备

图形输出设备包括图形显示器、绘图仪、打印机等。

图形显示器是计算机绘图系统中最为重要的硬件设备之一，主要用于图形的显示和人机交互操作，是一种交互式的图形显示设备。

绘图仪和打印机也是目前常用的图形输出设备。常用的绘图仪为滚筒式绘图仪，这种绘图仪具有结构简单紧凑、图纸长度不受限制、价格便宜、占用工作面积小等优点。常用的打印机主要有喷墨打印机、激光打印机等。

1.2.2　计算机绘图系统的软件组成

计算机软件是指控制计算机运行，并使计算机发挥最大功效的各种程序、数据及文档的集合。在计算机绘图系统中，软件配置水平决定着整个计算机绘图系统的性能优劣。因此可以说硬件是计算机绘图系统的物质基础，而软件则是计算机绘图系统的核心。从计算机绘图系统的发展趋势来看，软件占据着越来越重要的地位，目前，系统配置中的软件成本已经超过了硬件。

可以将计算机绘图系统的软件分为三个层次，即系统软件、支撑软件和应用软件。系统软件是与计算机硬件直接关联的软件，一般由专业的软件开发人员研制，起着扩充计算机的功能以及合理调度与使用计算机的作用。系统软件有两个特点：一是公用性，无论哪个应用领域都要用到它；二是基础性，各种支撑软件及应用软件都需要在系统软件的支撑下运行。支撑软件是在系统软件的基础上研制的，它包括进行计算机绘图作业时所需的各种通用软件。应用软件则是在系统软件及支撑软件的支持下，为实现某个应用领域内的特定任务而开发的软件。下面分别对这三类软件进行具体介绍。

1. 系统软件

系统软件主要用于计算机的管理、维护、控制、运行，以及计算机程序的编译、装载和运行。系统软件包括操作系统和编译系统。

操作系统主要承担对计算机的管理工作，其主要功能包括文件管理（建立、存储、删除、检索文件）、外部设备管理（管理计算机的输入、输出等外部硬件设备）、内存分配管理、作业管理和中断管理等。操作系统的种类很多，在工作站上主要采用 UNIX、Windows 等操作系统；在微型计算机上主要采用 UNIX 的变种 XENIX、ONIX、VENIX，以及 Windows 系列操作系统。

编译系统的作用是将用高级语言编写的程序翻译成计算机能够直接调用的机器指令。有了编译系统，就可以用接近于人类自然语言和数学语言的方式编写程序，而翻译成机器指令的工作则由编译系统完成。这样就可以使非计算机专业的各类工程技术人员很容易地使用计算机来实现其绘图目的。

目前，国内外广泛应用的高级语言 FORTRAN、PASCAL、C/C++、Visual Basic、LISP 等均有相应的编译系统。

2. 支撑软件

支撑软件是计算机绘图软件系统中的核心，是为满足计算机绘图工作中的一些共同需要而开发的通用软件。近年来，由于计算机应用领域迅速扩大，支撑软件的开发研制有了很大的进展，出现了种类繁多的商品化支撑软件。

3. 应用软件

应用软件是在系统软件、支撑软件的基础上，针对计算机绘图的应用需求而开发的软件。这类软件通常是结合当前绘图工作的需要自行研究开发或委托开发商进行开发，此项工作又称为"二次开发"。能否充分发挥已有计算机绘图系统的功能，应用软件的技术开发工作是很重要的，也是计算机绘图从业人员的主要任务之一。

1.3 计算机绘图与计算机辅助设计软件

计算机辅助设计是一种应用广泛的实用技术，机械、建筑、电子、服装等行业都离不开计算机辅助设计。尽管各个行业的专业内容不同，其辅助设计所包含的工作内容也有所区别，但都离不开计算机绘图。

计算机绘图是计算机辅助设计的主要组成部分和核心内容。这一方面是因为各个领域内设计工作的最后结果都要以图的形式表达；另一方面，计算机绘图中所包含的三维造型技术是实现先进的计算机辅助设计技术的重要基础。许多设计工作在进行时，首先构造三维实体模型，然后进行各种分析、计算和修改，最终定型并输出图样。这整个过程都离不开图形技术。

在计算机辅助设计领域要解决的问题中，许多都是属于计算机绘图方面的内容。一些早期的或初级的辅助设计应用也只是利用计算机绘图来绘制工程图样，而没有更深入地涉及对象建模、计算和分析工作。随着计算机辅助设计技术的不断发展，它所包含的内容变得更加广泛深入，同时也更加离不开计算机绘图。

20 世纪 80 年代以来，国内外推出了一大批通用计算机辅助设计软件（简称 CAD 软件），表 1-1 列举了一些较为实用，有一定流行度的商品化 CAD 软件。

表 1-1　商品化 CAD 软件简介

	软件名称	厂家	简介
国外厂家 CAD 软件	NX	西门子产品生命周期管理软件（Siemens PLM Software）公司 公司网站：www.plm.automation.siemens.com	NX 是新一代数字化产品开发系统，它可以通过过程变更来驱动产品革新。NX 独特之处是其知识管理基础，它使得工程专业人员能够推动革新以创造出更大的利润。NX 可以管理生产和系统性能知识，根据已知准则来确认每一设计决策
	CATIA	法国达索系统（Dassault Systemes）集团 公司网站：www.3ds.com	CATIA 是达索系统的产品开发旗舰解决方案。作为 PLM[1] 协同解决方案的一个重要组成部分，它可以帮助制造厂商设计他们未来的产品，并支持从项目前阶段、具体的设计、分析、模拟、组装到维护在内的全部工业设计流程
	PTC Creo	美国参数技术（PTC）公司 公司网站：www.ptc.com	PTC Creo 是一组可伸缩的、可互操作的产品设计软件，可快速实现价值。它帮助团队在下游流程使用 2D CAD、3D CAD、参数化和直接建模等手段创建、分析、查看和利用产品设计方案
	Inventor	美国欧特克（Autodesk）公司 公司网站：www.autodesk.com	可以快速开发完整的产品三维模型，同时将设计错误减至最少并降低成本。使用虚拟三维模型，可以检查所有零件（包括管材、印制电路板、导线束和电缆）之间的配合是否正确
	Solid Edge	西门子产品生命周期管理软件（Siemens PLM Software）公司 公司网站：www.plm.automation.siemens.com	Solid Edge 是一款功能强大的三维计算机辅助设计软件，提供制造业公司基于管理的设计工具，在设计阶段就溶入管理，达到缩短产品上市周期、提高产品品质、降低费用的目的
	SOLIDWORKS	美国 SolidWorks 公司，1997 年被法国达索系统集团收购 公司网站：www.solidworks.com	在以设计为中心的软件市场上，SOLIDWORKS 是实际的标准。它提供操作简便并具创新性的机械设计、分析和产品数据管理解决方案，能够促进 2D 向 3D 的过渡，令新产品更快地面市
	AutoCAD	美国欧特克（Autodesk）公司 公司网站：www.autodesk.com	AutoCAD 是由美国欧特克（Autodesk）公司开发的大型计算机辅助绘图软件，主要用于绘制工程图样
国内厂家 CAD 软件	SINOVATION	山东山大华天软件有限公司 公司网站：sv.hoteamsoft.com	SINOVATION 是体现国际先进设计制造水平的自主版权三维 CAD/CAM 软件，软件易学易用；具有混合建模、参数化设计、直接建模、特征造型功能以及产品设计动态导航技术；提供 CAM 加工技术、冲压模具、注塑模具设计以及消失模设计加工、激光切割控制等专业技术；提供 PMI[2] 及可以与 PDM[3]、CAPP[4]、MPM[5] 等管理软件紧密集成的三维数模轻量化浏览器；支持各种主流 CAD 数据转换和深层次专业开发
	CAXA 3D 实体设计	北京数码大方科技股份有限公司 公司网站：www.caxa.com	CAXA 3D 实体设计是集三维创新设计、工程设计于一体的 3D CAD 设计工具和平台产品，具有自主可控的多核专利技术、独立的文件格式；提供三维数字化方案设计、详细设计、分析验证、专业工程图等完整功能，兼容多种流行三维 CAD 软件格式，帮助企业以更快的速度、更低的成本研发出新产品。在专用设备设计、工装夹具设计、各种零部件设计等场景得到了广泛的应用

（续）

软件名称	厂家	简　介
国内厂家 CAD 软件　中望 3D	广州中望龙腾软件股份有限公司 公司网站:www.zwsoft.cn	中望 3D 是基于自主三维几何建模内核的三维 CAD/CAE⑥/CAM 一体化解决方案,具备强大的混合建模能力,支持各种几何及建模算法,经过 30 年工业设计验证,集实体建模、曲面造型、装配设计、工程图、钣金、模具设计、结构仿真、车削、2~5 轴加工等功能模块于一体,覆盖产品设计开发全流程

① PLM：产品生命周期管理，Product Lifecycle Management。
② PMI：产品制造信息，Product Manufacturing Information。
③ PDM：产品数据管理，Product Data Management。
④ CAPP：计算机辅助工艺过程设计，Computer Aided Process Planning。
⑤ MPM：工艺过程管理，Manufacturing Process Management。
⑥ CAE：计算机辅助工程，Computer Aided Engineering。

思政拓展：计算机绘图技术的发展依赖于计算机运算能力发展水平，扫描右侧二维码了解我国超级计算机——天河三号的研制历程。

科普之窗
中国创造：天河三号

AutoCAD

第**2**章

AutoCAD概述

【本章重点】
- AutoCAD 的主要功能
- AutoCAD 的工作界面
- AutoCAD 的文件操作

2.1 AutoCAD 的主要功能

AutoCAD 是由美国欧特克（Autodesk）公司开发的大型计算机辅助绘图软件，主要用于绘制工程图样。欧特克公司自 1982 年推出 AutoCAD 的第一个版本——AutoCAD 1.0 起，在全球拥有上千万用户，多年来积累了海量的设计数据资源。该软件作为 CAD 领域的主流产品和工业标准，一直凭借其独特的优势而为全球设计工程师采用。目前广泛应用于机械、电子、土木、建筑、航空、航天、轻工和纺织等行业。本书采用 AutoCAD 2022 进行讲解。

AutoCAD 是一款辅助设计软件，可以满足通用设计和绘图的主要需求，并提供各种接口，可以与其他软件共享设计成果，并能十分方便地进行管理，它主要提供如下功能。

1）强大的图形绘制功能：AutoCAD 提供了创建直线、圆、圆弧、曲线、文本、表格和尺寸标注等多种图形对象的功能。

2）精确的定位、定形功能：AutoCAD 提供了坐标输入、对象捕捉、栅格捕捉、追踪、动态输入等功能，利用这些功能可以精确地为图形对象定位和定形。

3）方便的图形编辑功能：AutoCAD 提供了复制、旋转、阵列、修剪、倒角、缩放、偏移等方便实用的编辑工具，大大提高了绘图效率。

4）图形输出功能：图形输出包括屏幕显示和打印出图，AutoCAD 提供了缩放和平移等屏幕显示工具，模型空间、图纸空间、布局、图纸集、发布和打印等功能也极大地丰富了出图选择。

5）三维造型功能：AutoCAD 三维建模允许使用实体、曲面和网格对象创建图形。

6）辅助设计功能：可以查询绘制好图形的尺寸、面积、体积和力学特性等；提供多种软件的接口，可方便地将设计数据和图形在多个软件中共享，进一步发挥各软件的特点和优势。

7）允许进行二次开发：AutoCAD 自带的 AutoLISP 语言可以让使用者自行定义新命令和开发新功能。通过 DXF、IGES 等图形数据接口，AutoCAD 可以实现与其他系统的集成。此外，AutoCAD 支持 ObjectARX、ActiveX、VBA 等技术，提供了与其他高级编程语言的接口，具有很强的开发性。

2.2 AutoCAD 的工作界面

2.2.1 AutoCAD 2022 的工作界面

首先在计算机中安装 AutoCAD 2022 应用程序，按照系统提示完成软件安装后，系统桌面上会出现 AutoCAD 2022 快捷图标 **A**，双击该图标启动 AutoCAD 2022，进入 AutoCAD 2022 的开始界面，如图 2-1 所示。单击【开始】选项卡左侧区域的【新建】按钮新建一个文件，进入 AutoCAD 2022 的工作界面，如图 2-2 所示。

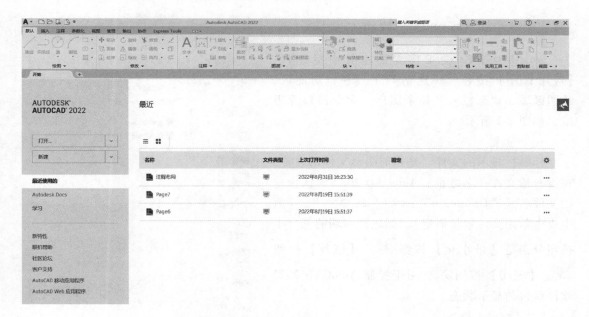

图 2-1　开始界面

启动应用程序还有一种方法，即调用【开始】→【程序】→【Autodesk】→【AutoCAD 2022-简体中文】→【AutoCAD 2022-简体中文】命令。

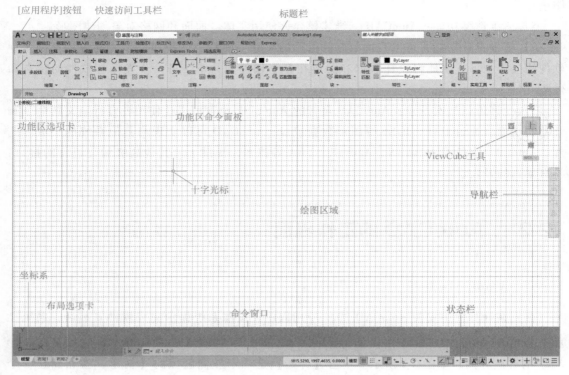

图 2-2 AutoCAD 2022 的工作界面

2.2.2 AutoCAD 2022 的界面组成

AutoCAD 2022 的工作界面主要由标题栏、【应用程序】按钮、快速访问工具栏、功能区、绘图区域、状态栏、坐标系图标、命令窗口等组成，如图 2-2 所示。

1. 标题栏

标题栏显示的文件名是当前图形文件的名称，在没有给文件命名之前，AutoCAD 2022 默认新建的文件名是"Drawing n"（n = 1，2，3，…，n 值主要由新建文件数量而定）。标题栏右端的三个小按钮分别是【最小化】按钮 —、【恢复】按钮 □、【关闭】按钮 ✕，用于控制 AutoCAD 2022 软件窗口的显示状态。

2. 应用程序菜单

单击【应用程序】按钮 展开应用程序菜单，如图 2-3 所示，可以浏览调用常用的文件操作命令。

图 2-3 应用程序菜单

3. 快速访问工具栏

快速访问工具栏位于【应用程序】按钮的右侧，用于显示经常使用的命令，如图2-4所示。单击快速访问工具栏右端的下拉按钮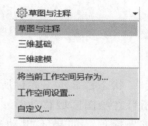可以展开下拉菜单，定制快速访问工具栏中要显示的工具。

图 2-4　快速访问工具栏

1）下拉菜单中被选中的命令是当前在快速访问工具栏中显示的命令，鼠标单击已选中的命令可以将其取消选择，使快速访问工具栏不再显示该命令。反之，单击没有选中的命令可以将其选中，使快速访问工具栏显示该命令。

2）快速访问工具栏默认位于功能区的上方，也可以单击下拉按钮并选择【在功能区下方显示】命令，将其移到功能区的下方显示。

3）若要向快速访问工具栏添加功能区中的命令，只需在功能区命令按钮上单击鼠标右键，在弹出的快捷菜单中选择【添加到快速访问工具栏】选项。若要移除快速访问工具栏中已经添加的命令，只需在该工具按钮上单击鼠标右键，在弹出的快捷菜单中选择【从快速访问工具栏中删除】选项。

4）单击展开【切换工作空间】下拉列表，可以在【草图与注释】【三维基础】【三维建模】三种工作界面之间切换，如图2-5所示。此外，在状态栏单击【切换工作空间】按钮也可以进行选择和切换。

4. 菜单栏

单击快速访问工具栏的下拉按钮展开下拉菜单，选择【显示菜单栏】选项，就会在标题栏的下方出现菜单栏，如图2-6所示。菜单栏以下拉菜单和子菜单的形式集成了大量的命令，以供选择和调用。

图 2-5　【切换工作空间】下拉列表

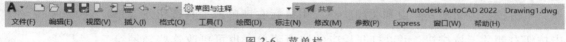

图 2-6　菜单栏

5. 功能区

功能区位于标题栏或菜单栏的下方，如图2-7所示，与当前工作空间相关的命令按钮都简洁地置于功能区中。功能区由许多选项卡组成，每个选项卡又由许多命令面板组成，每个面板都集成了功能相近的一组命令按钮。单击按钮可以使功能区最小化或显示为完整的功能区，最小化有【最小化为选项卡】【最小化为面板标题】【最小化为面板按钮】三种下拉列表选项。

图 2-7　功能区

单击面板名称右侧的下拉按钮 ▾ 均可以展开面板，例如，单击【图层】面板的下拉按钮 ▾，展开的【图层】面板如图 2-8 所示。如果想使展开的面板一直显示，只需单击面板名称左侧的图钉图标 ⊡，使其变为 ⊙ 将面板固定，反之，展开的面板会自动收缩。图 2-8 所示面板为固定状态。

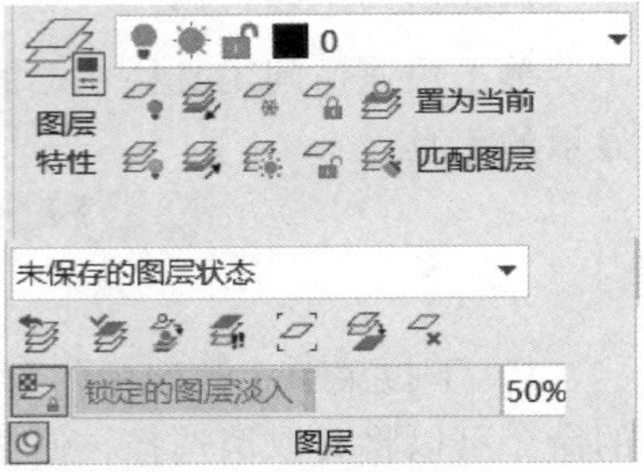

图 2-8　展开的【图层】面板

6. 绘图区域

绘图区域是用于绘制图样的区域，也是显示和观察图样的窗口，默认有【模型】【布局 1】【布局 2】三个选项卡，左下角显示坐标系图标，鼠标显示为十字光标状态。

7. 状态栏

状态栏位于工作界面的最底部，如图 2-9 所示。

2730.6070, -163.5645, 0.0000　模型　栅格显示　栅格捕捉　正交　极轴追踪　等轴测草图　对象捕捉追踪　对象捕捉　切换工作空间　全屏显示　自定义

图 2-9　状态栏

状态栏显示了光标所在位置的坐标值及辅助绘图工具的状态。当鼠标指针在绘图区域移动时，状态栏可以实时显示鼠标指针当前的 X、Y、Z 三维坐标值，如果不想动态显示坐标，只需在显示坐标的区域单击鼠标左键。

状态栏显示【栅格显示】、【栅格捕捉】、【正交】、【极轴追踪】、【对象捕捉追踪】和【对象捕捉】等辅助绘图工具按钮，单击按钮可切换其开启和关闭状态。用鼠标右键单击工具按钮或者单击按钮右侧的下拉按钮 ▾ 可以打开相应的快捷菜单，也可更改这些辅助绘图工具的设置。

单击状态栏最右侧【自定义】按钮 ≡，可以在弹出的菜单中选择要在状态栏中显示的工具，或者将已显示在状态栏中的工具取消显示，如图 2-10 所示。单击【切换工作空间】按钮 ⚙▾ 可以切换工作空间。要展开绘图区域，单击【全屏显示】按钮 ⧉ 即可。

8. 命令窗口

命令窗口是设计者用键盘输入命令，以及系统显示 AutoCAD 信息与提示的交流区域。在 AutoCAD 2022 中，命令窗口是浮动的，如图 2-11 所示。把鼠标指针放在命令窗口上边线处，当鼠标指针变为 ↕ 形状时，可以根据需要拖动鼠标来增加或减少提示的行数。AutoCAD 2022 中所有的命令都可

图 2-10　【自定义】菜单

以在命令窗口调用，例如，需要画直线，直接在命令窗口中输入"l"即可激活画直线的命令⊖。在 AutoCAD 2022 中，可以通过选择【工具】→【命令窗口】菜单命令或者用<Ctrl+F9>快捷键来打开或关闭命令窗口。

图 2-11　命令窗口

另外，可以通过选择【视图】→【显示】→【文本窗口】菜单命令，或者按<Ctrl+2>快捷键来打开或关闭【AutoCAD 文本窗口】对话框。【AutoCAD 文本窗口】对话框记录了调用的命令或系统给出的提示信息，如图 2-12 所示。

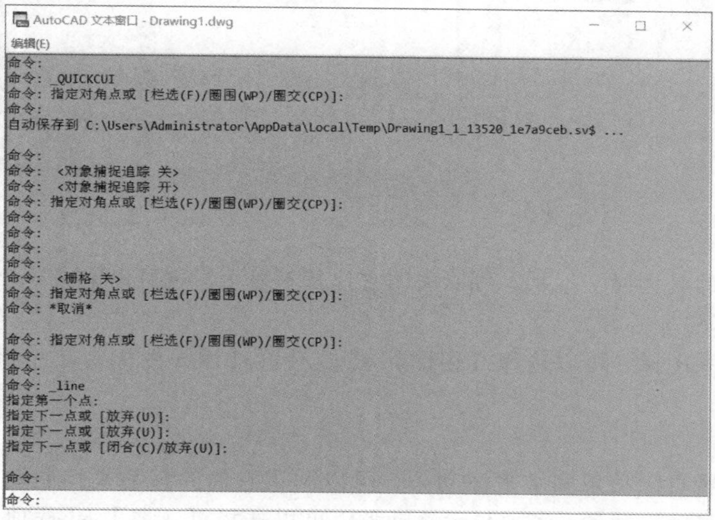

图 2-12　【AutoCAD 文本窗口】对话框

9. 选项板

选项板是一种可以在绘图区域中固定或浮动的界面元素。AutoCAD 2022 的选项板包括【特性】【图层】【工具选项板】【设计中心】【外部参照】等 16 种选项板。对于已创建的对象，均可以选择对象后单击功能区【默认】选项卡【特性】面板的 按钮，打开【特性】选项板，进而在其中修改对象的各种特性参数，例如，文字的【特性】选项板如图 2-13 所示。【工具选项板】选项板也是一种常用选项板，它包含了多个类别的选项卡，每个选项卡又包含多种相应的工具按钮、图块、图案等，如图 2-14 所示。在 AutoCAD 2022 中，可以通过选择【工具】→【选项板】→【工具选项板】菜单命令，或者单击【视图】选项卡→【选项板】面板→【工具选项板】按钮 来打开【工具选项板】选项板。

可通过将图形对象从绘图区域拖至【工具选项板】选项板来创建工具，然后使用新工具创建与拖至选项板的对象特性相同的对象。适当利用选项板可以提高绘图效率，具体将在第 10 章进行介绍。

10. 坐标系图标

坐标系图标用于表示当前绘图作业所使用的坐标系形式及坐标的方向等特征，图 2-2 所

⊖　在 Auto CAD 命令窗口输入指令时，字母是不分大小写的，本书统一用小写字母，实际操作中也可用大写字母。

图 2-13 【特性】选项板　　　　　　　　　图 2-14 【工具选项板】选项板

示工作界面显示的是世界坐标系。可以关闭它让其不显示，也可以定义一个便于自己绘图的用户坐标系（UCS）。

要关闭坐标系图标，可以选择【视图】→【显示】→【UCS 图标】菜单命令并选择【开】选项。

11. 滚动条

滚动条包括竖直滚动条和水平滚动条，可以利用它们的移动来控制图样在窗口中的位置。系统默认不显示滚动条，若要显示滚动条，可以选择【工具】→【选项】菜单命令打开【选项】对话框，选择【显示】选项卡，如图 2-15 所示，在【窗口元素】选项组中选择【在图形窗口中显示滚动条】，这时绘图区域中就会出现竖直滚动条和水平滚动条。

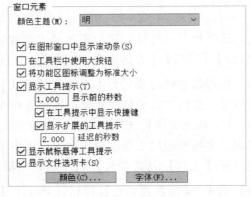

图 2-15 【显示】选项卡

12. ViewCube 工具和导航栏

ViewCube 工具位于绘图区域的右上角，用于控制图形的显示和视角，如图 2-16 所示。一般在二维绘图状态下不会用到该工具，可以选择【工具】→【选项】菜单命令打开【选项】对话框，选择【三维建模】选项卡，在【在视口中显示工具】选项组取消【显示 ViewCube】选项中两个复选框的勾选，再单击【确定】按钮。

也可在功能区【视图】选项卡的【视口工具】面板上单击【ViewCube】按钮，取消 ViewCube 工具的显示。

导航栏位于绘图区域的右侧，用于控制图形的缩放、平移、回放、动态观察等，如图 2-17 所示。如果不用导航栏，可以单击右上角的【关闭】按钮关闭导航栏。在

【视图】选项卡的【视口工具】面板上单击【导航栏】按钮 也可以打开或关闭导航栏。

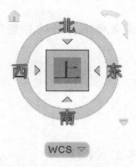

图 2-16 ViewCube 工具

图 2-17 导航栏

2.3 | AutoCAD 的文件操作

文件的基本操作包括新建文件、保存文件、关闭文件、打开文件等。

2.3.1 新建文件

依次选择【文件】→【新建】菜单命令，或者单击快速访问工具栏上的【新建】按钮
，就会出现【选择样板】对话框，如图 2-18 所示。

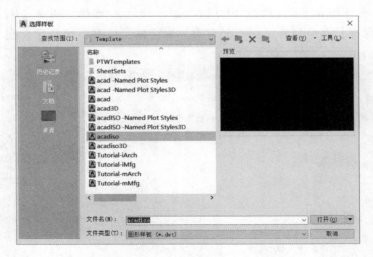

图 2-18 【选择样板】对话框

可以在样板列表中选择合适的样板文件，一般情况下使用"acadiso.dwt"样板即可，然后单击【打开】按钮就可以以选定样板新建一个图形文件。除了系统给定的这些样板文件，也可以自己创建所需的样板文件，以便多次使用，避免进行重复工作，具体将在第 10 章进行介绍。

提示 在【选择样板】对话框单击【打开】按钮右侧的下拉按钮▼，可以在两个内部默认图形样板（公制或英制）之间进行选择。

另外，在图2-1所示开始界面，单击【新建】按钮，或者单击【开始】选项卡右侧的
⊞按钮都可以新建一个文件。

2.3.2 保存文件

保存文件可以利用【保存】或【另存为】命令来完成。

1. 保存

依次选择【文件】→【保存】菜单命令，单击快速访问工具栏上
【保存】按钮💾，或者单击应用程序菜单中的【保存】按钮💾均可
打开【图形另存为】对话框，可选择文件保存位置并设置文件名后保
存文件。

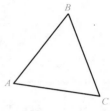

图2-19 三角形

【例2-1】 绘制如图2-19所示三角形并保存文件。

1）在功能区【默认】选项卡【绘图】面板上单击【直线】按钮

✏，命令窗口提示及操作如下。

命令：_line

指定第一个点： //单击鼠标确定点 A

指定下一点或 ［放弃（U）］： //单击鼠标确定点 B

指定下一点或 ［放弃（U）］： //单击鼠标确定点 C

指定下一点或 ［闭合（C）/放弃（U）］：c ✓⊖ //选择 ［闭合（C）］选项

2）调用【保存】命令打开【图形另存为】对话框，如图2-20所示。在【保存于】下

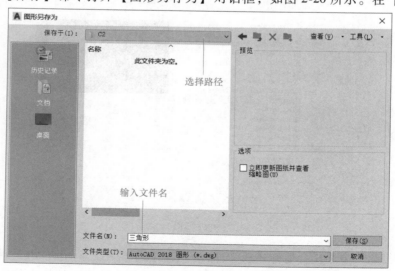

图2-20 【图形另存为】对话框

⊖ "✓"表示按键盘<Enter>键或空格键确认或结束命令。

拉列表中选择要保存文件的路径，本例选择"C2"文件夹；在【文件名】文本框中输入要保存文件的名称"三角形"，单击【保存】按钮，"三角形 .dwg"图形文件就会存放在"C2"文件夹中。

3）回到工作界面，AutoCAD 标题栏便会显示当前文件的名称和路径。如果继续绘制，再单击【保存】按钮 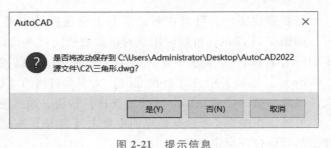 就不会出现【图形另存为】对话框，系统会自动以原文件名、原路径保存修改后的文件。

如果在上次文件保存操作完成后，所做的修改是错误的，可以在关闭文件时不保存文件，图形文件将仍保存着上次保存的结果。

> 提示　保存文件时，一般把文件集中存放到某一个固定的文件夹中，以便管理和查找。

2. 另存为

当需要备份图形文件，或者将其重新存放到另一条路径下时，用保存文件的方式是实现不了的，这时可以用【另存为】命令保存文件。

依次单击【文件】→【另存为】菜单命令，单击快速访问工具栏上【另存为】按钮，或者单击应用程序菜单中的【另存为】按钮均可打开【图形另存为】对话框，其文件名称和路径的设置与保存文件相同，不再赘述。

2.3.3　关闭文件

AutoCAD 2022 支持多文档操作，也就是说可以同时打开多个图形文件，同时在多个图形文件中进行操作，这对提高工作效率是非常有帮助的。但是为了节约系统资源，要学会有选择地关闭一些暂时不用的文件。

依次选择【文件】→【关闭】菜单命令，单击快速访问工具栏上【关闭】按钮，或者单击应用程序菜单中的【关闭】按钮均可关闭图形文件。若当前的图形文件还没保存，系统会弹出对话框，提示是否对文件进行保存，如图 2-21 所示，单击【是】按钮后系统会弹出【图形另存为】对话框，对文件完成保存操作后文件会被关闭。若单击【否】按钮，则文件不

图 2-21　提示信息

会被保存，系统会关闭该文件。若选择【取消】按钮，系统会取消关闭文件操作。

此外，单击【文件】选项卡 三角形 上的【关闭】按钮 也可关闭文件。

2.3.4　打开文件

一张较复杂的图样往往不能一次完成，需要多次关闭与打开。查看他人发来的文件，或者修改自己已保存的文件时，都需要先打开文件。

依次选择【文件】→【打开】菜单命令，单击快速访问工具栏上【打开】按钮 📂，或者单击应用程序菜单中的【打开】按钮 📂 均可打开【选择文件】对话框，如图 2-22 所示。可在【查找范围】下拉列表查找存放文件的路径，如"C2"文件夹，再在文件列表中选择所要打开的文件，如"三角形"图形文件，单击【打开】按钮，已保存过的文件就会被打开。在对话框中选择文件后，对话框右侧的【预览】窗口就会显示该文件的图形。若对话框未显示【预览】窗口，可以在【查看】下拉菜单中选择【预览】选项。单击【打开】按钮右侧的下拉按钮 🔽 展开其下拉列表，可以选择【打开】【以只读方式打开】【局部打开】【以只读形式局部打开】等文件打开方式。

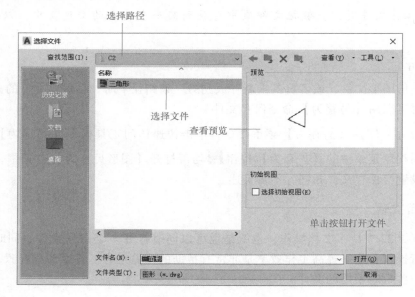

图 2-22 【选择文件】对话框

若要查找文件，可以在对话框右上角选择【工具】→【查找】命令打开【查找】对话框，如图 2-23 所示，可以使用该对话框快速定位要找的文件。可以在【名称和位置】选项卡中的【名称】文本框中输入要查找文件的名称，在【类型】下拉列表中选择【图形（∗.dwg）】选项，单击【查找范围】文本框右侧的【浏览】按钮，将【查找范围】设置为文件可能存放的位置，单击【开始查找】按钮，系统便会根据设置搜索文件。

另外，在图 2-1 所示开始界面中单击【打开】按钮，或者直接双击文件夹中的 .dwg 文件，都可以打开指定文件。

2.3.5 退出 AutoCAD

当完成图形文件的绘制或修改工作，暂时用不到 AutoCAD 2022 时，最好先退出 Auto-CAD 2022 系统。

依次选择【文件】→【退出】菜单命令，单击应用程序菜单中的【退出 Autodesk Auto-CAD 2022】按钮或者单击标题栏右端的【关闭】按钮 ✖ 均可退出 AutoCAD 2022 系统，类似关闭文件。若当前的图形文件未保存过，系统也会弹出对话框提示保存文件。若不想保存对文件的修改，则单击【否】按钮。

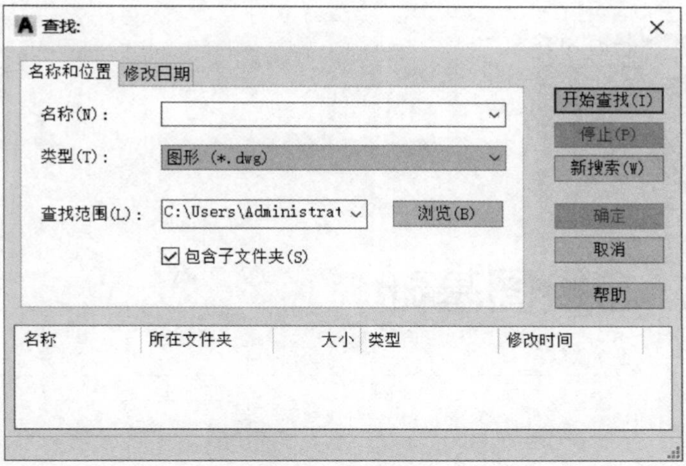

图 2-23　【查找】对话框

思考与练习

1）AutoCAD 的主要功能包括哪些？
2）怎样启动、关闭 AutoCAD 2022？
3）怎样新建、保存、打开、关闭一个文件？

第**3**章

AutoCAD绘图基础

【本章重点】
- 命令的基本操作
- 鼠标的基本操作
- 命令窗口对象与显示控制

3.1 命令的基本操作

使用 AutoCAD 绘制图形时，必须调用系统的相关命令，系统执行命令并在命令窗口给出相应的提示，根据提示继续输入相应指令即可完成图形绘制。所以，必须熟练掌握命令的调用方法，熟悉命令的常见提示，掌握命令的确认和结束、取消、撤销和重做的操作，以及命令中的坐标表示方法。

3.1.1 命令的调用方法

调用命令有多种方法，这些方法之间存在难易、繁简的区别，可以在不断的练习中找到一种适合自己的方式来快速高效地绘图。通常可以采用以下几种方法来调用某一命令。

1）菜单栏：单击快速访问工具栏的下拉按钮 展开下拉菜单并选择【显示菜单栏】选项，便可在调出的菜单栏的下拉菜单和子菜单中选择相应的命令。例如，可以依次选择【绘图】→【圆弧】→【三点】菜单命令来调用【三点】方式的圆弧绘制命令，即通过起点、中间点和结束点来绘制圆弧。由于菜单栏的下拉菜单、子菜单命令众多，因此采用此方法需要多练习，以记忆常用命令的菜单位置，提高命令调用速度和绘图效率。

2）功能区：将鼠标在功能区中的命令按钮处停留几秒，系统便会显示该按钮的命令名称作为提示，单击该按钮便可调用相应的命令。例如，单击【默认】选项卡【绘图】面板中的【圆】按钮 ，便可以调用【圆】命令。有的命令按钮下方（或右侧）有下拉按钮，可以单击此按钮并在下拉列表中单击相应的按钮调用命令。该方法形象、直观，是初学者最常用的方法。

3）命令窗口：在命令窗口"命令："提示后输入相关操作的完整命令或快捷命令，然后按<Enter>键或空格键便可调用命令。例如，可以在命令窗口输入"line"或"1"，然后按<Enter>键或空格键调用【直线】命令来绘制直线。AutoCAD 的完整命令通常是该命令的英文单词，快捷命令一般是英文命令的首字母，当两个命令首字母相同时，大多数情况下使用该命令的前两个字母即可调用该命令，需要在使用过程中记忆常用绘图命令。直接输入命令是最快的操作方式。

4）右键快捷菜单：单击鼠标右键，在弹出的快捷菜单中单击选择相应命令或选项，即可调用相关的命令或激活相应的功能。

5）快捷键和功能键：常用的功能键和快捷键见表 3-1，在键盘按快捷键或功能键便可调用相应的命令。对可以用功能键和快捷键调用的命令而言，该方法最简单、快捷。

表 3-1　常用的功能键和快捷键

功能键或快捷键	功　能	功能键或快捷键	功　能
<F1>	AutoCAD 帮助	<Ctrl+N>	新建文件
<F2>	文本窗口开(关)	<Ctrl+O>	打开文件
<F3>或<Ctrl+F>	对象捕捉开(关)	<Ctrl+S>	保存文件
<F4>	三维对象捕捉开(关)	<Ctrl+Shift+S>	另存文件
<F5>或<Ctrl+E>	等轴测平面转换	<Ctrl+P>	打印文件
<F6>或<Ctrl+D>	动态 UCS 开(关)	<Ctrl+A>	全部选择图线
<F7>或<Ctrl+G>	栅格显示开(关)	<Ctrl+Z>	撤销上一步的操作
<F8>或<Ctrl+L>	正交开(关)	<Ctrl+Y>	重做撤销的操作
<F9>或<Ctrl+B>	栅格捕捉开(关)	<Ctrl+X>	剪切
<F10>或<Ctrl+U>	极轴开(关)	<Ctrl+C>	复制
<F11>	对象捕捉追踪开(关)	<Ctrl+V>	粘贴
<F12>	动态输入开(关)	<Ctrl+J>	重复调用上一命令
<Delete>	删除选中的对象	<Ctrl+K>	超级链接
<Ctrl+1>	对象特性管理器开(关)	<Ctrl+T>	数字化仪开(关)
<Ctrl+2>	设计中心开(关)	<Ctrl+Q>	退出 CAD

6）按<Enter>键或空格键：AutoCAD 2022 有记忆能力，可以记住调用过的命令，完成一个命令的所有操作、结束命令后，直接按<Enter>键或空格键可以调用刚调用过的最后一个命令。因为绘图时经常大量重复使用某一命令，所以该方法是使用最广的一种命令调用方法。

7）按键盘<↑>键和<↓>键：可以选择最近调用过的命令，按<↑>键和<↓>键对命令进行上翻或下翻，直至所需命令出现，按<Enter>键或空格键调用命令即可。

3.1.2　命令的选项选择方法

使用 AutoCAD 进行绘图作业往往不是调用命令后一步完成的，调用命令后，需要根据命令窗口的提示进行操作才能逐步绘制图形。常见命令提示有以下几种形式。

1）直接提示：直接出现在命令窗口中的提示，显示命令的设置模式等内容。

2）中括号内的选项：命令窗口中用"［ ］"括住并用"／"分隔的选项，也称为可选项。若想选用某个选项，则可使用键盘输入相应选项后小括号内的字母，或者直接单击命令提示中的选项，然后按<Enter>键或空格键即可完成选择。

3）角括号内的选项：命令窗口中用"< >"括住的选项为默认选项，直接按<Enter>键或空格键即可选择该选项来调用命令。

例如，调用【偏移】命令生成平行线时，命令窗口提示为：

当前设置：删除源=否　　图层=源　　OFFSETGAPTYPE=0

指定偏移距离或［通过（T)/删除（E)/图层（L)］<通过>：

"当前设置：删除源=否　　图层=源　　OFFSETGAPTYPE=0"属于直接提示，提示当前的设置模式为不删除原图线，生成的平行线和原图线在一个图层，偏移方式为0。

"指定偏移距离"属于直接提示，提示输入偏移距离，直接输入距离后按<Enter>键或空格键即可设置平行线的距离。

"［通过（T)/删除（E)/图层（L)］"为提供可选项的语句，若想选择【图层】选项，则输入"l"后按<Enter>键或空格键，即可根据提示设置新生成图线的图层属性。

"<通过>"为默认选项提示，直接按<Enter>键或空格键即可选择【通过】选项来调用命令，即根据提示通过点作某图线的平行线。

3.1.3　命令的坐标输入方法

在绘图过程中要精确定位某个对象时，必须以某个坐标系作为参照。进入 AutoCAD 界面时，系统默认的坐标系统是世界坐标系。坐标系图标标明了 X 轴和 Y 轴的正方向，如图 3-1 所示，输入的点就是依据这两个正方向来进行定位的。

点的坐标可以使用绝对直角坐标、绝对极坐标、相对直角坐标和相对极坐标四种输入方法。

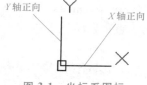

图 3-1　坐标系图标

1）绝对直角坐标：绝对直角坐标是指从原点（0，0）出发的位移，可以使用分数、小数或科学记数等形式表示点的 X 轴、Y 轴坐标值，坐标间用逗号（英文逗号","）分开，如点（100，80）。

2）绝对极坐标：绝对极坐标是指从原点（0，0）出发的极半径和极角，其中，极半径是点与原点的连线长度，极角是点与原点的连线与 X 轴正向的夹角，即 X 轴正方向上的极角为 0°，Y 轴正方向上的极角为 90°。极半径和极角之间用"<"分开，如点（4.5<60）、（300<30）等。

3）相对直角坐标：相对直角坐标是指相对于某一点的 X 轴和 Y 轴位移，在绝对直角坐标前加上"@"符号来表示，如点（@ -45，51）。

4）相对极坐标：相对极坐标是指相对于某一点的极半径和极角，极半径是输入点与上一点的连线长度，极角是输入点和上一点连线与 X 轴正向的夹角，如（@ 45<120）。

以上四种坐标输入方法可以单独使用，也可以混合使用，可根据具体情况灵活运用。

【例 3-1】　混合使用坐标输入方法创建如图 3-2 所示的图形。

单击功能区【默认】选项卡→【绘图】面板→【直线】按钮 ，命令窗口提示及操作如下。

命令：_line

指定第一点：　　　　　　　　　　　　　　　　　　//单击鼠标拾取一点作为点 A

指定下一点或 [放弃（U）]：@0，-30↙　　　　//输入点 B 的相对直角坐标

指定下一点或 [放弃（U）]：@80，0↙　　　　　//输入点 C 的相对直角坐标

指定下一点或 [闭合（C）/放弃（U）]：@0，50↙　//输入点 D 的相对直角坐标

指定下一点或 [闭合（C）/放弃（U）]：@-20，0↙　//输入点 E 的相对直角坐标

指定下一点或 [闭合（C）/放弃（U）]：@40<210↙　//输入点 F 的相对极坐标

指定下一点或 [闭合（C）/放弃（U）]：c↙　　　　//选择【闭合（C）】选项，闭
　　　　　　　　　　　　　　　　　　　　　　　　　合图形

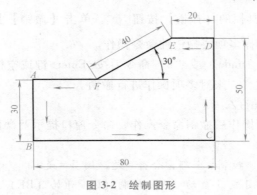

图 3-2　绘制图形

3.1.4　命令的确认和结束

在调用命令并根据提示选择选项或输入坐标后，需要确认输入来使系统继续执行命令。结束一个命令的相关操作后，需要结束命令来使系统允许调用下一个命令。确认和结束命令有如下四种方法。

1）按键盘<Enter>键：可以确认输入的选项或数值，也可结束命令。

2）按键盘空格键：可以确认除书写文字外的其余选项，也可结束命令。该方法是最常用的方法。

> 提示　绘图时，一般左手操作键盘，右手控制鼠标，这时可以使用左手拇指方便地操作空格键，所以按空格键是更方便的一种操作方法。

3）使用右键快捷菜单：在系统执行命令的过程中，可以单击鼠标右键打开命令的快捷菜单，选择【确认】选项即可确认或结束命令。

4）按键盘<Esc>键：结束命令回到"命令："的命令窗口提示状态下。有些命令必须按键盘<Esc>键才能结束，如【点】命令。

3.1.5　命令的取消

绘图时，可以取消命令的设置或取消对目标对象的选择。取消命令有如下两种方法。

1）按键盘<Esc>键：无论命令是否完成，都可按键盘<Esc>键来取消命令，使系统回到"命令："的命令窗口提示状态下。在编辑图形时，也可按键盘<Esc>键取消对已激活对象的选择。

2）使用右键快捷菜单：在系统执行命令的过程中，可以单击鼠标右键打开命令的快捷菜单，选择【取消】选项即可取消命令的设置或选择结果。

> 提示　有时需要多次使用键盘上的<Esc>键才能结束命令。

3.1.6　命令的撤销

撤销即放弃最近进行的一次操作，使系统回到进行该操作前的状态，撤销命令有如下几种方法。

1）依次选择【编辑】→【放弃】菜单命令。

2）单击快速访问工具栏的【撤销】按钮 ⟲ 。单击【撤销】按钮 ⟲ 右侧的下拉按钮 ▾ 则可以在下拉列表中选择多项要撤销的命令操作。

3）在命令窗口输入"undo"或"u"命令后按<Enter>键或空格键。也可根据命令窗口提示输入要放弃的操作数目，来对多项操作进行撤销。

4）按键盘快捷键<Ctrl+Z>。

例如，进行一定绘图操作后撤销命令操作，命令窗口提示及操作如下。

命令：undo↙

当前设置：自动=开，控制=全部，合并=是，图层=是

输入要放弃的操作数目或［自动（A）/控制（C）/开始（BE）/结束（E）/标记（M）/后退（B）］<1>：6↙　　　　　　　　　　　//输入要放弃的操作数目"6"

GROUP CIRCLE GROUP ARC GROUP ARC GROUP OFFSET GROUP CIRCLE GROUP LINE　　　　　　　　　　　　　　　　　//系统提示所放弃的6步操作的名称

3.1.7　命令的重做

重做是指恢复调用【放弃】命令刚刚撤销的命令操作，它必须紧跟在【放弃】命令后调用，否则命令无效。调用【重做】命令有如下几种方法。

1）依次选择【编辑】→【重做】菜单命令。

2）单击快速访问工具栏【重做】按钮 ⟳ 。单击【重做】按钮 ⟳ 右侧的下拉按钮 ▾ ，则可以在下拉列表中选择多项要重做的命令操作。

3）在命令窗口输入"redo"命令后按<Enter>键或空格键。也可根据命令窗口提示输入要恢复的操作数目，来对多项操作进行重做。

4）按键盘快捷键<Ctrl+Y>。

例如，撤销一定的命令操作后，【重做】命令的命令窗口提示及操作如下。

命令：redo↙

输入动作数目或［全部（A）/上一个（L）］：4↙　//输入要重做的操作数目"4"

GROUP LINE GROUP CIRCLE GROUP OFFSET GROUP ARC

　　　　　　　　　　　　　　　　　//系统提示所重做的4步操作的名称

3.2　鼠标的基本操作

鼠标在 AutoCAD 操作中起着非常重要的作用，是不可缺少的工具。AutoCAD 采用了大量的 Windows 的交互技术，使鼠标操作的多样化、智能化程度更高。在 AutoCAD 中绘图、编辑都要用到鼠标操作，灵活使用鼠标对于加快绘图速度、提高绘图质量有着非常重要的作用，所以本节介绍鼠标指针在不同情况下的形状和鼠标的几种使用方法。

3.2.1　鼠标的指针形状

鼠标在 AutoCAD 中的显示与一般 Windows 界面显示有相同之处，也有根据绘图状态不同的独特之处，具体见表 3-2。

表 3-2　各种鼠标指针形状含义

指针形状	含　义	指针形状	含　义
┼	正常绘图状态	↗	调整右上左下大小
⬉	指向状态	↔	调整左右大小
＋	输入状态	↘	调整左上右下大小
▫	选择对象状态	↕	调整上下大小
🔍	实时缩放状态	✋	视图平移符号
⬉	移动实体状态	I	插入文本符号
↕	调整命令窗口大小	👆	帮助超文本跳转

3.2.2　鼠标的操作方法

鼠标的基本操作主要有以下几种方法。

（1）指向　把鼠标指针移动到某一个面板按钮上，系统会自动显示出该按钮的名称和说明信息。

（2）单击鼠标左键　把鼠标指针移动到某一个对象上后单击鼠标左键，可以用在如下场合。

1）选择目标对象。

2）确定十字光标在绘图区域的位置。

3）移动水平、竖直滚动条。

4）单击命令按钮，调用相应命令。

5）单击对话框中的命令按钮，调用相应命令。

6）展开下拉菜单，并在其中选择相应的命令。

7）展开下拉列表，并在其中选择相应的选项。

（3）单击鼠标右键 把鼠标指针指向某一个对象后单击鼠标右键，可以用在如下场合。

1）结束目标选择。

2）调出快捷菜单。

3）结束命令。

（4）双击 把鼠标指针指向某一个对象或按钮后快速按两下鼠标左键。

（5）拖动 在某对象上按住鼠标左键，移动鼠标指针位置后在适当的位置释放，可以用在如下场合。

1）拖动滚动条以快速地在水平、竖直方向移动视图。

2）动态平移、缩放当前视图。

3）拖动选项板到合适位置。

4）在选中的图形上，按住鼠标左键拖动，可以移动对象的位置。

（6）间隔双击 在某一个对象上单击鼠标左键，间隔一会再单击一下，这个间隔要超过双击的间隔。间隔双击主要用于修改文件名或层的名称。

（7）滚动中键 在绘图区域滚动中键（滚轮）可以实现对视图的实时缩放。

（8）中键拖动 在绘图区域按住鼠标中键后移动鼠标，可以用在如下场合。

1）直接进行中键拖动可以实现视图的实时平移。

2）按住<Ctrl>键并进行中键拖动可以沿45°倍数的方向平移视图。

3）按住<Shift>键并进行中键拖动可以实时旋转视图。若想在旋转后还原视图，可在 ViewCube 工具上使用鼠标右键快捷菜单，选择【主页】选项，然后单击 ViewCube 工具的【上】视图按钮。

（9）双击中键 在绘图区域双击鼠标中键可以将所绘制的全部图形完全显示在绘图区域，使其便于操作。

3.3 命令窗口对象与显示控制

3.3.1 对象选择与删除

需要对对象进行编辑或修改时，系统一般提示选择对象，可以按如下方式选择对象。在没有任何命令激活的状态下，选择对象后可按<Delete>键删除所选择的对象。

1. 单选法

在对象上单击鼠标左键，对象会虚显，表明其被选中；接下来再次单击选择的对象，则该对象会被自动添加到选择集中。如果要从选择集中去除某个对象，可以按住<Shift>键同时单击该对象。

2. 默认窗口方式

可以在绘图区域构造矩形拾取窗口来选择对象。

1）左框选法：在空白区域单击鼠标左键确定左上角点 A，在"指定对角点"提示下向右移动鼠标拉出矩形拾取窗口，单击确定选择框的右下角点 B。按照这种从左向右定义矩形窗口的方式选择对象，则只有完全在矩形框内部的对象会被选中，如图3-3所示。

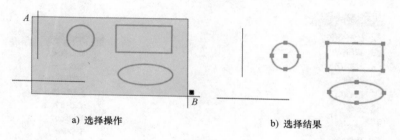

a) 选择操作　　　　　　　　　　b) 选择结果

图 3-3　左框选法

2）右框选法：在空白区域单击鼠标左键确定左上角点 *A*，在"指定对角点"提示下向左移动鼠标拉出矩形拾取窗口，单击确定选择框的左下角点 *B*。按照这种从右向左定义矩形窗口的方式选择对象，则位于矩形框内部或与矩形框相交的对象都会被选中，如图 3-4 所示。

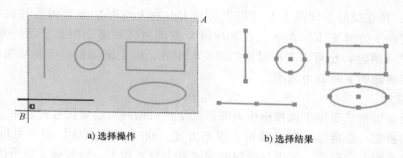

a) 选择操作　　　　　　　　　　b) 选择结果

图 3-4　右框选法

3.3.2　缩放显示控制

计算机显示屏幕的大小是有限的，因此使用 AutoCAD 时的可视绘图区域受计算机硬件的限制，而绘图区域在理论上是无限大的。为便于在有限的屏幕范围内观察图形，可以调用视图缩放命令控制图样的显示大小。

1. 缩放命令调用方式

常用的缩放方式有实时缩放、窗口缩放、动态缩放、范围缩放、对象缩放、全部缩放等，可按如下方式调用视图缩放命令。

菜单栏：【视图】→【缩放】子菜单，如图 3-5 所示，单击选择所需的缩放命令即可。

导航栏：单击 下方的下拉按钮 展开【缩放】下拉列表，如图 3-6 所示，单击选择所需的缩放命令即可。

命令窗口：输入"zoom"或"z"后按<Enter>键或空格键，命令窗口提示如下，输入所需缩放命令的选项字母即可。

命令：zoom ↙

指定窗口的角点，输入比例因子（nX 或 nXP），或者

[全部（A）/中心（C）/动态（D）/范围（E）/上一个（P）/比例（S）/窗口（W）/对象（O）] <实时>：

图 3-5　【缩放】子菜单

图 3-6　【缩放】下拉列表

2. 实时缩放

【实时缩放】是系统默认选项。按上述方式调用【实时缩放】命令后，鼠标指针变为放大镜形状 🔍，按住鼠标左键向上方（正上、左上、右上均可）拖动可实时放大图形显示，按住鼠标左键向下方（正下、左下、右下均可）拖动可实时缩小图形显示。此外，在绘图区域滚动中键（滚轮）也可以实现对视图的实时缩放，向上滚动鼠标滚轮则实时放大视图，向下滚动鼠标滚轮则实时缩小视图。

3. 窗口缩放

窗口缩放是指把位于矩形选择框中的图形局部进行缩放。绘制图样过程中，可能某一部分的图线特别密集，想继续绘制或编辑会很不方便，而【窗口缩放】命令可以将需要修改的图样局部放大到一定程度，再进行绘制和编辑就十分方便了。通过确定矩形的两个角点可以拉出一个矩形选择框，框内的图形将被放大到整个窗口范围。

> 提示　在选择角点时，应将图形要放大的部分全部包围在矩形框选择内。矩形选择框的范围越小，图形显示越大。

4. 动态缩放

动态缩放与窗口缩放有相同之处，它们放大的都是矩形选择框内的图形，但动态缩放比窗口缩放灵活，可以随时改变选择框的大小和位置。

调用【动态缩放】命令后，绘图区域会出现选择框，如图 3-7 所示，单击鼠标则选择框变为图 3-8 所示状态，再单击鼠标可以使选择框变回图 3-7 所示状态。在图 3-7 所示状态下可以通过移动鼠标改变选择框位置，在图 3-8 所示状态下可以通过移动鼠标改变选择框的大小，按箭头所示方向拖动鼠标则选择框放大，反向拖动则选择框缩小。

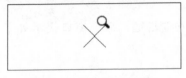

图 3-7　可移动的选择框

图 3-8　可缩放的选择框

不论选择框处于何种状态，只要将需要放大的图样选择在框内，按<Enter>键均可将其放大并显示为最大状态。与窗口缩放方式相同，选择框越小，放大倍数越大。

5. 范围缩放

在进行局部放大后，若要观察全图的布局，可采用【范围缩放】命令让图样布满屏幕。无论当前绘图区域显示的是图样的哪一部分，或者图样在绘图区域显示得多么小，都可以将当前图形文件中的全部图形最大限度地充满当前视窗。

6. 其他缩放工具

1）缩放对象：将选定对象（可选择多个对象）显示在绘图区域。

2）全部缩放：将所有图形对象（包括栅格，也就是图形界限）显示在绘图区域。

3）缩放上一个：恢复上次的缩放状态。

4）缩放比例：以指定的比例因子缩放显示图形。

5）中心缩放：缩放显示由中心点和放大比例（或高度）所定义的窗口。

6）放大：放大1倍。

7）缩小：缩小1倍。

3.3.3　对象平移

【实时平移】命令可以使视图的显示区域随着鼠标指针的位置实时平移，可按如下方式调用【实时平移】命令。

菜单栏：【视图】→【平移】→【实时】命令。

导航栏：【实时平移】按钮🖐。

命令窗口：输入"pan"，后按<Enter>键。

调用命令后进入视图平移状态，此时鼠标指针变为🖐形状，按住鼠标左键拖动鼠标，则鼠标指针变为🖐形状，视图的显示区域会随着鼠标的位置实时平移。按<Esc>键或<Enter>键可以退出该命令。

【平移】与【缩放】【窗口缩放】【缩放为原窗口】【范围缩放】等命令的切换可以通过鼠标右键快捷菜单来完成，如图3-9所示。

3.3.4　命名视图

图3-9　右键快捷菜单

可以通过【命名视图】命令把绘图过程中某一时刻绘图区域显示的内容保存下来，以备随时调用。

【例3-2】　新建一个视图并命名为"过程显示"。

1）在功能区单击【视图】选项卡【命名视图】面板上的【视图管理器】按钮🖾，或者依次选择【视图】→【命名视图】菜单命令，打开如图3-10所示的【视图管理器】对话框。

2）单击【新建】按钮，系统弹出【新建视图/快照特征】对话框，如图3-11所示。在【视图名称】文本框中输入视图名称"过程显示"，在【边界】选项组选择【当前显示】单选项，将目前显示的区域定义为新建视图的视图范围，也可以选择【定义窗口】单选项来定义新建视图的视图范围。

3）单击【确定】按钮返回【视图管理器】对话框，新建的【过程显示】视图会显示在对话框左侧的【查看】列表中，如图 3-12 所示，单击【确定】按钮退出。

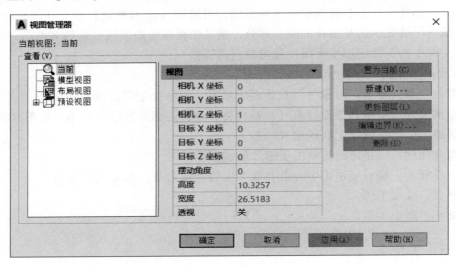

图 3-10 【视图管理器】对话框

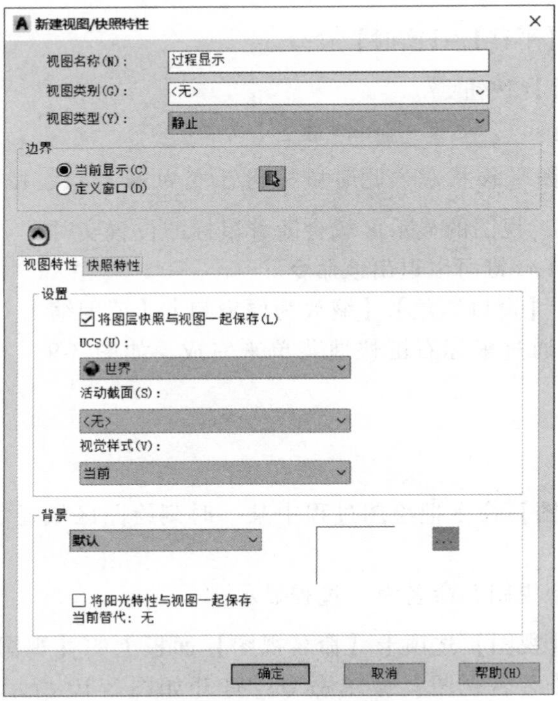

图 3-11 【新建视图/快照特征】对话框

如果在绘图过程中要恢复该显示（视图），可以调用【视图】→【命名视图】菜单命令，打开【视图管理器】对话框，在【查看】列表中选择要恢复的视图，然后单击【置为当前】按钮，把该视图置为当前视图，单击【确定】按钮退出，则所定义的视图会显示在绘图区域。

图 3-12 新建的【过程显示】视图

思考与练习

1. 概念题

1) 在 AutoCAD 中怎样调用命令？

2) 在 AutoCAD 中怎样响应和结束命令？

2. 绘图练习

1) 使用直角坐标绘制如图 3-13 所示的图形，无须标注尺寸。

2) 使用极坐标绘制如图 3-14 所示的图形，无须标注尺寸。

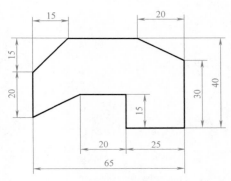

图 3-13 使用直角坐标绘图

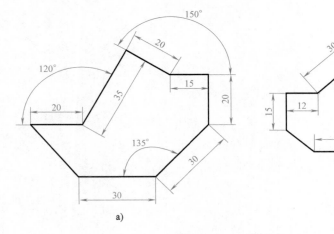

a)

b)

图 3-14 使用极坐标绘图

思政拓展：再复杂的零部件、装配体的设计与制造都要从图的绘制与编辑做起，扫描右侧二维码了解从设计图开始的冯如的飞机的创造历程。

科普之窗
冯如的飞机

AutoCAD 　−□×→

第4章

绘制二维图形

【本章重点】

- 绘制直线
- 绘制圆、圆弧、椭圆和椭圆弧
- 绘制矩形、正多边形
- 绘制点
- 绘制多段线、样条曲线、修订云线和无限长线
- 掌握精确绘图工具：栅格和栅格捕捉、对象捕捉和对象捕捉追踪、极轴追踪和对象捕捉追踪、动态输入

4.1　绘制直线

单击功能区【默认】选项卡【绘图】面板的下拉按钮 ，展开的【绘图】面板如图 4-1a 所示，菜单栏的【绘图】菜单如图 4-1b 所示。可以看到，【绘图】面板和【绘图】菜单集合了常用的图形绘制命令。

直线是构成图形实体的基本元素，调用【直线】命令的方法有如下几种。

菜单栏：【绘图】→【直线】命令。

功能区：【默认】选项卡→【绘图】面板→【直线】按钮 。

命令窗口：输入 "line" 或 "l"，按空格键或按<Enter>键确认。

调用【直线】命令绘制直线时，绘图区域会显示一条与最后一点相连的辅助直线，直观地指示端点的放置位置。可以用鼠标拾取或输入坐标的方法指定端点，可以绘制连续的线段。使用<Enter>键、空格键或选择右键快捷菜单中的【确认】选项结束命令。

【例 4-1】　利用【直线】命令来绘制如图 4-2 所示正三角形。

单击【绘图】面板上的【直线】按钮，命令窗口提示及操作如下。

命令：_line

指定第一点：　　　　　　　　　　　　　//单击鼠标右键确定点 *A*

指定下一点或［放弃（U）］：@60，0　　//确定点 *B*

指定下一点或［放弃（U）］：@60<120　//确定点 *C*

指定下一点或［闭合（C）/放弃（U）］：c✓//单击命令提示中的【闭合（C）】选项
或输入"c"闭合图形，命令会自动
结束

【例 4-2】 绘制如图 4-3 所示的矩形。

图 4-2 绘制正三角形

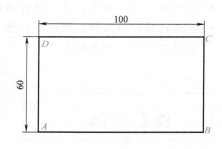

图 4-3 绘制矩形

图 4-1 展开的【绘图】面板和【绘图】菜单

1）在状态栏上单击【正交】按钮或按键盘<F8>键开启正交状态，则绘制的直线只能随着鼠标的移动沿着水平或竖直方向延伸。

> 提示 在处在开启状态的按钮上再次单击鼠标或按<F8>键都可以取消正交状态。

2）单击【直线】按钮，命令窗口提示及操作如下。

命令：_line

指定第一点：　<正交 开>　　　　　　//单击鼠标确定点 *A*，向右移动鼠标，
指针显示如图 4-4 所示

指定下一点或［放弃（U）］：<正交开>100✓//输入直线 *AB* 的长度确定点 *B*

指定下一点或［放弃（U）］：60✓　　//确定点 *C*

指定下一点或 ［闭合（C）/放弃（U）］：100 ↙　　//确定点 D
指定下一点或 ［闭合（C）/放弃（U）］：c ↙　　　//闭合图形

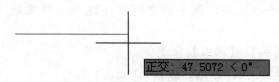

正交：47.5072 ＜ 0°

图 4-4　确定直线走向

> 提示　在绘制过程中，如果输入点的坐标出现错误，则可以输入字母"U"或者单击命令提示中的 ［放弃（U）］ 选项并按<Enter>键，撤销上一次输入点的坐标，接着可以继续输入而不必重新调用【直线】命令。

4.2　绘制圆

在 AutoCAD 中，可以通过指定圆心和半径（或直径）或指定圆经过的点创建圆，也可以创建与对象相切的圆。AutoCAD 2022 提供了六种绘制圆的方法，调用【圆】命令的方法主要有两种。在图 4-1 所示功能区【绘图】面板中单击【圆】按钮的下拉按钮 ▾，可以展开【圆】命令的下拉列表，如图 4-5 所示。

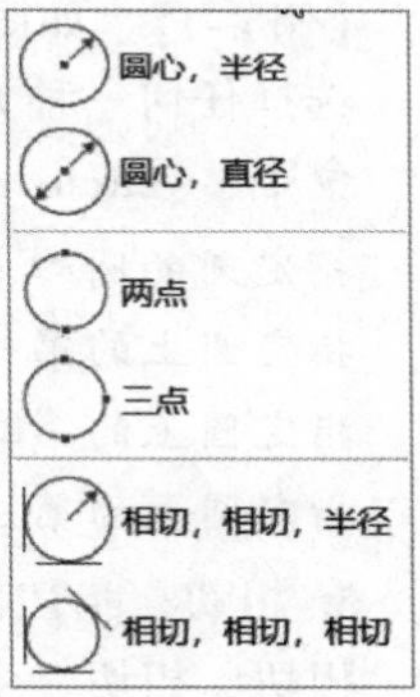

1. 圆心、半径法

圆心、半径法通过指定圆的圆心和半径绘制圆。

菜单栏：【绘图】→【圆】→【圆心、半径】命令。

功能区：【默认】选项卡→【绘图】面板→【圆心，半径】按钮 ⊙。

选择任何一种方式调用命令后，命令窗口提示及操作如下。

命令：_circle

指定圆的圆心或 ［三点（3P）/两点（2P）/切点、切点、半径（T）］：

　　　　　　　　　　　　　　　　　　//点选确定圆心

指定圆的半径或 ［直径（D）］：20 ↙　　　//输入圆的半径，完成圆的绘制

图 4-5　【圆】命令的下拉列表

2. 圆心、直径法

圆心、直径法通过指定圆的圆心和直径绘制圆。

菜单栏：【绘图】→【圆】→【圆心、直径】命令。

功能区：【默认】选项卡→【绘图】面板→【圆心，直径】按钮 ⊘。

选择任何一种方式调用命令后，命令窗口提示及操作如下。

命令：_circle

指定圆的圆心或 ［三点（3P）/两点（2P）/切点、切点、半径（T）］：//点选确定圆心

指定圆的半径或 ［直径（D）］：_d

指定圆的直径：20 ✓   //输入圆的直径，完成圆的绘制

3. 两点法

两点法通过指定两个点，并以两个点之间的连线为直径来绘制圆。

菜单栏：【绘图】→【圆】→【两点】命令。

功能区：【默认】选项卡→【绘图】面板→【两点】按钮◯。

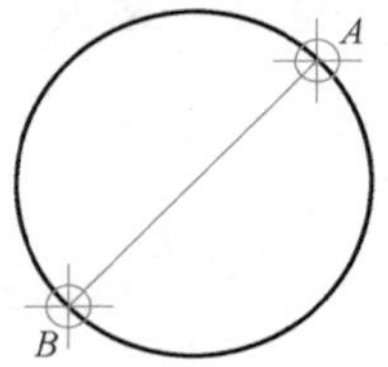

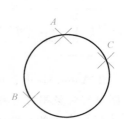

图 4-6 两点法绘制圆

【例 4-3】 如图 4-6 所示，通过 A、B 两点绘制圆。

选择任何一种方式调用命令后，命令窗口提示及操作如下。

命令：_circle

指定圆的圆心或 [三点（3P）/两点（2P）/切点、切点、半径（T）]：_2p

指定圆直径的第一个端点：   //输入坐标或点选确定点 A

指定圆直径的第二个端点：   //输入坐标或点选确定点 B

4. 三点法

三点法通过指定圆上的三个点来确定圆。

菜单栏：【绘图】→【圆】→【三点】命令。

功能区：【默认】选项卡→【绘图】面板→【三点】按钮◯。

【例 4-4】 如图 4-7 所示，通过 A、B、C 三点绘制圆。

选择任何一种方式调用命令后，命令窗口提示及操作如下。

图 4-7 三点法绘制圆

命令：_circle

指定圆的圆心或 [三点（3P）/两点（2P）/切点、切点、半径（T）]：_3p

指定圆上的第一个点：   //输入坐标或点选确定圆上点 A

指定圆上的第二个点：   //输入坐标或点选确定圆上点 B

指定圆上的第三个点：   //输入坐标或点选确定圆上点 C

5. 相切、相切、半径法

相切、相切、半径法以指定的值为半径，绘制一个与两个对象相切的圆。在绘制时，需要先指定与圆相切的两个对象，然后指定圆的半径。

菜单栏：【绘图】→【圆】→【相切、相切、半径】命令。

功能区：【默认】选项卡→【绘图】面板→【相切，相切，半径】按钮◯。

【例 4-5】 用相切、相切、半径法绘制与图 4-8a 所示直线和圆相切且半径为 150 的圆。

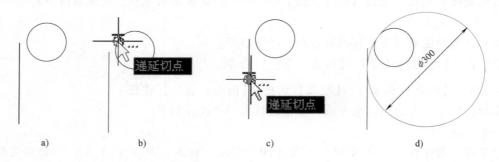

a)   b)   c)   d)

图 4-8 绘制过程

选择任何一种方式调用命令后，命令窗口提示及操作如下。

命令：_circle

指定圆的圆心或 [三点 (3P)/两点 (2P)/切点、切点、半径 (T)]：_ttr

指定对象与圆的第一个切点： //移动鼠标到已知圆上，出现切点符号 ⭕... 时，单击鼠标左键，如图4-8b所示

指定对象与圆的第二个切点： //移动鼠标到已知直线上，出现切点符号 ⭕... 时，单击鼠标左键，如图4-8c所示

指定圆的半径<50>：150↙ //输入圆的半径，完成圆的绘制如图4-8d所示

> 提示 如果输入圆的半径过小，系统绘制不出圆，在命令窗口会提示"圆不存在。"并退出绘制命令。

使用【相切、相切、半径】命令绘制圆时，系统总是在距拾取点最近的部位绘制相切的圆。因此，即使绘制圆的半径相同，拾取的位置不同，绘制圆的结果也有可能不相同，如图4-9所示。

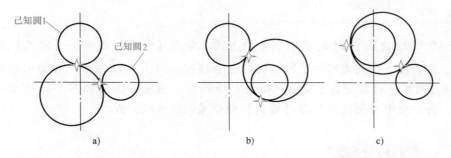

图4-9 使用【相切、相切、半径】命令绘制圆的不同效果

6. 相切、相切、相切法

相切、相切、相切法通过指定与圆相切的三个对象绘制圆。

菜单栏：【绘图】→【圆】→【相切、相切、相切】命令。

功能区：【默认】选项卡→【绘图】面板→【相切，相切，相切】按钮 ⊘。

【例4-6】 绘制如图4-10a所示三角形的内接圆。

图4-10 画已知三角形的内切圆

选择任何一种方式调用命令后，命令窗口提示及操作如下。

命令：_circle

指定圆的圆心或［三点（3P）/两点（2P）/相切、相切、半径（T）］：_3p

指定圆上的第一个点：_tan 到　　//移动鼠标到边 1 上，出现相切标记 ⬭ 时单击鼠标
　　　　　　　　　　　　　　　　左键，如图 4-10b 所示

指定圆上的第二个点：_tan 到　　//移动鼠标到边 2 上，出现相切标记 ⬭ 时单击鼠标
　　　　　　　　　　　　　　　　左键，如图 4-10c 所示

指定圆上的第三个点：_tan 到　　//移动鼠标到边 3 上，出现相切标记 ⬭ 时单击鼠标
　　　　　　　　　　　　　　　　左键，如图 4-10d 所示

注意在选择切点时，移动鼠标指针至拟相切实体，系统会出现相切标记 ⬭，出现标记时单击鼠标左键确定。

> 提示　用三点法结合切点捕捉模式，也能达到相切、相切、相切法绘制圆的要求。

4.3 绘制圆弧

AutoCAD 2022 提供了 11 种绘制圆弧的方式。单击【绘图】面板上【圆弧】按钮的下拉按钮 ▼，展开的下拉列表列出了所有圆弧命令按钮，如图 4-11 所示。在菜单栏依次选择【绘图】→【圆弧】可展开其子菜单，如图 4-12 所示。圆弧的画法如图 4-13 所示。在以后的章节中，将介绍用【倒圆角】和【修剪】命令来间接生成圆弧。

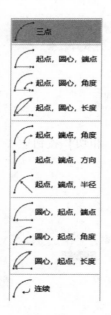

图 4-11 【圆弧】命令
　　　的下拉列表

图 4-12 【圆弧】子菜单

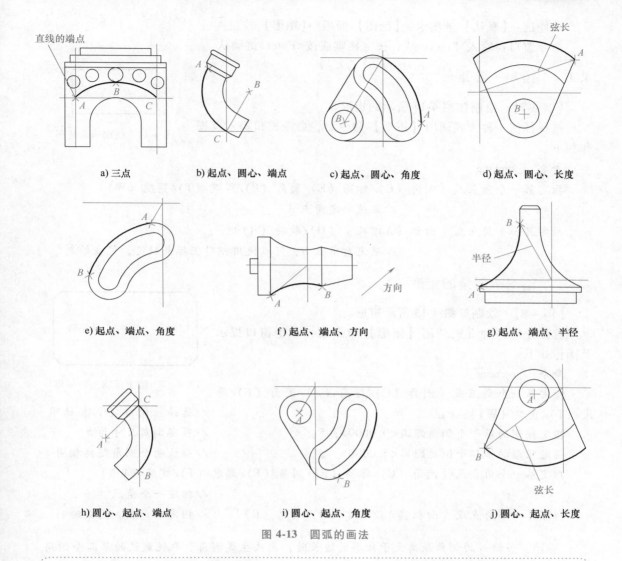

a) 三点　　　　b) 起点、圆心、端点　　　c) 起点、圆心、角度　　　d) 起点、圆心、长度

e) 起点、端点、角度　　　f) 起点、端点、方向　　　g) 起点、端点、半径

h) 圆心、起点、端点　　　i) 圆心、起点、角度　　　j) 圆心、起点、长度

图 4-13　圆弧的画法

提示　AutoCAD 中默认设置的圆弧正方向为逆时针方向，圆弧从起点开始沿正方向绘制，直至到达指定的终点。

4.4　绘制矩形

矩形是最常用的几何图形之一，可以调用【矩形】命令绘制矩形，绘制而成的矩形是一个独立的对象。可以通过指定矩形的两个对角点来创建矩形，也可以指定矩形面积和长度或宽度值来创建矩形，还可以包含倒角和圆角。默认情况下绘制的矩形的边与当前 UCS 的 X 轴或 Y 轴平行，也可以绘制与 X 轴成一定角度的矩形（倾斜矩形）。

菜单栏：【绘图】→【矩形】命令。

功能区：【默认】选项卡→【绘图】面板→【矩形】按钮▢。

命令窗口：输入"rectang"，按空格键或按<Enter>键确认。

4.4.1　绘制一般矩形

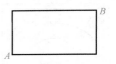

图 4-14　绘制一般矩形

【例4-7】　绘制如图4-14所示的矩形。

选择任何一种方式调用【矩形】命令后，命令窗口提示及操作如下。

命令：_rectang

指定第一个角点或 [倒角（C）/标高（E）/圆角（F）/厚度（T）/宽度（W）]：

//点选确定角点 A

指定另一个角点或 [面积（A）/尺寸（D）/旋转（R）]：

//确定对角点 B，可以使用相对坐标来确定，完成绘制

4.4.2　绘制带倒角的矩形

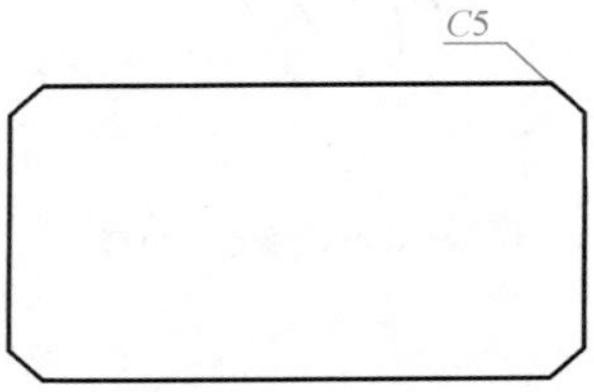

【例4-8】　绘制如图4-15所示矩形。

选择任何一种方式调用【矩形】命令后，命令窗口提示及操作如下。

命令：_rectang

指定第一个角点或 [倒角（C）/标高（E）/圆角（F）/厚度（T）/宽度（W）]：c ↙

图 4-15　绘制带倒角的矩形

//选择 [倒角（C）] 选项

指定矩形的第一个倒角距离<0.0000>：5 ↙　　//确定倒角尺寸为5

指定矩形的第二个倒角距离<5.0000>：↙　　//确认两个倒角距离相同

指定第一个角点或 [倒角（C）/标高（E）/圆角（F）/厚度（T）/宽度（W）]：

//指定一个角点

指定另一个角点或 [面积（A）/尺寸（D）/旋转（R）]：　　//指定对角点，完成绘制

> 提示　当输入的倒角距离大于矩形的边长时，无法生成倒角。系统默认的第二个倒角距离与第一个倒角距离相等。如果不是45°倒角，可以人工修改第二个倒角距离。

设置倒角距离后，再次调用【矩形】命令，系统会执行上一次的设置，所以应该特别注意命令窗口提示的命令状态。例如，绘制完如图4-15所示的矩形后，再调用【矩形】命令，命令窗口会提示"当前矩形模式：　倒角 = 5.0000×5.0000"，这说明再绘制矩形就会有5×5的倒角出现。要想绘制没有倒角或其他样式的矩形，必须在调用【矩形】命令过程中重新选择 [倒角（C）] 选项，将其值重设为0或其他值。

4.4.3　绘制带圆角的矩形

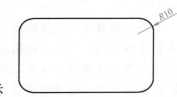

【例4-9】　绘制如图4-16所示的带圆角的矩形。

选择任何一种方式调用【矩形】命令后，命令窗口提示及操作如下。

图 4-16　绘制带圆角的矩形

命令：_rectang

指定第一个角点或 [倒角 (C)/标高 (E)/圆角 (F)/厚度 (T)/宽度 (W)]：f⤶

//选择 [圆角 (F)] 选项

指定矩形的圆角半径<0.0000>：10⤶　　　　　　　　//指定圆角半径

指定第一个角点或 [倒角 (C)/标高 (E)/圆角 (F)/厚度 (T)/宽度 (W)]：

//指定一个角点

指定另一个角点或 [面积 (A)/尺寸 (D)/旋转 (R)]：　//指定对角点

> **提示**　当输入的半径值大于矩形边长时，圆角不会生成；当半径值恰好等于矩形的一条边长的一半时，就会绘制成一个长圆。

系统会保留倒圆角的设置，要改变其设置值，方法同修改倒角距离。

4.4.4　根据面积绘制矩形

选择任何一种方式调用【矩形】命令后，命令窗口提示及操作如下。

命令：_rectang

指定第一个角点或 [倒角 (C)/标高 (E)/圆角 (F)/厚度 (T)/宽度 (W)]：

//指定一个角点

指定另一个角点或 [面积 (A)/尺寸 (D)/旋转 (R)]：a⤶

//选择 [面积 (A)] 选项

输入以当前单位计算的矩形面积<100.0000>：100⤶

//输入矩形面积

计算矩形标注时依据 [长度 (L)/宽度 (W)] <长度>：⤶

//选择默认的 [长度 (L)] 选项，也可输入 "w"

选择 [宽度 (W)] 选项

输入矩形长度<10.0000>：10⤶　　　//输入矩形的长度数值，完成矩形绘制

4.4.5　根据长和宽绘制矩形

选择任何一种方式调用【矩形】命令后，命令窗口提示及操作如下。

命令：_rectang

指定第一个角点或 [倒角 (C)/标高 (E)/圆角 (F)/厚度 (T)/宽度 (W)]：

//指定一个角点

指定另一个角点或 [面积 (A)/尺寸 (D)/旋转 (R)]：d⤶

//选择 [尺寸 (D)] 选项

指定矩形的长度<100.0000>：40⤶　　　//输入矩形的长

指定矩形的宽度<200.0000>：60⤶　　　//输入矩形的宽

指定另一个角点或 [面积 (A)/尺寸 (D)/旋转 (R)]：

//移动鼠标确定矩形对角点的位置，有四个

位置可选

除以上方式外，还可以绘制与 X 轴成一定角度的矩形。指定矩形的一个角点后，在

"指定另一个角点或［面积（A)/尺寸（D)/旋转（R)]:"提示下输入"r"，系统会按指定角度绘制矩形。再调用【矩形】命令，命令窗口会提示："当前矩形模式： 旋转＝335"，这说明再绘制的矩形依然是倾斜的。要想绘制不倾斜的矩形，必须在调用【矩形】命令过程中重新选择［旋转（R)]选项，将其值重设为0。

4.5 绘制椭圆和椭圆弧

手工绘图时，可以采用同心圆法和四心圆弧法绘制椭圆，而这两种方法都是麻烦且不精确的，在 AutoCAD 中，可以调用【椭圆】命令来绘制椭圆，便捷且精确。【椭圆】命令主要利用椭圆中心、长轴和短轴来确定形状，当长轴与短轴相等时，便会得到一个圆，这属于椭圆绘制的特例。

在图 4-1 所示功能区【绘图】面板中单击【椭圆】按钮⊙ ▾的下拉按钮▾，可以展开【椭圆】命令的下拉列表，如图 4-17 所示。在菜单栏依次选择【绘图】→【椭圆】命令，可展开【椭圆】子菜单，如图 4-18 所示。

图 4-17 【椭圆】命令的下拉列表

图 4-18 【椭圆】子菜单

4.5.1 绘制椭圆

1. 圆心法

通过指定的中心点来创建椭圆。用这种方法绘制椭圆时，应确定椭圆中心的位置，以及椭圆长、短轴的长度。单击【圆心】命令按钮⊙绘制椭圆，如图 4-19 所示，命令窗口提示及操作如下。

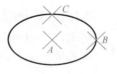

图 4-19 圆心法绘制椭圆

命令：_ellipse

指定椭圆的轴端点或［圆弧（A)/中心点（C)]:c

指定椭圆的中心点： //确定中心点 A

指定轴的端点： //确定轴的端点 B

指定另一条半轴长度或［旋转（R)]: //通过输入半轴长度值或指定定位点 C 来确定椭圆形状完成绘制

2. 轴、端点法

根据两个端点定义椭圆的第一条轴，其角度确定了整个椭圆的角度，第一条轴既可以是长轴，也可以是短轴。这种方法绘制椭圆必须知道椭圆的一条轴的两个端点和另一条轴的半轴长度。单击【轴，端点】命令按钮 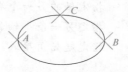 绘制椭圆，如图4-20所示，命令窗口提示及操作如下。

图4-20 轴、端点法绘制椭圆

命令：_ellipse

指定椭圆的轴端点或［圆弧（A）/中心点（C）］: //确定轴端点A

指定轴的另一个端点： //确定轴端点B

指定另一条半轴长度或［旋转（R）］: //通过输入半轴长度值或指定定位点C来确定椭圆形状完成绘制

3. 旋转法

通过绕第一条轴旋转圆来创建椭圆。已知椭圆的一条轴，通过绕该轴旋转圆，即改变一个圆与投影面的倾角从而确定另一半轴的长度来创建椭圆。单击【轴，端点】命令按钮 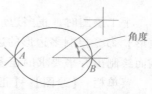 绘制椭圆，如图4-21所示，命令窗口提示及操作如下。

图4-21 旋转法绘制椭圆

命令：_ellipse

指定椭圆的轴端点或［圆弧（A）/中心点（C）］: //指定端点A

指定轴的另一个端点： //指定端点B

指定另一条半轴长度或［旋转（R）］: r↙ //切换到［旋转（R）］选项

指定绕长轴旋转的角度：60↙ //指定旋转角度，完成绘制

> 提示　输入角度的范围为0°～89.4°。当输入的旋转角度为0°时，生成圆形；当输入的旋转角度为90°时，理论上所得投影是一条直线，但AutoCAD把这种情况视为不存在，系统会提示："无效"，并退出绘制命令。

4.5.2　绘制椭圆弧

在AutoCAD中可以方便地绘制椭圆弧，绘制椭圆弧的方法与绘制椭圆的方法类似。调用【椭圆弧】命令，按照提示首先创建一个椭圆，再在所绘制椭圆的基础上截取一段椭圆弧。

菜单栏：【绘图】→【椭圆】→【圆弧】命令。

功能区：【默认】选项卡→【绘图】面板→【椭圆】下拉列表→【椭圆弧】按钮 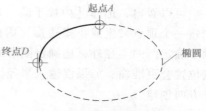 。

命令窗口：ellipse。

【例4-10】　绘制如图4-22所示点A和点D之间的椭圆弧。

图4-22 绘制椭圆弧

选择任何一种方式调用【椭圆弧】命令，命令窗口提示及操作如下。

命令：_ellipse

指定椭圆的轴端点或［圆弧（A）/中心点（C）］: _a

指定椭圆弧的轴端点或［中心点（C）］:

指定轴的另一个端点：

指定另一条半轴长度或［旋转（R）］：　　　　　//前三步绘制椭圆

指定起始角度或［参数（P）］：　　　　　　　//确定椭圆弧的开始角度，逆时针为
　　　　　　　　　　　　　　　　　　　　　　　正，0°位置为绘制椭圆时指定的第
　　　　　　　　　　　　　　　　　　　　　　　一个端点位置

指定终止角度或［参数（P）/包含角度（I）］：　//确定椭圆弧的结束角度

4.6　绘制正多边形

　　手工绘图时，正多边形的绘制往往是有一定难度的。在 AutoCAD 中，可以利用【正多边形】命令控制多边形的边数（边数取值在 3~1024 之间）及内接圆或外切圆的半径大小，从而绘制出合乎要求的正多边形。

　　菜单栏：【绘图】→【正多边形】命令。

　　功能区：【默认】选项卡→【绘图】面板→【矩形】下拉列表→【正多边形】按钮 ⬠。

　　命令窗口：polygon。

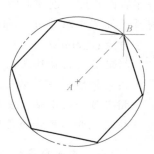

图 4-23　内接于圆法
绘制正六边形

4.6.1　内接于圆法

　　【例 4-11】　绘制如图 4-23 所示的内接于已知圆的正六边形。

　　选择任何一种方法调用【正多边形】命令，命令窗口提示及操作如下。

命令：_polygon

输入边的数目<4>：6✓　　　　　　　　　　//确定正多边形的边数

指定正多边形的中心点或［边（E）］：　　　//确定多边形的中心点 A

输入选项［内接于圆（I）/外切于圆（C）］<I>：✓　//选择使用内接于圆法

指定圆的半径：　　　　　　　　　　　　　//在圆周上点选点 B，确定多
　　　　　　　　　　　　　　　　　　　　　边形的方向和大小

　　可以看出，选择［内接于圆（I）］选项绘制正多边形时，系统在圆周上所选择的位置创建一个顶点来生成正多边形，因此选择的位置是至关重要的。除了确定圆的半径外，还确定图形的方向，采用相对坐标确定顶点位置会更准确。如果仅输入半径值，则正多边形会以默认的正立方向创建。

4.6.2　外切于圆法

　　【例 4-12】　绘制如图 4-24 所示的外切于已知圆的正六边形。

　　选择任何一种方法调用【正多边形】命令，命令窗口提示及操作如下。

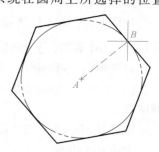

图 4-24　外切于圆法
绘制正六边形

命令：_polygon

输入边的数目<4>：6✓　　　　　　　　//确定多边形的边数为6

指定正多边形的中心点或 [边（E）]：　　//确定多边形的中心点A

输入选项 [内接于圆（I）/外切于圆（C）] <I>：c✓　//选择使用外切于圆法

指定圆的半径：　　　　　　　　　　　//在圆周上点选点B确定多边

　　　　　　　　　　　　　　　　　　　　形的方向和大小

可以看出，选择 [外切于圆（C）] 选项绘制正多边形时，系统以圆周上所选择的位置为一条边的中点来生成正多边形。与内接于圆法相同，采用相对坐标确定点的位置会更准确。如果仅输入半径值，正多边形会以默认正立方向创建。

体会内接于圆法和外切于圆法绘制正多边形时选择点的区别，自行尝试在不存在圆时绘制如图4-25所示正五边形。

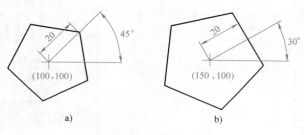

a)　　　　　　　　　　　b)

图4-25　控制多边形的方向

4.6.3　边长法

【例4-13】　绘制如图4-26所示的已知边长的正六边形。

选择任何一种方法调用【正多边形】命令，命令窗口提示及操作如下。

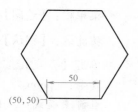

图4-26　边长法绘
制正六边形

命令：_polygon

输入边的数目<4>：6✓　　　　　　　　//确定多边形的边数

指定正多边形的中心点或 [边（E）]：e✓　//切换到边长法

指定边的第一个端点：50，50✓　　　　//指定边的第一个端点

指定边的第二个端点：@50，0✓　　　　//指定边的第二个端点，完成绘制

多边形的绘制原则是从第一个端点到第二个端点沿着逆时针方向形成多边形，因此若改变两个端点的输入顺序，则会得到与图4-26所示正六边形关于水平线对称的正六边形。

4.7　绘制点

几何对象点是用于精确绘图的辅助对象。在绘制点时，可以在绘图区域直接拾取（也可以使用坐标定位），也可以用对象捕捉功能定位一个点。可以使用 [定数等分] 和 [定距等分] 命令按等分数或距离沿直线、圆弧和多段线绘制多个点。

菜单栏：【绘图】→【点】子菜单，如图4-27所示。

功能区：【默认】选项卡→【绘图】面板，展开的【绘图】面板如图4-1所示。

接着可以选择【单点】【多点】【定数等分】【定距等分】命令绘制点。

4.7.1　绘制单独的点

为了便于查看和区分点，在绘制点之前应先给点定义一种样式。调用【格式】→【点样式】菜单命令，可打开如图4-28所示的【点样式】对话框，选择一种点的样式，如选择 ⊕ 这种样式，单击【确定】按钮保存并退出。

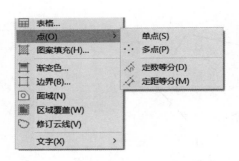

图4-27　【绘图】→【点】子菜单

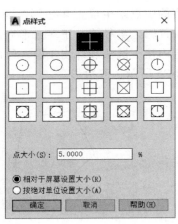

图4-28　【点样式】对话框

菜单栏：【绘图】→【点】→【单点】或【多点】命令。

功能区：【默认】选项卡→【绘图】面板→【多点】按钮。

单击【多点】按钮，绘制点（100，100），命令窗口提示及操作如下。

命令：_point

当前点模式：　PDMODE = 3　　PDSIZE = 0.0000　　//点的样式为3，点相对屏幕大小为0；如果选择按绝对单位设置大小，则PDSIZE = 5.0000

指定点：100，100　　　　　　　　　　　//输入点的坐标。也可在绘图区域拾取点，系统提示输入下一个点

> 提示　　若调用【单点】命令时，则绘制完一个点后，系统自动结束命令。

4.7.2　绘制等分点

对应于手工绘图的等分几何元素，调用【定数等分】命令可以在对象上按指定数目等间距地创建点或插入块（详见第9章）。该操作并不是把对象实际等分为单独对象，而只是在对象定数等分的位置上添加节点，这些节点将作为几何参照点，起辅助作图作用。

菜单栏：【绘图】→【点】→【定数等分】命令。

功能区：【默认】选项卡→【绘图】面板→【定数等分】按钮。

【例4-14】　四等分如图4-29a所示角，绘制角四等分线。

调用【圆弧】命令绘制如图 4-29a 所示角两边间的圆弧，如图 4-29b 所示。调用【定数等分】命令，命令窗口提示及操作如下。

命令：_divide

选择要定数等分的对象：   //选择圆弧

输入线段数目或［块（B）]：4↙   //输入等分数，得到等分节点，如图 4-29c 所示

再调用【直线】命令连接顶点和等分节点即可，如图 4-29d 所示。

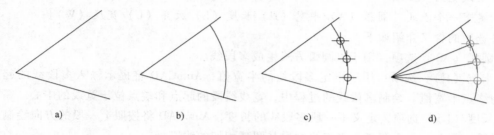

图 4-29　绘制角四等分点

4.7.3　绘制等距点

对应于手工绘图的等分几何元素，调用【定距等分】命令可以按照指定的长度，从指定的端点测量一条直线、圆弧或多段线，并在其上标记点或块标记。选择对象时，拾取框比较靠近哪一个端点，就以那个端点为标记点的起点，如图 4-30 所示。

菜单栏：【绘图】→【点】→【定距等分】命令。

功能区：【默认】选项卡→【绘图】面板→【定距等分】按钮 。

【例 4-15】　等分如图 4-30 所示直线。

调用【定距等分】命令，命令窗口提示及操作如下。

图 4-30　绘制等距点

命令：_measure

选择要定距等分的对象：   //拾取对象

指定线段长度或［块（B）]：   //输入一个数值指定距离

> 提示　等距点不均分实体，注意拾取实体时，鼠标指针应该靠近以指定距离生成等距点的起点，这很重要。可以把块定义在点的位置上。

4.8　绘制多段线

多段线可以是一个由若干直线和圆弧连接而成的折线或曲线，而且无论这条多段线包含多少条直线或圆弧，整条多段线都是一个实体，可以统一对其进行编辑。另外，多段线中各段线条还可以有不同的线宽，有利于按要求绘制所需图样。在二维制图中，它主要用于箭头的绘制。调用【多段线】命令的方式有如下三种。

菜单栏：【绘图】→【多段线】命令。

功能区：【默认】选项卡→【绘图】面板→【多段线】按钮 ⌐⌐ 。

命令窗口：输入"Pline"，按空格键或按<Enter>键确认。

选择任何一种方式调用【多段线】命令，命令窗口提示及操作如下。

命令：_pline

指定起点：　　　　　　　　　　　　//指定多段线的起点

当前线宽为 0.0000　　　　　　　　//当前线宽为 0

指定下一个点或 [圆弧（A）/半宽（H）/长度（L）/放弃（U）/宽度（W）]：

各选项的含义介绍如下。

[圆弧（A）] 选项：用于以圆弧方式生成多段线。

[半宽（H）] 选项：用于指定多段线的半宽值，AutoCAD 将提示输入多段线的起点半宽值与终点半宽值。绘制多段线的过程中，宽线线段的起点和端点位于宽线的中心。

[长度（L）] 选项：定义下一段多段线的长度，AutoCAD 将按照上一段的方向绘制这一段多段线。若上一段是圆弧，则将绘制出与圆弧相切的线段。

[放弃（U）] 选项：取消刚刚绘制的那一段多段线。

[宽度（W）] 选项：用于设定多段线的线宽。选择该选项后，将出现如下提示。

指定起点宽度<0.0000>：5 ✓　　　　　　//指定起点宽度

指定端点宽度<5.0000>：0 ✓　　　　　　//指定终点宽度

> **提示**　起点宽度值均以上一次输入值为默认值，而终点宽度值则以起点宽度为默认值。

选择 [圆弧（A）] 选项后，系统会出现如下提示。

指定圆弧的端点（按住<Ctrl>键以切换方向）或

[角度（A）/圆心（CE）/方向（D）/半宽（H）/直线（L）/半径（R）/第二个点（S）/放弃（U）/宽度（W）]：

在该提示下，可以直接确定圆弧终点，拖动鼠标指针，屏幕上会出现预显线条。[圆弧（A）] 选项命令独有的选项功能含义介绍如下。

[角度（A）] 选项：用于指定圆弧所对的圆心角。

[圆心（CE）] 选项：为圆弧指定圆心。

[方向（D）] 选项：取消直线与圆弧的相切关系设置，改变圆弧的起始方向。

[直线（L）] 选项：返回绘制直线方式。

[半径（R）] 选项：指定圆弧半径。

[第二个点（S）] 选项：指定三点来绘制圆弧。

此外，【多段线】命令的 [闭合（C）] 选项用于自动将多段线闭合，也就是将选定的最后一点与多段线的起点连接起来，并结束命令。注意当多段线的线宽>0 时，若想绘制闭合的多段线，那么一定要用 [闭合（C）] 选项，才能使其完全封闭。否则，即使起点与终点重合，也会出现缺口，如图 4-31 所示。

【例 4-16】　绘制如图 4-32 所示多段线。

图 4-31 封口的区别

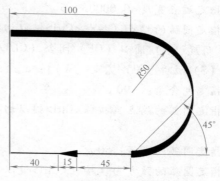

图 4-32 绘制多段线

选择任何一种方式调用【多段线】命令，命令窗口提示及操作如下。

命令：_pline

指定起点： //指定起点

当前线宽为 0.0000

指定下一个点或 [圆弧 (A)/半宽 (H)/长度 (L)/放弃 (U)/宽度 (W)]：w↙

//选择 [宽度 (W)] 选项

指定起点宽度<0.0000>：5↙ //输入起点宽度

指定端点宽度<5.0000>：↙ //指定端点宽度为默认宽度

指定下一个点或 [圆弧 (A)/半宽 (H)/长度 (L)/放弃 (U)/宽度 (W)]：@100,

0↙ //输入直线终点坐标

指定下一点或 [圆弧 (A)/闭合 (C)/半宽 (H)/长度 (L)/放弃 (U)/宽度 (W)]：

w↙ //切换到宽度方式

指定起点宽度<5.0000>：↙ //指定起点宽度为默认宽度

指定端点宽度<5.0000>：0↙ //指定端点宽度为 0

指定下一点或 [圆弧 (A)/闭合 (C)/半宽 (H)/长度 (L)/放弃 (U)/宽度 (W)]：

a↙ //切换到圆弧方式

指定圆弧的端点（按住<Ctrl>键以切换方向）或

[角度 (A)/圆心 (CE)/闭合 (CL)/方向 (D)/半宽 (H)/直线 (L)/半径 (R)/第二

个点 (S)/放弃 (U)/宽度 (W)]：a↙ //切换到角度方式

指定包含角：-90↙ //指定圆弧包含角度

指定圆弧的端点（按住<Ctrl>键以切换方向）或 [圆心 (CE)/半径 (R)]：r↙

//切换到半径方式

指定圆弧的半径：50↙ //输入半径值

指定圆弧的弦方向（按住<Ctrl>键以切换方向）<0>：-45↙

//输入圆弧弦的方向

指定圆弧的端点（按住<Ctrl>键以切换方向）或

[角度 (A)/圆心 (CE)/闭合 (CL)/方向 (D)/半宽 (H)/直线 (L)/半径 (R)/第二

个点 (S)/放弃 (U)/宽度 (W)]：w↙ //切换到宽度方式

指定起点宽度<0.0000>：↙ //确定开始线宽为 0

　　指定端点宽度<0.0000>：5 ↙　　　　　　//确定结束线宽为5

　　指定圆弧的端点（按住<Ctrl>键以切换方向）或

　　[角度（A）/圆心（CE）/闭合（CL）/方向（D）/半宽（H）/直线（L）/半径（R）/第二

个点（S）/放弃（U）/宽度（W）]：a ↙　　　　　　//切换到角度方式

　　指定包含角：-90 ↙　　　　　　//指定圆弧包含角度

　　指定圆弧的端点（按住<Ctrl>键以切换方向）或 [圆心（CE）/半径（R）]：r ↙

　　　　　　　　　　　　　　　　　　　　//切换到半径方式

　　指定圆弧的半径：50 ↙　　　　　　//输入半径值

　　指定圆弧的弦方向（按住<Ctrl>键以切换方向）<270>：225 ↙

　　　　　　　　　　　　　　　　　　　　//输入圆弧弦的方向

　　指定圆弧的端点或

　　[角度（A）/圆心（CE）/闭合（CL）/方向（D）/半宽（H）/直线（L）/半径（R）/第二

个点（S）/放弃（U）/宽度（W）]：l ↙　　　　　　//切换到直线方式

　　指定下一点或 [圆弧（A）/闭合（C）/半宽（H）/长度（L）/放弃（U）/宽度（W）]：

w ↙　　　　　　//切换到宽度方式

　　指定起点宽度<5.0000>：0 ↙　　　　　　//确定开始线宽为0

　　指定端点宽度<0.0000>：0 ↙　　　　　　//确定结束线宽为0

　　指定下一点或 [圆弧（A）/闭合（C）/半宽（H）/长度（L）/放弃（U）/宽度（W）]：

@-45, 0 ↙　　　　　　//输入直线下一点坐标

　　指定下一点或 [圆弧（A）/闭合（C）/半宽（H）/长度（L）/放弃（U）/宽度（W）]：

w ↙　　　　　　//切换到宽度方式

　　指定起点宽度<0.0000>：5 ↙　　　　　　//确定开始线宽为5

　　指定端点宽度<5.0000>：0 ↙　　　　　　//确定结束线宽为0

　　指定下一点或 [圆弧（A）/闭合（C）/半宽（H）/长度（L）/放弃（U）/宽度（W）]：

@-15, 0 ↙　　　　　　//输入直线下一点坐标

　　指定下一点或 [圆弧（A）/闭合（C）/半宽（H）/长度（L）/放弃（U）/宽度（W）]：

@-40, 0 ↙　　　　　　//输入直线下一点坐标

　　指定下一点或 [圆弧（A）/闭合（C）/半宽（H）/长度（L）/放弃（U）/宽度（W）]：

c ↙　　　　　　//闭合图形

　　在用 AutoCAD 绘制机械图样过程中，一般有两种线宽：粗和细。它们一般不是通过
[宽度（W）]选项设置的，线的宽度主要是通过图层来管理的，详细内容见第5章图层管
理的内容。而多段线绘制主要用于绘制线宽渐变的场合，如箭头等。

4.9　绘制样条曲线

　　在利用 AutoCAD 进行二维绘图时，样条曲线主要用于波浪线、相贯线、截交线的绘制。
绘制样条曲线必须给定三个以上的点，想要绘制具有更多波浪的样条曲线，就要给定更多的
点。样条曲线是指通过若干指定点而自动生成的一条光滑曲线。

样条曲线是构成图形实体的基本元素，调用【样条曲线】命令的方法有如下几种。

菜单栏：【绘图】→【样条曲线】→【拟合点】命令。

功能区：【默认】选项卡→【绘图】面板→【样条曲线拟合】按钮 N。

命令窗口：输入"spline"，按空格键或按<Enter>键确认。

【例4-17】 绘制如图4-33所示相贯线的三面投影。

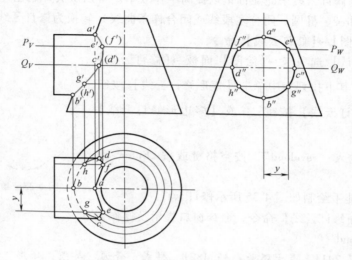

图4-33 绘制相贯线的三面投影

调用【样条曲线拟合】命令，命令窗口提示及操作如下。

命令：_spline

当前设置：方式＝拟合 节点＝弦

指定第一个点或［方式（M）/节点（K）/对象（O）］： //指定a'

输入下一个点或［起点切向（T）/公差（L）］： //指定e'(f')

输入下一个点或［端点相切（T）/公差（L）/放弃（U）］： //指定c'(d')

输入下一个点或［端点相切（T）/公差（L）/放弃（U）/闭合（C）］：//指定g'(h')

输入下一个点或［端点相切（T）/公差（L）/放弃（U）/闭合（C）］：//指定b'

输入下一个点或［端点相切（T）/公差（L）/放弃（U）/闭合（C）］：↙

//结束命令

［公差（L）］选项：拟合公差值是指生成的样条曲线与指定点之间的最大距离。当拟合公差值为零时，样条曲线严格通过指定的每一点，如图4-34所示曲线 $ABCD$；当拟合公差值不为零时，样条曲线并不通过指定的每一点，而是自动拟合生成一条光滑的样条曲线，如图4-34所示曲线 AD。

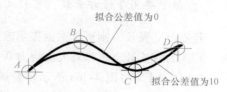

图4-34 拟合公差值的影响

提示 选择绘制好的样条曲线，其上会出现相应的提示，移动鼠标可以选择不同选项对曲线进行编辑。

4.10 绘制修订云线

【修订云线】命令用于创建由圆弧构成的多段线，即云线形对象。在检查或用红线圈阅图形时，可以绘制修订云线来亮显标记以提高工作效率。可以从头开始创建修订云线，也可以将闭合对象（如圆、椭圆、闭合多段线或闭合样条曲线）转换为修订云线。

菜单栏：【绘图】→【修订云线】命令。

功能区：【默认】选项卡→【绘图】面板→【修订云线】按钮，或者在其下拉列表中单击【矩形修订云线】按钮、【徒手画修订云线】按钮或【多边形修订云线】按钮。

命令窗口：输入"revcloud"，按空格键或按<Enter>键确认。

图 4-35　绘制修订云线

【例 4-18】　徒手绘制如图 4-35 所示修订云线。

调用【徒手画修订云线】命令，命令窗口提示及操作如下。

命令：_revcloud

最小弧长：17.7411　最大弧长：35.4821　样式：普通　类型：矩形

指定第一个角点或［弧长（A）/对象（O）/矩形（R）/多边形（P）/徒手画（F）/样式（S）/修改（M）］<对象>：_f

最小弧长：17.7411　最大弧长：35.4821　样式：普通　类型：徒手画

指定第一个点或［弧长（A）/对象（O）/矩形（R）/多边形（P）/徒手画（F）/样式（S）/修改（M）］<对象>：

//指定云线的起点

沿云线路径引导十字光标…　　　　//沿着云线路径移动鼠标指针，若要更改圆弧的大小，则可以沿着路径拾取点；若要结束云线绘制，则可以单击鼠标右键或按<Enter>键

修订云线完成。　　　　//完成云线绘制，如图 4-34 所示。

> 提示　要闭合修订云线，可移动鼠标指针返回到它的起点，系统会自动封闭云线。

若要改变弧长，则可以根据提示输入字母"a"切换到弧长方式，指定新的最大和最小弧长，默认的弧长最小值和最大值均为 0.5000 个单位。弧长的最大值不能超过最小值的三倍。

【例 4-19】　将图 4-36a 所示闭合的矩形转换为修订云线。

调用【徒手画修订云线】命令，命令窗口提示及操作如下。

命令：_revcloud

最小弧长：26.6667　最大弧长：53.3333　样式：普通　类型：徒手画

指定第一个点或［弧长（A）/对象（O）/矩形（R）/多边形（P）/徒手画（F）/样式（S）/修改（M）］<对象>：_f

指定第一个点或 [弧长 (A)/对象 (O)/矩形 (R)/多边形 (P)/徒手画 (F)/样式 (S)/修改 (M)] <对象>: o　　//选择 [对象 (O)] 选项

选择对象:　　　　　　　　//选择如图 4-36a 所示矩形对象

反转方向 [是 (Y)/否 (N)] <否>: ↙　　//确认不反转圆弧的方向;

修订云线完成。　　　　　　//云线自动转换,如图 4-36b 所示

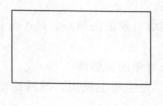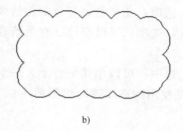

a)　　　　　　　　　　　　b)

图 4-36　将闭合对象转换为修订云线

4.11 创建无限长线

在 AutoCAD 中,可创建射线或构造线两种无限长的线作为创建其他对象的辅助线。例如,可以使用无限长线查找三角形的中心、作为多个视图的对齐辅助线、创建临时交点以用于对象捕捉等。无限长线不会改变图形的总面积,因此对缩放或视点没有影响,并且会被显示图形范围的命令忽略。无限长线也是可编辑的。

1. 射线

射线是一种从指定的点开始沿某个方向一直无限延伸的结构线,可以调用【射线】命令进行绘制。

菜单栏:【绘图】→【射线】命令。

功能区:【默认】选项卡→【绘图】面板→【射线】按钮 ✐。

命令窗口:输入 "ray",按空格键或按<Enter>键确认。

选择任何一种方式调用 [射线] 命令,命令窗口提示及操作如下。

命令: _ray

指定起点:　　　　//确定开始点

指定通过点:　　　　//确定经过点,构造射线对象

指定通过点:　　　　//继续确定经过点,构造其他射线对象,或按<Enter>键退出命令

2. 构造线

构造线是经过定义点绘制的一种结构线,不用输入线的长度,因为构造线从定义的点向两个相反的方向无限延伸。

菜单栏:【绘图】→【构造线】命令。

功能区:【默认】选项卡→【绘图】面板→【构造线】按钮 ✐。

命令窗口:输入 "xline",按空格键或按<Enter>键确认。

调用 [构造线] 命令,命令窗口提示及操作如下。

命令：_xline

指定点或 [水平（H）/垂直（V）/角度（A）/二等分（B）/偏移（O）]：

//直接指定经过点可以自由创建构造线

其他选项含义介绍如下。

[水平（H）] 选项：用于绘制水平的构造线。

[垂直（V）] 选项：用于绘制竖直的构造线。

[二等分（B）] 选项：可以经过已有两条直线对象的角顶点，并平分该夹角来创建一条构造线。

[偏移（O）] 选项：可以创建平行于另一个对象的构造线。

图 4-37 所示是使用构造线辅助绘图的示例。先绘制主视图，然后绘制构造线作为绘制左视图的辅助线。

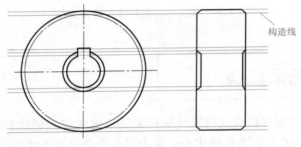

构造线

图 4-37　构造线的使用示例

4.12　栅格和栅格捕捉

在绘制工程草图时，把图形绘制在坐标纸上可以方便地进行定位和度量，类似地，在 AutoCAD 中可以启用栅格功能使绘图区域显示坐标纸样式，如图 4-38 所示。

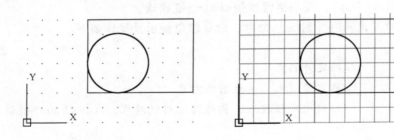

图 4-38　显示栅格

1. 功能启用

1）栅格：栅格是指显示在绘图区域的一些等距离点，可以对点间的距离进行设置，在确定对象长度、位置和倾斜程度时，可以数点完成度量。在状态栏单击【栅格】按钮 或按<F7>功能键即可实现栅格功能的启用与关闭。

2）栅格捕捉：栅格捕捉是指限制鼠标指针按指定的栅格间距在绘图区域移动，鼠标指针跳动的间距称为捕捉分辨率。在状态栏单击【栅格捕捉】按钮 或按<F9>功能键即可实现栅格捕捉功能的启用与关闭。

2. 功能设置

依次选择【工具】→【绘图设置】菜单命令，或者在状态栏上【图形栅格】按钮 上单击鼠标右键，在弹出的快捷菜单中选择【网格设置】选项，系统会弹出【草图设置】对话框，选择【捕捉和栅格】选项卡，如图4-39所示。

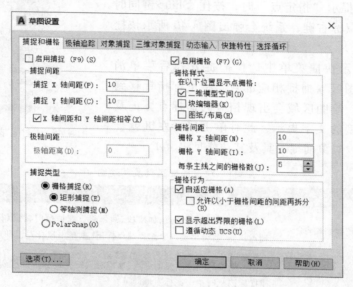

图4-39 【捕捉和栅格】选项卡

1）栅格：勾选对话框右侧顶部的【启用栅格】复选框可以打开栅格，绘图区域将按照间距设置显示栅格点。在【栅格间距】选项组可以设置【栅格X轴间距】和【栅格Y轴间距】，若设置值均为0，则栅格采用【捕捉X轴间距】和【捕捉Y轴间距】所设置的值，默认值为10。

2）栅格捕捉：勾选对话框左侧顶部的【启用捕捉】复选框可以打开栅格捕捉功能，系统将按照设置间距控制鼠标指针移动的距离。在【捕捉间距】选项组可以设置【捕捉X轴间距】和【捕捉Y轴间距】，设置值必须为正实数，默认值为10。

一般情况下，捕捉间距应与栅格间距一致。如果把【栅格X轴间距】和【栅格Y轴间距】两个参数设置为0，要调整捕捉间距与栅格间距，只需调整【捕捉X轴间距】和【捕捉Y轴间距】两个参数即可。

4.13 对象捕捉和自动对象捕捉

在绘图过程中，端点、圆心和两个对象的交点等只凭观察不可能精确拾取，而采用对象捕捉或自动对象捕捉功能，可以迅速、准确地捕捉到某些特定点，从而精确地绘制图形。

4.13.1 对象捕捉

对象捕捉是在已有对象上精确地定位特定点的一种辅助工具，它不是 AutoCAD 的主命令，不能在命令窗口的"命令:"提示符下单独调用，只能在调用绘图命令或图形编辑命令的过程中，系统提示"指定点"时才能使用。

当 AutoCAD 提示"指定点"时，按住<Shift>键同时在绘图区域单击鼠标右键，系统会弹出图 4-40 所示快捷菜单。

在图 4-40 所示快捷菜单中选择捕捉方式后菜单消失，可以回到绘图区域捕捉相应的点。将鼠标指针移到要捕捉的点附近，绘图区域会出现相应的捕捉点标记及对这个捕捉点类型的文字提示，此时单击鼠标左键就会精确捕捉到该点。对象捕捉工具及其功能见表 4-1。

图 4-40 【对象捕捉】快捷菜单

表 4-1 对象捕捉工具及其功能

选项	名称	功 能
	捕捉到端点	用于捕捉对象的端点，如线段、圆弧等。在捕捉时，将鼠标指针移到要捕捉的端点一侧，就会出现一个捕捉端点标记□，单击鼠标左键即可
	捕捉到中点	用于捕捉直线或圆弧的中点，捕捉时只要把鼠标指针移到直线或圆弧上，出现捕捉标记△时单击鼠标左键即可
	捕捉到交点	用于捕捉对象之间的交点，它要求对象之间在空间内确定有一个真实交点，相交和延长相交都可以。捕捉交点时，鼠标指针必须落在交点附近，捕捉标记为×
	捕捉到延长线	用于捕捉直线或圆弧延长线方向上的点，在延长线上捕捉点时，移动鼠标到对象端点处，出现一个临时点标记+，沿延长线方向移动鼠标指针会出现一条追踪线，直接输入距离就可以捕捉延长线上的点
	捕捉到圆心	捕捉圆、圆弧、圆环、椭圆及椭圆弧的圆心，捕捉标记为○
	捕捉到几何中心	捕捉到任意闭合多段线和样条曲线的几何中心，捕捉标记为✳
	捕捉到象限点	捕捉圆、圆弧、圆环或椭圆在整个圆周上的四分点，捕捉标记为◇
	捕捉到切点	当所绘制对象需要与圆、圆弧或椭圆相切时，调用此命令可以捕捉它们之间的切点。切点既可以作为第一输入点，也可以作为第二输入点，捕捉标记为⊙
	捕捉到垂足	捕捉到的点与当前已有点的连线垂直于捕捉点所在的对象，如从线外某点向直线引垂线确定垂足，捕捉标记为⌐

（续）

选项	名称	功　　能
//	捕捉到平行线	捕捉到与指定直线平行的线上的点，这种捕捉方式只能用在直线上。它作为点坐标的智能输入方式，不能用作为第一输入点，只能作为第二输入点，捕捉标记为 //
▫	捕捉到节点	捕捉到节点对象，捕捉标记为⊗
⊶	捕捉到插入点	捕捉块、图形、文字或属性的插入点，捕捉标记为⤵
⋌	捕捉到最近点	捕捉一个对象上距鼠标指针中心最近的点，这些对象包括圆弧、圆、椭圆、椭圆弧、直线、多段线等，常用于非精确绘图，捕捉标记为⊠
⋂ˣ	无捕捉	关闭对象捕捉模式
⋂.	对象捕捉设置	设置自动捕捉模式

在图 4-40 所示【对象捕捉】快捷菜单中，还有如下两个非常有用的对象捕捉工具。

▫—▫【临时追踪点】：在对象上指定一个临时追踪点，系统会显示水平或竖直的追踪线，确定追踪方向后，输入一个距离值从而确定一个点。

▫—⌐【自】：在使用相对坐标指定下一个点时，【自】命令可以提示指定点，并将该点作为临时参照点（基点）。它不是对象捕捉模式，但经常与对象捕捉工具一起使用。调用捕捉【自】命令来确定点时，只能输入下一点相对基点的相对坐标值（如@30，-40）。

4.13.2　自动捕捉功能

绘制复杂图形时，往往需要经常启用捕捉功能捕捉关键点来创建新的图线、图形，可以启用自动对象捕捉功能。自动捕捉是指系统自动捕捉鼠标指针所在对象上所有符合条件的几何特征点，并显示相应的标记。如果把鼠标指针在捕捉点上多停留一会，系统还会显示所捕捉点的相关提示。这样，在选择点之前，就可以预览和确认捕捉点。

依次选择【工具】→【绘图设置】菜单命令，或者在图 4-40 所示快捷菜单中选择【对象捕捉设置】选项，系统会弹出【草图设置】对话框。在【对象捕捉】选项卡左侧顶部勾选【启用对象捕捉】复选框，启用自动捕捉功能，如图 4-41 所示。接着可以在【对象捕捉模式】选项组中选择想要启用的捕捉模式，设置好后单击【确定】按钮退出。这样，在再次调用对象捕捉功能的过程中，系统就会自动捕捉所选捕捉模式的目标点。

单击状态栏的【对象捕捉】按钮▢，或者按<F3>功能键可以启用或关闭自动捕捉功能。设置多种对象捕捉模式时，可以按<Tab>键为某个特定对象遍历所有可用的对象捕捉点。例如，设置了【圆心】【象限点】【端点】等对象捕捉模式后，将鼠标指针移至圆弧上，按<Tab>键可以使系统切换显示可用于捕捉的象限点、端点或圆心。

提示　自动捕捉的对象捕捉模式不宜选择得过多，可以在调用别的命令过程中随时改变设置，设置过程不会中断当前绘图命令的调用。

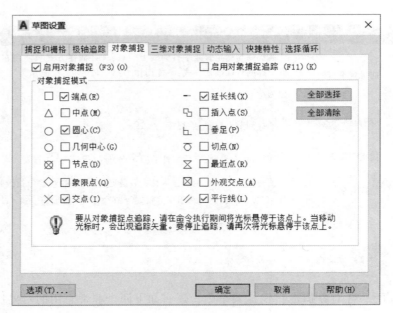

图 4-41　【对象捕捉】选项卡

4.14　极轴追踪和对象捕捉追踪

　　AutoCAD 的自动追踪功能包括两个部分：极轴追踪和对象捕捉追踪功能。启用 AutoCAD 的极轴追踪功能，在绘图过程中确定了绘图的起点后，系统会自动显示出当前鼠标所在位置的相对极坐标，可以通过输入极半径长度的办法来确定下一个绘图点。启用对象捕捉追踪功能后，绘图时，当系统要求输入点时，点会基于指定的捕捉点沿指定方向进行追踪来确定。

4.14.1　极轴追踪

　　极轴追踪功能用于当系统要求输入点时，使系统沿指定的极轴角度进行跟踪，是一种智能坐标输入方法，采用极轴追踪功能前需要设置追踪角度。在状态栏【极轴追踪】按钮 上单击鼠标右键，或者单击【极轴追踪】按钮 的下拉按钮 ，在弹出的快捷菜单中选择【正在追踪设置...】选项（图 4-42），系统会弹出【草图设置】对话框并显示【极轴追踪】选项卡，如图 4-43 所示。

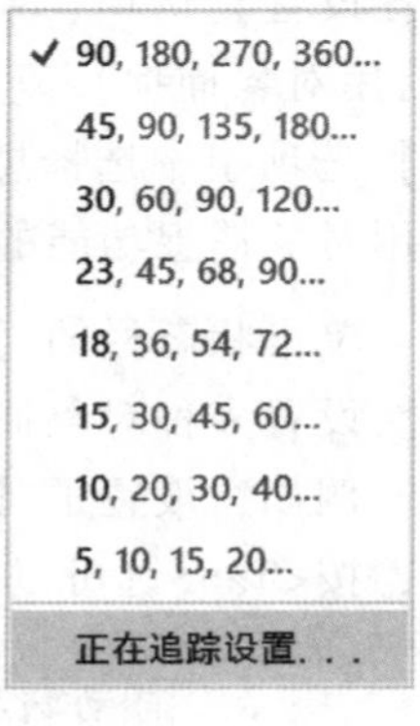

　　【增量角】下拉列表：可以选择或者输入极轴追踪角度。当输入点和基点的连线与 X 轴的夹角等于此处所设置角度，或者是该角度的整数倍时，屏幕上会显示追踪路径和相对极坐标标签。

　　【附加角】复选框：如果除了成规律变化的角度之外，还有特殊追踪角，可以勾选【附加角】复选框，再单击【新建】按钮，根据提示输入角度后按<Enter>键即可。已创建的附加角会显示在【附加

✔ 90, 180, 270, 360...

45, 90, 135, 180...

30, 60, 90, 120...

23, 45, 68, 90...

18, 36, 54, 72...

15, 30, 45, 60...

10, 20, 30, 40...

5, 10, 15, 20...

正在追踪设置...

图 4-42　【极轴追踪】快捷菜单

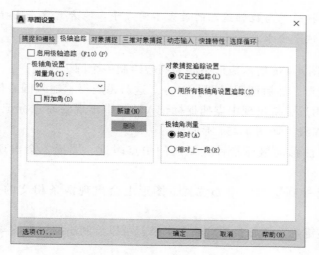

图 4-43 【极轴追踪】选项卡

角】复选框下方的列表框中，可选中附加角并单击【删除】按钮，删除附加角。

　　【对象捕捉追踪设置】选项组：用于设置对象捕捉追踪功能。

　　【极轴角测量】的【绝对】单选项：设置极轴角的测量基准是 X 轴的正方向。

　　【极轴角测量】的【相对上一段】单选项：设置极轴角的测量基准是刚绘制的上一段直线的方向，如图 4-44 所示。

　　单击状态栏的【极轴追踪】按钮⟨，按< F10>功能键，或者勾选如图 4-43 所示【极轴追踪】选项卡左侧顶部的【启用极轴追踪】复选框，均可以启用极轴追踪功能。

图 4-44 【相对上一段】单选项效果

4.14.2　对象捕捉追踪

　　对象捕捉追踪功能用于当系统要求输入点时，使系统基于指定的捕捉点沿指定方向进行追踪。在状态栏【对象捕捉】按钮╱上单击鼠标右键，在弹出的快捷菜单中选择【对象捕捉追踪设置】选项，系统弹出【草图设置】对话框并显示【对象捕捉】选项卡，从中选择需要从实体捕捉点进行追踪的选项。接着切换到【极轴追踪】选项卡（图 4-43），从如下两个单选项中选择一种。

　　【对象捕捉追踪设置】的【仅正交追踪】单选项：当对象捕捉追踪功能开启时，系统仅显示通过已获得的捕捉点的水平或竖直追踪路径。

　　【对象捕捉追踪设置】的【用所有极轴角设置追踪】单选项：当对象捕捉追踪功能开启时，系统可以沿预先设置的极轴角方向进行追踪。

　　单击状态栏的【对象捕捉】按钮╱，按< F11>功能键，或者勾选如图 4-41 所示【草图设置】对话框【对象捕捉】选项卡中的【启用对象捕捉追踪】复选框，均可以启用对象捕捉追踪功能。

提示　对象捕捉追踪与极轴追踪的最大不同在于：前者需要在图样中有可以捕捉的对象，而后者则没有这个要求。

【例4-20】　以图4-45a所示矩形中心为圆心绘制一个圆。

1）首先绘制矩形，然后调用【圆】命令。这时系统提示输入圆心坐标，移动鼠标指针到矩形长边的中点附近，待出现中点捕捉标记△且其中出现临时点标记+时，上下移动鼠标指针会出现一条追踪线，如图4-45a所示。

2）按同样的方法移动鼠标指针到短边的中点附近，图形上会出现另一条追踪线，如图4-45b所示。

3）移动鼠标指针到矩形的中心位置，图形上会出现两条相交的追踪线，如图4-45c所示。

4）单击鼠标左键确定圆心，然后输入半径就可以绘制出圆，如图4-45d所示。

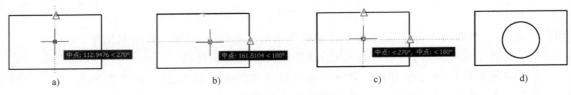

图4-45　对象捕捉追踪过程

4.15　动态输入

动态输入功能可以让绘图者在鼠标指针显示为十字光标状态下，在其附近输入坐标值、长度值、角度值、文字字符串、命令选项等。调用某个命令时，如果动态输入功能已启用，则当前命令的主提示及相应的动态输入文本框会在十字光标附近反复出现。例如，调用【圆】命令时，系统会出现动态输入功能的提示信息和文本框，可在此输入圆心坐标值，如图4-46所示。

图4-46　【圆】命令的动态输入提示和文本框

在状态栏【动态输入】按钮 上单击鼠标右键，在弹出的快捷菜单中选择【动态输入设置】选项，系统弹出【草图设置】对话框并显示【动态输入】选项卡，如图4-47所示，可以对动态输入功能进行设置。

【指针输入】选项组：勾选【启用指针输入】复选框，则在调用命令绘图或编辑的过程中，十字光标附近将动态显示当前位置的坐标值，可以在动态文本框中输入坐标值，而不必在命令窗口中输入。进行坐标输入时，输入的都是相对坐标，直角坐标用"，"隔开，极坐标用"<"隔开，或者用<Tab>键切换距离和角度输入。

【标注输入】选项组：勾选【可能时启用标注输入】复选框，则当系统提示输入第二点时，十字光标与第一点之间将动态显示距离和角度值，按<Tab>键可切换距离和角度输入。

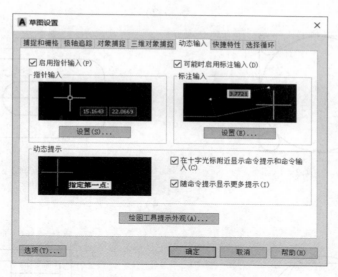

图 4-47　【动态输入】选项卡

【动态提示】选项组：勾选【在十字光标附近显示命令提示和命令输入】复选框，则在进行动态输入时，在十字光标附近会动态显示命令提示框和输入文本框。按键盘<↓>键可打开选项菜单，进而从中选择合适的选项。例如，在绘制直线过程中，系统要求输入下一点时，按键盘<↓>键打开的选项菜单如图 4-48 所示。

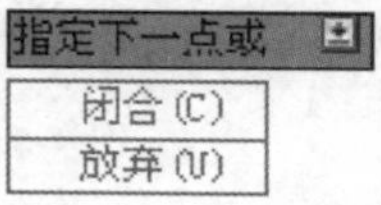

单击状态栏的【动态输入】按钮 ，或者按<F12>功能键均可以启用动态输入功能。动态输入功能能够取代 AutoCAD 传统的命令窗口，使用快捷键<Ctrl+9>可以关闭或开启命令窗口的显示，在命令窗口不显示的状态下可以仅使用动态输入方式完成命令操作。

图 4-48　动态提示的选项菜单

提示　绘图者可以多加练习，在实践过程中形成自己的操作习惯，选择使用动态输入方式或命令窗口输入方式。

思考与练习

1. 概念题

1）在 AutoCAD 中，系统默认的角度正方向和圆弧形成方向是逆时针还是顺时针？

2）简述绘制矩形的几种方法。

3）用【正多边形】命令绘制正多边形时有内接于圆法和外切于圆法两种方法。试问用这两种方法怎样控制正多边形的方向？

4）利用旋转法绘制椭圆时，输入的角度有限制吗？限制的范围是多少？

5）怎样设置对象捕捉追踪？

2. 绘图练习

完成图 4-49～图 4-55 所示图形的绘制，未注尺寸自定。

1）

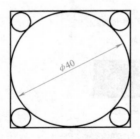

图 4-49　习题 2 1）图

2）

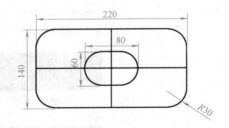

图 4-50　习题 2 2）图

3）

图 4-51　习题 2 3）图

4）

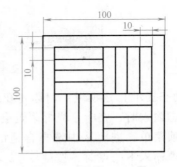

图 4-52　习题 2 4）图

5）

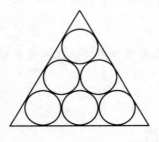

图 4-53　习题 2 5）图

6）

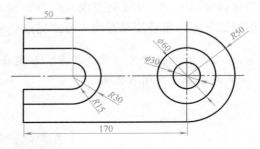

图 4-54　习题 2 6）图

7）

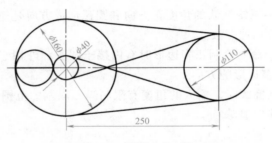

图 4-55　习题 2 7）图

提示　图 4-53 所示图形需要先画一个正三角形，然后画六个等径的小圆。

思政拓展：想象力可以让设计更有创造力，而我国北斗卫星导航系统的成功研制和应用是我们在触摸想象力和创造力的边界，扫描右侧二维码了解我国北斗卫星导航系统应用于哪些场景、让哪些想象成为了现实，并尝试绘制北斗卫星导航系统在其太空轨道绕地球运行的图形。

科普之窗
北斗：想象无限

第 5 章

规划与管理图层

【本章重点】
- 图层概述
- 图层设置
- 对象特性

5.1 图层概述

确定一个图形对象,除了要确定它的几何数据以外,还要确定线型等非几何数据。此外,设置线型的颜色可以使线型区分更明显,提高绘图效率。而 AutoCAD 存放这些设置数据要占用一定的存储空间,如果一张工程图上有大量具有相同颜色、线型等设置的对象,AutoCAD 会重复存放这些数据而浪费大量的存储空间。为此,AutoCAD 利用图层功能来管理图形。

图层是 AutoCAD 的主要组织工具,可以使用图层按功能组织和调用不同线型、颜色和其他标准的图线。可以把图层想象成没有厚度的透明片,各层之间完全对齐,如图 5-1 所示。

可以设置不同的图层来指定绘图所用的线型、颜色和状态,或者将具有相同设置的对象放在同一层上。例如,将零件图或装配图的点画线、细实线、粗实线、波浪线分别放在一个图层中并设置不同颜色,可以使图形更加清晰直观;将构造线、轮廓线、虚线、点画线、文字、标注和标题栏等置于不同的图层上,可以使绘图过程更加便捷、高效。

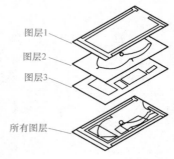

图 5-1 组织图层

5.2 图层设置

使用图层前要先建立图层，AutoCAD 中图层有图层名称、线型、线宽、颜色、打开/关闭、冻结/解冻、锁定/解锁、打印特性等特征参数，每一层都围绕这些参数进行设置。

开始绘制新图形时，AutoCAD 将创建一个名为"0"的特殊图层。默认情况下，【0】层将被指定使用默认颜色（白色或黑色，由背景色决定）、CONTINUOUS 线型、默认线宽（默认设置是 0.01in$^{\ominus}$或 0.25mm）等。不能删除或重命名【0】层。

1. 建立新图层

使用【图层特性管理器】选项板可以创建新图层、指定图层的各种特性、设置当前图层、选择图层和管理图层。单击功能区【默认】选项卡【图层】面板（图 5-17）上的【图层特性】按钮 ，系统会打开【图层特性管理器】选项板，如图 5-2 所示。

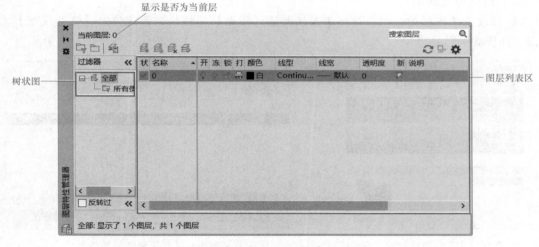

图 5-2 【图层特性管理器】选项板

创建新图层的过程如下。

1）单击【新建图层】按钮 ，在图层列表中将自动生成一个新图层，新的图层会以临时名称"1"显示在列表中，并采用默认设置的特性。此时图层"1"反白显示，可以直接用键盘为图层输入新名称，然后按<Enter>键（或在空白处单击），完成新图层建立。

2）单击相应图层的颜色、线型、线宽等特性，可以修改该图层上对象的基本特性。

需要建立多个图层时，可以重复步骤 1）、2）。

3）单击选项板左上角的【关闭】按钮 可以关闭此选项板。

4）如果对图形进行了尺寸标注，图层列表中会出现一个【Defpoints】层，这个层只有在标注后才会自动出现。该层记录了定义尺寸的点，这些点是不显示的。【Defpoints】层是不能打印的，不要在此图层上进行绘制。【0】层是默认图层，这个图层不能删除或重命名。

$\ominus$　1in = 0.0254m。

在没有建立新层之前，所有的操作都是在此图层上进行的。

> 提示　应按照工程制图或机械制图的图线规范来设置线型，个人绘图或小组协同制图应确定统一规范，以便于交流和协作。

2. 修改图层名称、颜色、线型和线宽

为便于与其他图层区分，可以将图层设置为不同的名称、颜色、线型和线宽，若图层的这些参数需要改变，则可以打开【图层特性管理器】选项板进行修改。

（1）修改图层名称　要修改某图层的名称，可以在该图层名称上单击鼠标左键，使其所在行高亮显示，然后单击图层名称使其反白，进入文本输入状态，修改或重新输入图层名称即可。

（2）设置图层颜色　要改变某图层的颜色，直接单击该图层【颜色】属性项，系统弹出【选择颜色】对话框，如图 5-3 所示，为图层选择一种颜色后，单击【确定】按钮退出【选择颜色】对话框。

（3）设置图层线型

1）要改变某图层的线型，直接单击该图层【线型】属性项，系统弹出【选择线型】对话框，如图 5-4 所示。

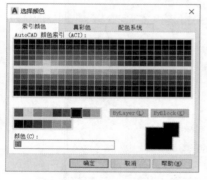

图 5-3 【选择颜色】对话框

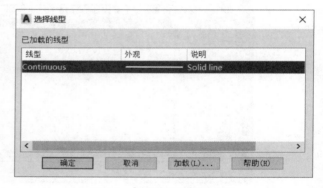

图 5-4 【选择线型】对话框

2）若列表中没有合适的线型选项，单击【加载】按钮进入【加载或重载线型】对话框，如图 5-5 所示，AutoCAD 提供了丰富的线型，它们存放在线型库"acadiso. lin"文件中，可以根据需要从中选择。另外，也可以建立自己的线型，以适应特殊需要。选择一种线型（如【CENTER】线型）后单击【确定】按钮进行装载。

3）返回到【选择线型】对话框时，新线型在列表中出现，选择【CENTER】线型，如图 5-6 所示，单击【确定】按钮，该图层便具有了这种线型。

（4）修改图层线宽　要改变某图层的线宽，直接单击该图层【线宽】属性项，系统弹出【线宽】对话框，如图 5-7 所示，选择合适的线宽，单击【确定】按钮，线宽属性就赋给了该图层。

3. 显示线宽

为了观察线宽是否与图形要求相匹配，在绘图过程中可以显示线宽。AutoCAD 系统默认设置为不显示线宽，可以单击状态栏上的 ▤ 按钮使其亮显，这样线宽便显示出来了。也

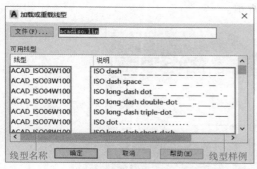

图 5-5 【加载或重载线型】对话框

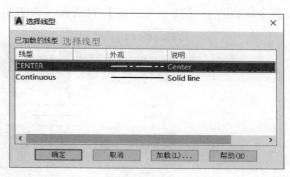

图 5-6 加载线型

可以在 按钮上单击鼠标右键,在快捷菜单上选择【设置】选项,打开【线宽设置】对话框进行具体设置,如图 5-8 所示。

图 5-7 【线宽】对话框

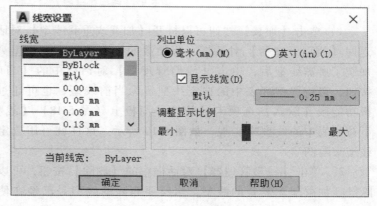

图 5-8 【线宽设置】对话框

1)【线宽】列表中【默认】选项线宽的系统默认值为 0.25mm。要改变其值,在【线宽设置】对话框中单击【默认】下拉列表右侧的下拉按钮 ,在下拉列表中选择一个数值,便可将此值作为线宽的默认值。一般把细线线宽作为默认值,例如,机械制图中有粗、细两种线宽,粗线线宽是细线的两倍,如果粗线线宽是 0.5mm,细线线宽就是 0.25mm,这样就可以设置默认值是 0.25mm,如此设置的值就是在【图层特性管理器】选项板中【线宽】属性项显示的【默认】线宽值。

2)【列出单位】选择【毫米(mm)】即可。

3)【显示线宽】选项与状态栏的 按钮作用相同。

4)【调整显示比例】选项只有在绘图显示线宽时才起作用,用鼠标拖动滑块来调整线宽的显示比例。

4. 设置线型比例

在 AutoCAD 中,除 Continuous(连续线)外,其他线型都是由短画、空、点或符号等组成的非连续线型。在使用非连续线型绘图时,会出现图形对象选择的线型为点画线而看起来像实线的情况,这是因为线型的比例因子设置不合理,可以利用【线型管理器】对话框来修改。线型管理器是 AutoCAD 提供的对线型进行管理的工具,利用【格式】→【线型】菜单命令可以打开【线型管理器】对话框，如图 5-9 所示。

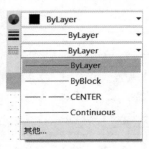

图 5-9 【线型管理器】对话框

1）单击【加载】按钮可以打开【加载或重载线型】对话框进行线型加载。加载线型后返回【线型管理器】对话框，所加载的线型即显示在线型列表中，表明该线型已经加载。加载了所需线型后，单击【线型管理器】对话框中的【当前】按钮，可将线型列表中的选定线型置为当前线型，也可通过选择功能区【默认】选项卡【特性】面板上（图 5-18）【线型】下拉列表中的线型来实现，如图 5-10 所示。这样就可用选定的线型来绘图了。

2）单击【线型管理器】对话框中的【删除】按钮，可以清除已经加载却不需要的线型，当所要删除的线型是已经在使用了的线型，系统会弹出提示，如图 5-11 所示。提示中所提到的线型均不能被删除。另外，当想要加载的线型为已删除的线型时，系统会弹出如图 5-12 所示的提示。

图 5-10 【线型】下拉列表

图 5-11 不能删除线型提示

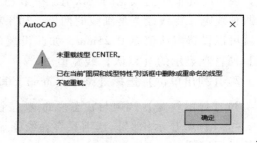

图 5-12 重新加载已删除线型的提示

提示 删除线型时一定要小心，防止删除了需要的线型而带来麻烦。

3）单击【线型管理器】对话框中的【显示细节】按钮，可以使详细信息显示或隐藏。在图 5-9 所示的【线型管理器】对话框的【详细信息】选项组显示了详细信息，单击【隐藏细节】按钮，可以隐藏【详细信息】选项组。

4）【详细信息】选项组中的【全局比例因子】选项影响图中所有线的线型比例。例如，当【全局比例因子】值是 2 时，系统会把标准线型的长画或短画均放大 2 倍显示，但不改变连续线显示。【当前对象缩放比例】选项只影响进行设置操作后绘制的对象，对进行设置操作之前绘制的对象没有作用，但最终比例是【全局比例因子】与【当前对象缩放比例】设置值的乘积。

> 提　示　使用【特性】选项板可以只修改选定对象的线型比例。

【缩放时使用图纸空间单位】复选框用于按相同的比例在图纸空间和模型空间缩放线型（该复选框默认为勾选状态）。当在图纸空间使用多个视口时（详见第 13.2 节视口布局相关讲解），该复选框功能很有用。勾选后，即使各个视口的缩放比例不一样，也可以保证各个视口中的非连续线型图线间隔相同，如图 5-13 所示。如果没有正常显示，则可依次选择【视图】→【全部重生成】菜单命令刷新图线显示。

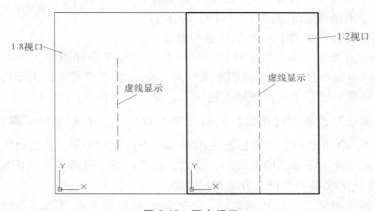

图 5-13　两个视口

5. 设置当前层与删除层

建立了若干图层后，要想在某一图层上绘制图形，就需把该图层设置为当前层。利用【图层特性管理器】选项板进行设置，可以首先选中一个图层使其亮显，然后单击【置为当前】按钮，被选中的图层就会被设为当前层，状态栏显示当前层图标。

如果已经返回到绘图状态，可以利用功能区【默认】选项卡【图层】面板（图 5-17）【图层】下拉列表来设置，如图 5-14 所示。单击 右侧的下拉按钮，在下拉列表中单击选择要设为当前层的图层即可。

（1）快速设置当前层的方法　单击功能区【默认】选项卡【图层】面板（图 5-17）上的【置为当前】按钮，鼠标指针变为拾取状态，根据命令窗口提示，选取图形对象，则该对象所在图层立即设置为当前层，并显示在【图层】面板上。单击【图层】面板上的【上一个图层】按钮，可以由现在的当前层设置返回到上一次的当前层设置。

图 5-14　【图层】下拉列表

（2）快速改变对象所在层的方法　若要把其他图层的对象放到指定层上，则可以选择这些对象，然后单击 ▮♀☀🔓■ 0 右侧的下拉按钮 ▾，在下拉列表中单击选择想要放置的图层即可。

为了节约系统资源，可以删除掉一些多余的图层。在【图层特性管理器】选项板中选择不想要的图层，单击【删除图层】按钮 ，即可将其删除。

需要注意的是【0】层、当前层和含有图形对象的图层不能被删除。当删除这几种图层时，系统会弹出提示，如图 5-15 所示。

6. 图层控制工具

AutoCAD 可以控制图层中的对象。用于控制图层的工具有【开/关】【冻结/解冻】【锁定/解锁】【打印/不打印】等，可以在【图层特性管理器】选项板中的图层列表中单击相应图层的控制图标，也可以单击 ▮♀☀🔓■ 0 右侧的下拉按钮 ▾，在下拉列表中单击相应图层的控制图标，但【打印/不打印】只能在【图层特性管理器】选项板中进行修改。

图 5-15　不能删除图层的提示

（1）打开与关闭图层　在机械制图中，经常将一些与本设计图样无关的图层关闭（图层关闭，该图层的对象不显示），以使得相关的图形更加清晰和明显，关闭的图层可以随时根据需要打开。如果不想打印某些图层上的对象，也可以关闭这些图层。

在功能区【默认】选项卡【图层】面板（图 5-17）中，单击 ▮♀☀🔓■ 0 右侧的下拉按钮 ▾，在下拉列表中单击要关闭图层的小灯泡图标 ♀，使之由黄变蓝 ♀，然后在空白处单击鼠标左键，则该图层被关闭；反之，图层打开。打开与关闭图层设置也可以在【图层特性管理器】选项板中进行，方法相同。

（2）冻结与解冻图层　图层被冻结时，该图层上的图形不能显示，不能把该图层设为当前层，也不能编辑或打印输出该图层。在布局中经常冻结某些图层，详见 13.1 节介绍的布局内容。

在功能区【默认】选项卡【图层】面板（图 5-17）中，单击 ▮♀☀🔓■ 0 右侧的下拉按钮 ▾，在下拉列表中单击要冻结图层的冻结图标 ☀，使它变成淡蓝色 ❄，则图层被冻结；对于已冻结图层，则单击解冻图标 ❄ 使其变为 ☀ 可使图层解冻。当前层不能被冻结，被冻结的层不能设置为当前层。

（3）锁定与解锁图层　如果不想在后续绘图工作中修改某些图层，或者想仅以某些图层为参照绘制其他图层的对象，可以锁定这些图层。图层锁定后并不影响图样的显示，可以在该图层上绘图（绘制完的对象也被即时锁定，所以不提倡在锁定图层上绘制图形），可以捕捉到该图层上的点，可以把该图层打印输出，也可以改变该图层的颜色和线型、线宽，但图样（包括锁定后绘制的）不能被修改。

锁定与解锁的方法与冻结与解冻的方法相同，锁定的图标是 🔒，解锁的图标是 🔓。

（4）打印特性　打印特性的改变只决定图层是否打印，并不影响其他性质。打印图标是 🖨，不打印的图标是 🚫。设置的方法与图层的锁定与解锁方法相同，不过需要在【图层特性管理器】选项板中完成。

根据上述方法建立一些常用的层，如图 5-16 所示，保存文件，名称为"图层 .dwg"，以备使用。

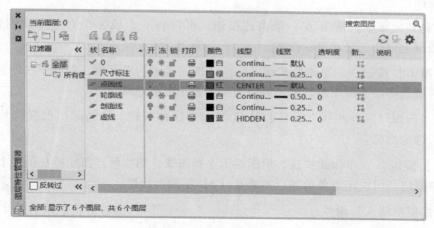

图 5-16 常用图层设置

7.【图层】面板其他工具

图层的使用和管理都可以使用功能区【默认】选项卡【图层】面板完成，如图 5-17 所示。若想将展开的【图层】面板固定（一直显示），只需单击展开的【图层】面板的图钉图标，使其变为即可。

除前述图层控制工具外，【图层】面板常用工具的功能介绍如下。

图 5-17 展开的【图层】面板

【关闭】按钮：单击此按钮，根据提示选择对象，则所选对象所在的图层关闭。

【打开所有图层】按钮：单击此按钮，则将所有图层设置为打开状态。

【隔离】按钮：单击此按钮，根据提示选择对象，则所选对象所在图层以外的所有图层都锁定。指定的对象可以是多个图层上的对象。

【取消隔离】按钮：单击此按钮，恢复使用【隔离】按钮锁定的图层。

【冻结】按钮：单击此按钮，根据提示选择对象，则所选对象所在的图层冻结。

【图层状态】列表：可以在该列表中选择已经保存的图层状态以加载，或者新建、管理图层状态。

【解冻所有图层】按钮：单击此按钮，将所有图层设置为解冻状态。

【锁定】按钮：单击此按钮，根据提示选择对象，则所选对象所在的图层锁定。

【解锁】按钮：单击此按钮，根据提示选择对象，则所选对象所在的图层解锁。

【置为当前】按钮：单击此按钮，可以将当前图层设置为所选对象所在的图层。

【匹配图层】按钮：单击此按钮，可以将所选对象的图层更改为与目标图层相匹配。

【更改为当前图层】按钮：单击此按钮，根据提示选择对象，则所选对象所在的图层更改为当前图层。

【复制到其他图层】按钮：单击此按钮，可以将一个或多个对象复制到其他图层，在指定的图层上创建选定对象的副本。

【图层漫游】按钮：单击此按钮可打开【图层漫游】对话框，在其中的列表中选择图层，则只有所选图层上的图形显示，其余图层上的图形被隐藏。

【冻结当前视口以外的所有视口】按钮：单击此按钮，冻结除当前视口外的所有布局视口中的选定图层。

【删除】按钮：单击此按钮，根据提示选择图线，删除所选图线所在图层上的所有对象并清理该图层。但选定对象的图层不能是【0】层和当前层。

【锁定的图层淡入】滑块 锁定的图层淡入 50%：拖动滑块，调整锁定图层上对象的透明度。利用 按钮启用或禁用应用于锁定图层的淡入效果。

8. AutoCAD 图层特点

AutoCAD 图层主要具有以下特点。

1）可以在一幅图样中指定任意数量的图层。系统对图层数没有限制，对每一图层上的对象数也没有任何限制。

2）每个图层有不同的名称，以加以区别。当开始绘制一幅新图时，AutoCAD 自动创建【0】图层（习惯称为浮动层），这是 AutoCAD 的默认图层。当标注尺寸时，系统会自动生成一个【DefPoints】层。其余图层需要在使用时自己去定义。

3）一般情况下，一个图层上的所有对象应该具有统一线型、颜色和线宽。只有这样具有统一性，才便于管理。

> 提示　虽然可以使用【特性】面板单独为图层上的某一个对象设置不同的特性，但为了便于管理，不提倡这样做。

4）AutoCAD 允许建立很多图层，但只允许在当前层上绘图，所以在绘图过程中需要根据绘制对象的不同，经常地变换当前层。

5）虽然对象分布在不同的图层上，但并不影响对位于不同图层上的对象同时操作。

6）可以对各图层进行打开、关闭、冻结、解冻、锁定与解锁等操作，以决定各图层的可见性与可操作性。

图层是 AutoCAD 管理图形的一种非常有效的方法，可以利用图层将图形进行分组管理。例如，将轮廓线、中心线、尺寸、文字、剖面线等机械制图常用的绘图元素放置在不同的图层中。每一个图层根据实际需要或标准规定设置线型、颜色、线宽等特性。也可以根据需要打开或关闭、锁定或解锁相应的图层。被关闭的图层将不再显示，这样会大大简化显示的内容，避免显示内容过多的弊端。例如，在标注尺寸时，可以把剖面线图层关闭，避免该图层对捕捉功能的影响，如误捕到剖面线的端点造成误标等。图层被锁定后仍然显示在绘图区域，但可以避免被删除或被移动位置等操作，也可以以被锁图层内容为参照绘制新图形。

> **提示** AutoCAD 的图层功能看上去比较简单，但绘图者在实际运用时往往会遇到一些问题，尤其在出图时，因此，绘图者应在实践中多进行应用练习，灵活掌握图层功能。

5.3 对象特性

运用 AutoCAD 提供的绘图命令可以绘出各种各样的图形，这些图形称为对象，它们所具有的属性称为对象特性。而对象所具有的图层、线型、线宽、颜色、坐标值等特性可以通过功能区【特性】面板或【特性】选项板进行修改。

5.3.1 【特性】面板

展开功能区【默认】选项卡的【特性】面板，如图 5-18 所示。常用工具的功能介绍如下。

图 5-18 展开的【特性】面板

【对象颜色】下拉列表 ● ■ ByLayer：对于选定的对象，单击展开该下拉列表可以从其中选择某种颜色，如图 5-19 所示，对象的颜色会变为所选颜色。如果在下拉列表中选择【更多颜色】选项，则可打开【选择颜色】对话框，进而在其中选择更多的颜色种类。

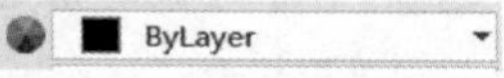

【线宽】下拉列表 ——————ByLayer：对于选定的对象，单击展开该下拉列表可以从其中选择线宽来设置对象的线宽，如图 5-20 所示。如果在下拉列表中选择【线宽设置】选项，则可打开【线宽设置】对话框进行线宽设置，以定义默认的线宽及线宽的单位及显示。

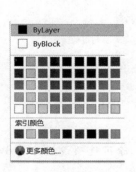

图 5-19 【对象颜色】下拉列表

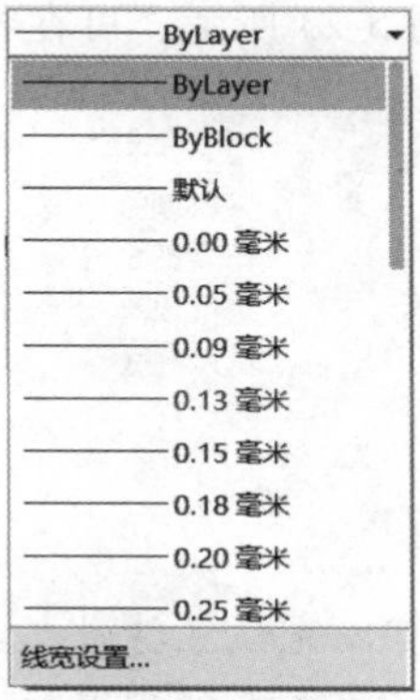

图 5-20 【线宽】下拉列表

【线型】下拉列表 ═══ ——————ByLayer：对于选定的对象，单击展开该下拉列表可以从其中选择线型来设置对象的线型，如图 5-21 所示。如果在下拉列表中选择【其他】选项，则可打开【线型管理器】对话框，以加载下拉列表中不显示的线型并设置线型的详细信息。

【打印样式】下拉列表 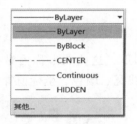：对于选定的对象，单击展开该下拉列表可以从其中选择打印样式，只有设置了已命名的打印样式时该下拉列表才可用。

【透明度】下拉列表 ：对于选定的对象，单击展开该下拉列表可以从其中选择透明度显示样式，如图 5-22 所示。当选择【透明度值】选项时，可以使用其后的【透明度】滑块 透明度 0 调整选定对象的透明度。

图 5-21 【线型】下拉列表　　　　　　　　图 5-22 【透明度】下拉列表

> 提示 【对象颜色】【线宽】【线型】【透明度】下拉列表都有【ByLayer】选项（由对象所在图层的设置决定）和【ByBlock】选项（由对象所在图块的设置决定），可以在需要时选择【ByLayer】选项之外的选项。

【列表】按钮 列表：选定对象后，单击此按钮，可在【文本窗口】显示该对象的详细信息。

【特性】按钮 ：单击此按钮打开或关闭【特性】选项板，用于设置对象的详细特性。

如果状态栏的【快捷特性】按钮 处于按下状态，则表明启用了快捷特性模式。在命令窗口"命令:"提示状态下，选择需要修改特性的对象，在绘图区域会出现【快捷特性】选项板，如图 5-23 所示，可在各下拉列表中修改对象的颜色、图层和线型等特性。

图 5-23 【快捷特性】选项板

> 提示 可以先设置特性，再绘制对象。应注意的是，除了选项设置为【ByLayer】的对象，其他对象不受【图层特性管理器】的管理。

5.3.2 【特性】选项板

单击【特性】面板上的按钮 （或功能区【视图】选项卡【选项板】面板上的【特性】按钮 ）打开如图 5-24 所示的【特性】选项板，可以设置对象的详细特性。

1.【特性】选项板功能

【切换 PICKADD 系统变量的值】按钮 ：默认状态下，将选择的对象添加到当前选择集中。单击此按钮，图标按钮变为 ，此时选定对象将替换当前选择集。再次单击按钮，回到默认状态。

【选择对象】按钮 ：单击此按钮，可以以任何方法选择对象，【特性】选项板将显示所有选中对象的共同特性。

【快速选择】按钮 ：单击此按钮可打开【快速选择】对话框，如图 5-25 所示。选择时，可以根据具体的条件选择符合条件的对象，如果勾选【附加到当前选择集】复选框，选择的对象将添加到当前的选择集中，否则，选择的对象将替换原来的选择集。

图 5-24 【特性】选项板

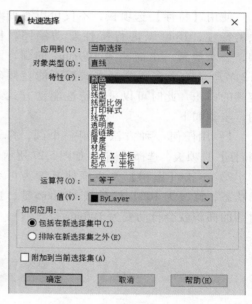

图 5-25 【快速选择】对话框

【特性】选项板显示的信息与图形文件所处的状态有关。若在打开【特性】选项板时没有选择的任何图形对象，则【特性】选项板显示的信息为当前所应用的特性，如图 5-24 所示；若选择了某个图形对象，则【特性】选项板显示该对象的特性信息；若选择了多个对象，则【特性】选项板显示它们的共有特性信息，【特性】选项板中的文本框显示图形对象的名称。

若要修改所选对象的特性，在【特性】选项板中选择要修改的特性项，特性项会显示相应的修改方法，典型提示形式的功能如下。

1）下拉列表 ▼ 提示：通过下拉列表来修改。

2）拾取点 提示：可在绘图区域用鼠标指针拾取所需点，也可直接输入坐标值。

3）对话框 提示：通过对话框来修改。

2. 选择修改对象的方式

1）打开【特性】选项板前选取：先选取要修改的对象（可以为多个对象），再打开

【特性】选项板，通过【特性】选项板顶部下拉列表来选择要修改的对象，根据显示的内容修改其特性（按<Esc>键可以取消选择）。

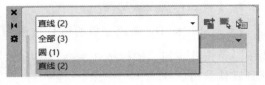

图 5-26 下拉列表

2）打开【特性】选项板后选取：直接在绘图区域单击选择对象；单击【选择对象】按钮 ，根据提示选择对象，按<Enter>键结束选择。通过【特性】选项板顶部下拉列表来选择某个修改对象，如图 5-26 所示，然后修改其特性。

5.3.3 特性驱动绘图

使用【特性】选项板，不仅可以查询对象的特性，还可以进行特性驱动绘图。例如，要求绘制一个面积为100mm^{2}的圆，而4.2节所学的所有圆绘制方式都不能直接确定圆的面积，此时可以采用特性驱动方式绘图，步骤如下。

1）用任何一种方法绘制一个圆，打开【特性】选项板，选择【圆】，如图 5-27 所示。

2）单击【面积】文本框使其变为可编辑状态，修改为 100，然后按<Enter>键，这时圆的面积就会自动变为100mm^2。

图 5-27 选择【圆】的【特性】选项板

思考与练习

1. 概念题

1）AutoCAD 图层有哪些特点？

2）怎样设置需要的图层？

3）怎样修改对象特性？

4）怎样使用特性驱动几何图形？

2. 绘图练习

首先进行图层设置，然后根据如图 5-28 所示尺寸和图线进行图线线型练习。

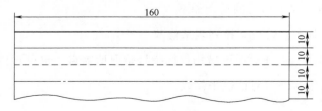

图 5-28 习题 2 图

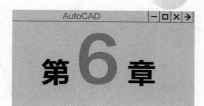

第6章

修改二维图形

【本章重点】
- 夹点编辑、构造选择集
- 删除、复制、移动、旋转和对齐
- 镜像、偏移和阵列对象
- 修改对象的形状和大小
- 倒角、圆角、面域、图案和渐变色填充

6.1 图形修改概述

在 AutoCAD 中，当所绘制的图形对象不符合要求时，可利用修改工具任意地移动或旋转图样、改变图样大小、复制图样及拉伸、修剪图样等。修改工具具有很高的智能性，相比手工绘图具有很高的便捷性和高效性。

展开功能区【默认】选项卡的【修改】面板，如图 6-1 所示。菜单栏【修改】下拉菜单如图 6-2 所示。

图 6-1 展开的【修改】面板

图 6-2　【修改】下拉菜单

6.2　夹点编辑

如果在未调用任何命令的情况下，单击选择某个图形对象，那么被选择的图形对象就会变蓝亮显，而且该图形的特征点（如端点、圆心、象限点等）将显示为蓝色的小方块、矩形或三角形，如图 6-3 所示，如此显示的特征点被称为夹点。

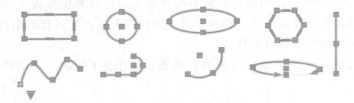

图 6-3　夹点的显示状态

夹点有两种状态，即未激活状态和被激活状态。选择某个图形对象后出现的蓝色小方框就是未激活状态的夹点。如果单击某个未激活夹点，该夹点就被激活，以红色小方框显示，这种处于被激活状态的夹点又称为热夹点。以被激活的夹点为基点，可以对图形对象进行拉伸、平移、旋转、缩放和镜像等基本修改操作。

使用夹点编辑功能，可以对图形对象进行各种不同类型的修改操作。其基本的操作步骤是"先选择，后操作"，具体可分为三步。

1）在不调用命令的情况下，单击选择对象，使其出现夹点。

2）单击某个夹点，使其被激活，成为热夹点。

3）使用<Enter>键或空格键可循环到平移、旋转、缩放或镜像等夹点模式。

6.3　构造选择集

复杂图形的绘制需要利用绘图命令结合修改命令，来轻松、高效地完成准确的图形。在 AutoCAD 中，调用修改命令修改对象时一般都需要构造选择集。选择集是被修改对象的集合，它可以包含一个或多个对象。可以先调用修改命令后选择，也可以先选择后调用修改命令。

6.3.1　构造选择集的步骤

1）调用修改命令之后，命令窗口一般会出现"选择对象："提示，同时十字光标显示为小方框，此方框称为拾取框。

2）按照 6.3.2 小节的介绍选择一种方式构造选择集。

3）选择对象后，系统会亮显选中的对象（即用蓝线高亮显示），表示对象已加入选择集，也可以从选择集中将某个对象移出（按<Shift>键的同时选择对象）。

4）无论由哪个修改命令给出"选择对象："提示，都可以在命令窗口中输入"?"然后按<Enter>键来查看所有选项，则命令窗口会有如下提示。

需要点或 窗口（W）/上一个（L）/窗交（C）/框（BOX）/全部（ALL）/栏选（F）/圈围（WP）/圈交（CP）/编组（G）/添加（A）/删除（R）/多个（M）/前一个（P）/放弃（U）/自动（AU）/单个（SI）/子对象（SU）/对象（O）

可输入相应的字母来重新选择构造选择集的方式。

6.3.2　构造选择集的方式

命令窗口"选择对象："提示下常用选项的选择方式说明如下。

1. 直接方式

这是一种在"选择对象："提示下默认可采用的对象选择方法，单击鼠标左键即可拾取对象。利用鼠标移动拾取框，使其压住要选择的对象，单击鼠标左键，该对象就会变蓝亮显，表明已被选中。用此方法可以连续选择多个对象。

2. 默认窗口方式

这也是一种在"选择对象："提示下默认可采用的对象选择方法，是在对象周围使用选择窗口选择对象的方式。利用鼠标指针将拾取框移到图中的空白区域并单击鼠标左键，命令窗口会提示"指定对角点"，移动鼠标指针到另一个位置再单击鼠标左键，则系统会自动以两个拾取点为对角点确定一个矩形拾取窗口。

1）如果矩形拾取窗口是从左向右定义的，那么只有完全在矩形拾取窗口内部的对象会被选中。

2）如矩形拾取窗口是从右向左定义的，那么位于矩形拾取窗口内部或者与矩形拾取窗口相交的对象都会被选中。

3.〔窗口（W）〕选项方式

选择矩形拾取窗口（由两个角点定义）中的所有对象。在"选择对象："提示下输入"w"并按<Enter>键，系统会依次提示确定矩形拾取窗口的两个对角点，无左右顺序。此方式与默认窗口方式的区别是拾取矩形拾取窗口的对角点时可以压住对象。

4.〔窗交（C）〕选项方式

除选择全部位于矩形拾取窗口内的所有对象外，还包括与窗口四条边相交的对象。在"选择对象："提示下输入"c"并按<Enter>键，系统会依次提示确定矩形拾取窗口的两个对角点，无左右顺序。

5.〔全部（ALL）〕选项方式

选择非冻结图层上的所有对象。

6.〔栏选（F）〕选项方式

〔栏选（F）〕选项方式是绘制一条多段的折线作为选择范围，所有与多段折线相交的对象都将被选中，所绘制的多段折线不必闭合，且可以相交。如图6-4所示选择对角线上的四个小圆。在"选择对象："提示下输入"f"并按<Enter>键，系统提示及操作如下。

第一栏选点：　　　　　　　　　//指定点 A，如图 6-4a 所示

指定直线的端点或〔放弃（U）〕：//指定点 B，如图 6-4a 所示，选择结果如图 6-4b 所示。

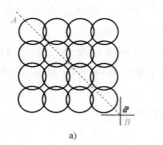
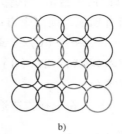

a)　　　　　　　　　　　　　　　　b)

图 6-4　栏选举例

7.〔删除（R）〕选项方式

在"选择对象："提示下输入"r"并按<Enter>键，则可以使用任何对象选择方式将对象从当前选择集中去除。此外，按下<Shift>键的同时选择对象，也可以将选中的对象从当前选择集中去除。

> 提示　用鼠标单击拾取对象，或者在对象周围使用选择窗口，或者使用上述任意一种选择对象方式都可以选择对象。无论由哪个修改命令给出"选择对象："提示，都可以如此选择。要查看所有选项，则在命令窗口中输入"?"。

6.4　删除对象

在绘图过程中，可以调用【删除】命令来删除辅助线或错误图形等不应在最终图样中

出现的对象，调用【删除】命令的方法有如下几种。

菜单栏：【修改】→【删除】命令。

功能区：【默认】选项卡→【修改】面板→【删除】按钮 。

调用【删除】命令后，命令窗口提示及操作如下。

命令：_erase

选择对象：　　　　　　　　　//构造删除选择集

选择对象：↙　　　　　　　　//按<Enter>键或空格键，选择的对象被删除

> 提示　选择对象后按<Delete>键也可以删除选择的对象。注意被锁定图层上的对象不能被删除，详见5.2节相关内容。

6.5　复制对象

在绘图过程中，可以使用【复制】命令来生成相同的图形对象，进而避免逐个绘制，提高绘图效率。调用【复制】命令的方法有如下几种。

菜单栏：【修改】→【复制】命令。

功能区：【默认】选项卡→【修改】面板→【复制】按钮 。

使用【复制】命令要先选择需要复制的对象，再指定一个基点，然后根据相对基点的位置放置复制对象。可以利用对象捕捉功能直接利用鼠标定位放置对象，也可以利用相对坐标方式确定复制位置。

【例6-1】　将图6-5所示对象复制到板状零件的右侧，如图6-5所示。

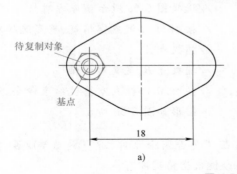

a)　　　　　　　　　　　　　　b)

图6-5　复制

调用【复制】命令后，命令窗口提示及操作如下。

命令：_copy

选择对象：指定对角点：　　　　　　//选择复制对象

选择对象：↙　　　　　　　　　　//按<Enter>键或空格键，确定选择对象

当前设置：复制模式=多个

指定基点或 [位移(D)/模式(O)] <位移>：//选择基点，捕捉圆心

指定第二个点或 [阵列(A)] <使用第一个点作为位移>：

//捕捉目标点,或者输入相对坐标"@18,0"

指定第二个点或［阵列(A)/退出(E)/放弃(U)］<退出>：

//可以继续复制,或者按<Enter>键或空格
键结束命令

　　提示　待复制对象上的基点应该与目标点重合,命令中的"第一点"（相对坐标的参考点）总是基点位置。

6.6　镜像

　　在机械制图中,对一些对称的图形,如某些底座、轴和支架等,可以画出对称图形的一半,然后用【镜像】命令将另一半对称图形复制出来。调用【镜像】命令的方法有如下几种。

　　菜单栏：【修改】→【镜像】命令。

　　功能区：【默认】选项卡→【修改】面板→【镜像】按钮⚠。

　　【例6-2】　已知一个盘类零件对称视图的一半,如图6-6a所示,使用【镜像】命令完成视图。

　　调用【镜像】命令后,命令窗口提示及操作如下。

命令：_mirror

选择对象：指定对角点：　　　　　　　　//选择图6-6a所示镜像源对象

选择对象：↙　　　　　　　　　　　　//按<Enter>键或空格键,确定选择对象

指定镜像线的第一点：　　　　　　　　//捕捉点A

指定镜像线的第二点：　　　　　　　　//捕捉点B,定义对称轴

要删除源对象吗？［是(Y)/否(N)］<否>：↙　//按<Enter>键或空格键结束命令,得到的
图形如图6-6b所示

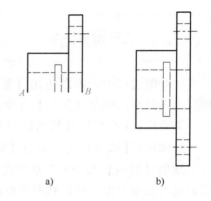

a)　　　　　　　　b)

图6-6　镜像图形

　　提示　如果在镜像的同时删除源对象,则在"是否删除源对象?［是（Y）/否（N）］<N>："命令窗口提示下输入"y",并按<Enter>键或空格键即可。

6.7　偏移

　　【偏移】命令用于创建造型与选定对象造型平行的新对象。偏移圆或圆弧可以创建更大或更小的圆或圆弧,取决于向哪一侧偏移。可以偏移的对象包括直线、圆弧、圆、多段线、椭圆、构造线、射线和样条曲线等。利用【偏移】命令可以对定位线或辅助曲线进行准确

定位，进而精确、高效地绘图。调用【偏移】命令的方法有如下几种。

菜单栏：【修改】→【偏移】命令。

功能区：【默认】选项卡→【修改】面板→【偏移】按钮◐。

【例 6-3】　如图 6-7 所示，已知点 A，利用【偏移】命令精确定位点 B。

首先利用【直线】命令绘制线段 AC 和 AD，如图 6-8a 所示。接着调用【偏移】命令后，命令窗口提示及操作如下。

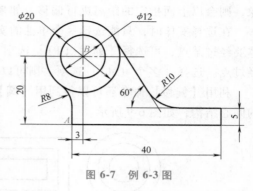

图 6-7　例 6-3 图

命令：_offset

当前设置：删除源 = 否　图层 = 源　OFFSETGAPTYPE = 0

指定偏移距离或 [通过(T)/删除(E)/图层(L)] <20.0000>:3 ↙

　　　　　　　　　　　　//设置偏移距离

选择要偏移的对象，或 [退出(E)/放弃(U)] <退出>:

　　　　　　　　　　　　//选择偏移对象 AC

指定要偏移的那一侧上的点，或 [退出(E)/多个(M)/放弃(U)] <退出>:

　　　　　　　　　　　　//在 AC 右侧单击鼠标左键确定要偏移的方向

选择要偏移的对象，或 [退出(E)/放弃(U)] <退出>:↙

　　　　　　　　　　　　//退出【偏移】命令，结果如图 6-8b 所示

命令：_offset

当前设置：删除源 = 否　图层 = 源　OFFSETGAPTYPE = 0

　　　　　　　　　　　　//重新调用【偏移】命令

指定偏移距离或 [通过(T)/删除(E)/图层(L)] <3.0000>:20 ↙

　　　　　　　　　　　　//设置偏移距离

选择要偏移的对象，或 [退出(E)/放弃(U)] <退出>:

　　　　　　　　　　　　//选择偏移对象 AD

指定要偏移的那一侧上的点，或 [退出(E)/多个(M)/放弃(U)] <退出>:

　　　　　　　　　　　　//在 AD 上方单击鼠标左键确定要偏移的方向

选择要偏移的对象，或 [退出(E)/放弃(U)] <退出>:↙

　　　　　　　　　　　　//退出【偏移】命令，偏移结果如图 6-8c 所示

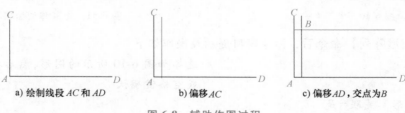

　　a) 绘制线段 AC 和 AD　　　　　b) 偏移 AC　　　　　c) 偏移 AD，交点为 B

图 6-8　辅助作图过程

可以在"选择要偏移的对象，或 [退出（E）/放弃（U）] <退出>:"提示下继续选择对

象，则会以上面指定的距离进行偏移。如果不继续偏移，直接按<Enter>键或空格键退出。

在选择实体时，只能选择一个单独的实体。若不知道要偏移的距离，而只知道偏移的实体要经过某点，可选择［通过（T）］选项，系统会询问经过点，可以通过捕捉的方式获得经过点。选择［多个（M）］选项，则可以依次根据提示进行多次偏移。

利用【偏移】命令还可以得到用【圆】【矩形】【圆弧】【正多边形】命令所生成实体的同心结构，如图6-9所示。

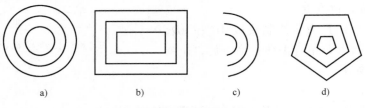

图 6-9 偏移图形

6.8 | 阵列

在制图过程中，要绘制按规律排列（矩形阵列或圆周均布）的相同图形，可以使用【阵列】命令。AutoCAD中的阵列分为三类：矩形阵列、路径阵列和环形阵列。

6.8.1 矩形阵列

矩形阵列是按照行列方阵的方式进行对象复制的。调用【矩形阵列】命令时必须确定要阵列的行数、列数及行间距、列间距。调用【矩形阵列】命令的方法有如下几种。

菜单栏：【修改】→【阵列】→【矩形阵列】命令。

功能区：【默认】选项卡→【修改】面板→【阵列】下拉列表→【矩形阵列】按钮。

命令窗口：输入"arrayrect"，按<Enter>键或空格键确认。

【例6-4】 将图6-10所示的对象阵列为图6-11所示的图形。

图 6-10 例 6-4 图　　　　　　　　图 6-11 矩形阵列结果

调用【矩形阵列】命令后，命令窗口提示及操作如下。

选择对象：　　　　　　　　　　　　//选择如图6-10所示的图形,然后按<Enter>键
　　　　　　　　　　　　　　　　　或空格键确认

类型=矩形　关联=是

选择夹点以编辑阵列或［关联（AS）/基点（B）/计数（COU）/间距（S）/列数（COL）/行数（R）/层数（L）/退出（X）］<退出>:cou↙

//选择[计数（COU）]选项

输入列数数或［表达式（E）］<4>：4↙　//指定列数为4

输入行数数或［表达式（E）］<3>：3↙　//指定行数为3

选择夹点以编辑阵列或［关联（AS）/基点（B）/计数（COU）/间距（S）/列数（COL）/行数（R）/层数（L）/退出（X）］<退出>：s↙　　//在命令窗口中输入"S"并按<Enter>键；

指定列之间的距离或［单位单元（U）］<0.4686>：40↙

//指定列间距为40

指定行之间的距离 <0.4686>：50↙　//指定行间距为50

选择夹点以编辑阵列或［关联（AS）/基点（B）/计数（COU）/间距（S）/列数（COL）/行数（R）/层数（L）/退出（X）］<退出>：↙　　//结束命令

还可以根据需要选择中括号里的选项来定义矩形阵列参数，各选项的含义介绍如下。

1）关联（AS）：指定所创建阵列对象是关联阵列对象，还是独立对象。若选择该选项中的［是（Y）］选项，则创建关联阵列，即可以通过编辑阵列中的一个对象快速修改所有对象。若选择［否（N）］选项，则所创建的阵列对象为独立对象，对阵列中一个对象的修改不影响其他对象。

2）基点（B）：指定阵列的基点。

3）计数（COU）：指定阵列中的列数和行数。

4）间距（S）：指定列间距和行间距。

5）列数（COL）：指定阵列中的列数和列间距，以及它们之间的增量标高。

6）行数（R）：指定阵列中的行数和行间距，以及它们之间的增量标高。

7）层数（L）：指定层数和层间距。

除了根据命令窗口提示进行操作外，也可以在调用【矩形阵列】命令之后，在功能区如图 6-12 所示的【阵列】选项卡中完成操作。其中，【介于】文本框用于输入行间距或列间距，其余按钮或文本框功能与命令窗口相应选项功能相同，不再赘述。

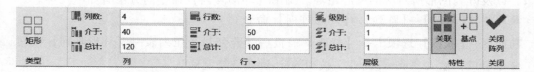

图 6-12　矩形阵列的【阵列】选项卡

6.8.2　路径阵列

路径阵列是沿着一条路径生成的阵列。调用【路径阵列】命令的方法有如下几种。

菜单栏：【修改】→【阵列】→【路径阵列】命令。

功能区：【默认】选项卡→【修改】面板→【阵列】下拉列表→【路径阵列】按钮。

命令窗口：输入"arraypath"，按<Enter>键或空格键确认。

【例 6-5】　将图 6-13 所示的对象阵列为图 6-14 所示的对象。

调用【路径阵列】命令后，命令窗口提示及操作如下。

图 6-13　例 6-5 图

图 6-14　路径阵列结果

选择对象： 　　　　　　　　//选择图 6-13 所示圆，按<Enter>键或空格键确认

类型=路径　关联=是

选择路径曲线： 　　　　　　//选择阵列路径曲线

选择夹点以编辑阵列或［关联（AS）/方法（M）/基点（B）/切向（T）/项目（I）/行（R）/层（L）/对齐项目（A）/Z 方向（Z）/退出（X）］<退出>：i

　　　　　　　　　　　　//切换到［项目（I）］选项

指定沿路径的项目之间的距离或［表达式（E）］<139.0563>：30

　　　　　　　　　　　　//指定阵列对象间距离

最大项目数=6

指定项目数或［填写完整路径（F）/表达式（E）］<6>：6

　　　　　　　　　　　　//指定阵列对象数

除了根据命令窗口进行操作外，也可以在调用【路径阵列】命令之后，在功能区如图 6-15 所示的【阵列】选项卡中完成操作。

图 6-15　路径阵列的【阵列】选项卡

6.8.3　环形阵列

环形阵列是将所选实体按圆周等距复制。该阵列方式需要确定阵列的圆心和阵列对象的个数，以及阵列图形所对应的圆心角等。调用【环形阵列】命令的方法有如下几种。

菜单栏：【修改】→【阵列】→【环形阵列】命令。

功能区：【默认】选项卡→【修改】面板→【阵列】下拉列表→【环形阵列】按钮。

命令窗口：输入"arraypolar"，按<Enter>键或空格键确认。

【例 6-6】　根据图 6-16a 所示图形生成图 6-16b 所示阵列结果。

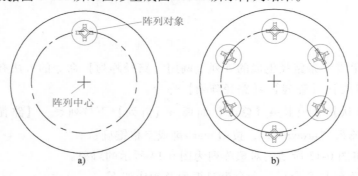

a)　　　　　　　　　　b)

图 6-16　例 6-6 图

调用【环形阵列】命令后，命令窗口提示及操作如下。

选择对象：   //选择图 6-16 所示的阵列对象，按<Enter>

                      键或空格键确认

类型 = 极轴 关联 = 是

指定阵列的中心点或［基点(B)/旋转轴(A)］：//指定大圆圆心为阵列中心

在功能区【阵列】选项卡的【项目】面板中输入阵列对象数目即可，如图 6-17 所示。

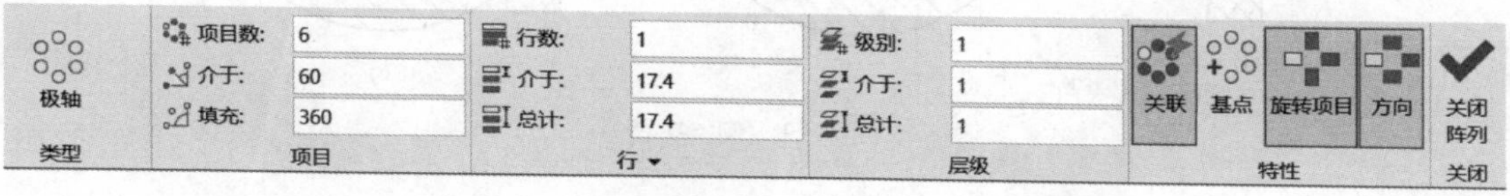

	极轴		项目数：	6		行数：	1		级别：	1						
			介于：	60		介于：	17.4		介于：	1	关联	基点	旋转项目	方向	关闭阵列
			填充：	360		总计：	17.4		总计：	1					
	类型		项目			行 ▾			层级			特性			关闭

图 6-17 环形阵列的【阵列】选项卡

图 6-17 所示【阵列】选项卡中有【旋转项目】按钮，进行例 6-6 操作时，本按钮是处于按下状态的。如果不按下此按钮，则所生成的环形阵列中对象不旋转，如图 6-18 所示。

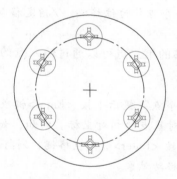

图 6-18 圆周阵列结果

6.9   移动和旋转

对于图形位置不合适的情况，进行手工绘图时，只能将已绘制的图形擦掉再重新绘制。而利用 AutoCAD 绘图时，只要调用【移动】命令和【旋转】命令进行调整即可。

6.9.1   移动

【移动】命令与 6.5 节所讲的【复制】命令参数有些类似，不同之处在于移动对象后，原位置的实体对象不再存在。调用【移动】命令的方法有如下几种。

菜单栏：【修改】→【移动】命令。

功能区：【默认】选项卡→【修改】面板→【移动】按钮⊕。

【例 6-7】 把图 6-19a 所示两个零件装配在一起。

调用【移动】命令后，命令窗口提示及操作如下。

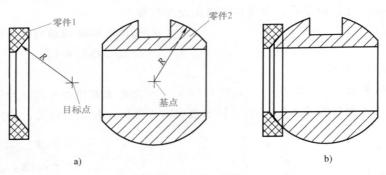

图 6-19　例 6-7 图

命令：_move

选择对象：

选择对象：　　　　　　　　　　　　　//选择零件 2 图形，如图 6-19a 所示，按
　　　　　　　　　　　　　　　　　　　　<Enter>键或空格键结束选择

指定基点或［位移(D)］<位移>：　　　//指定基点

指定第二个点或 <使用第一个点作为位移>：//指定移动操作的目标点，结果如图 6-19b
　　　　　　　　　　　　　　　　　　　　所示

当确定移动的基点后，位移的第二点可以通过输入点的坐标（绝对坐标和相对坐标均可）来确定。

> 提示　如果在"指定第二个点"提示下按 <Enter>键或空格键，则第一个点（基点）的绝对坐标将被认为是第二点对基点的相对坐标。例如，如果将基点指定为（2，3），然后在"指定第二个点"提示下按 <Enter>键或空格键，则将从当前位置沿 X 方向移动 2 个单位，沿 Y 方向移动 3 个单位移动对象。

6.9.2　旋转

旋转图形时，可以直接输入一个角度，让实体对象绕选择的基点进行旋转。也可以用规定的三个点的夹角来作为旋转角进行参照旋转。调用【旋转】命令的方法有如下几种。

菜单栏：【修改】→【旋转】命令。

功能区：【默认】选项卡→【修改】面板→【旋转】按钮 ↻。

1. 直接输入角度

【例 6-8】　对图 6-20a 所示图形对象进行旋转，以得到图 6-20b 所示图形。

调用【旋转】命令后，命令窗口提示及操作如下。

命令：_rotate

UCS 当前的正角方向：　ANGDIR = 逆时针　ANGBASE = 0

选择对象：指定对角点：　　　　　　　//选择图 6-20a 所示待旋转对象

选择对象：　　　　　　　　　　　　　//按<Enter>键或空格键结束选择

指定基点：　　　　　　　　　　　　　//捕捉点 A 作为旋转的基点，移动

鼠标,则选中的图形对象会绕点 A 旋转

指定旋转角度,或[复制(C)/参照(R)]<0>:c✓　　//切换到[复制(C)]选项,旋转过程中保留源对象

旋转一组选定对象。

指定旋转角度,或[复制(C)/参照(R)]<0>:221✓　　//指定旋转角度。逆时针为正值,顺时针为负值

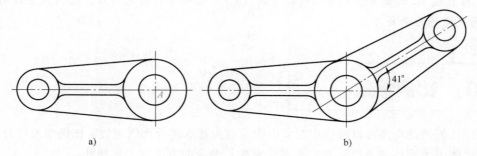

图 6-20　例 6-8 图

2. 参照旋转

当旋转操作的旋转角度不能直接确定时,可以用参照旋转方式来进行旋转。

【例 6-9】 将倾斜部位转成水平,然后投射到俯视图,如图 6-21 所示。

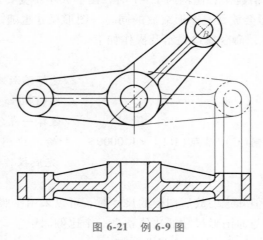

图 6-21　例 6-9 图

调用【旋转】命令后,命令窗口提示及操作如下。

命令:_rotate

UCS 当前的正角方向:　ANGDIR=逆时针　ANGBASE=0

选择对象:　　　　　　　　　　　　　　　//选择倾斜部分图形

选择对象:　　　　　　　　　　　　　　　//按<Enter>键或空格键结束选择

指定基点:　　　　　　　　　　　　　　　//指定点 A 为基点

指定旋转角度,或[复制(C)/参照(R)]<0>:c✓//切换到[复制(C)]选项

旋转一组选定对象。

指定旋转角度,或［复制(C)/参照(R)］<0>:r↙ //切换到［参照(R)］选项

指定参照角 <47>: 指定第二点: //捕捉点 A 再捕捉点 B,把直线 AB 相
                                         对 X 轴正向的角度作为参照角

指定新角度或［点(P)］<0>:↙   //输入"0",指定要转到的角度

> **提 示** 最后一步,即在"指定新角度或［点(P)］"提示下也可以指定点。假设指定点 C,那么旋转角度就是直线 AB 和 X 轴正向夹角与直线 AC 和 X 轴正向夹角之差,即直线 AB 与直线 AC 的夹角。也可以选择［点(P)］选项重新指定两点,把两点连线与 X 轴正向的夹角作为新角度。

6.10 比例缩放

利用比例缩放功能可以将选中对象以指定点为基点进行比例缩放,比例缩放可分为两种方式:比例因子缩放和参照缩放。调用【缩放】命令的方法有如下几种。

菜单栏:【修改】→【缩放】命令。

功能区:【默认】选项卡→【修改】面板→【缩放】按钮 ⬚。

1. 比例因子缩放

比例因子就是缩放的倍数比。比例因子 = 1 时,图形大小不变;比例因子 < 1 时,图形缩小;比例因子 > 1 时,图形会放大。图形缩放的同时,图形尺寸也随之缩放。

调用【缩放】命令后,命令窗口提示及操作如下。

命令: _scale

选择对象:指定对角点: //选择缩放对象

选择对象: //按<Enter>键或空格键结束选择

指定基点: //选择一点作为缩放基点

指定比例因子或［复制(C)/参照(R)］<1.0000>: //输入比例,按<Enter>键或空格键
                                         完成操作

2. 参照缩放

在不确定比例因子,但知道缩放后图形的尺寸时,可以采用参照缩放方式进行缩放。实际上,缩放后的图形尺寸与原图形尺寸的比值就是一个比例因子。

调用【缩放】命令后,命令窗口提示及操作如下。

命令: _scale

选择对象: 指定对角点: //选择缩放对象

选择对象: //按<Enter>键或空格键结束选择

指定基点: //选择一点作为缩放基点

指定比例因子或［复制(C)/参照(R)］:r↙ //切换到［参照(R)］选项以进行参照缩放

指定参照长度 <28>:   //指定两点,把两点之间的长度作为参照长度

指定新的长度或［点(P)］<30.0000>:   //输入新长度,完成操作

> 提示　若切换到〔复制（C）〕选项，则可以在比例缩放过程中保留源对象。

6.11 | 拉伸、拉长、延伸

1. 拉伸

【拉伸】命令用于移动图形对象的指定部分，同时保持与图形对象未移动部分相连接。在拉伸过程中需要指定一个基点，然后利用交叉窗口或交叉多边形选择要拉伸的对象。调用【拉伸】命令的方法有如下几种。

菜单栏：【修改】→【拉伸】命令。

功能区：【默认】选项卡→【修改】面板→【拉伸】按钮 ⬚。

【例 6-10】　把螺纹拉伸 100mm，如图 6-22 所示。

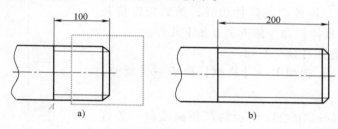

图 6-22　例 6-10 图

调用【拉伸】命令后，命令窗口提示及操作如下。

命令：_stretch

以交叉窗口或交叉多边形选择要拉伸的对象...

选择对象：　　　　　　　　　//构造矩形选择窗口，如图 6-22a 所示，注意选择窗口不要包含所有图形对象，如果包含了，就会变成移动操作

选择对象：↙　　　　　　　　//结束选择

指定基点或〔位移(D)〕<位移>://捕捉点 A 作为拉伸的基点

指定位移的第二个点或 <用第一个点作位移>:@100,0↙
//指定位移的第二点，以决定拉伸多少，拉伸结果如图 6-22b 所示

> 提示　选择实体时必须用交叉窗口或交叉多边形选择要拉伸的对象。只有选择窗口内的端点位置会被改变，选择窗口外的端点位置保持不变。当图形实体的端点全被选择在内时，【拉伸】命令等同【移动】命令。

2. 拉长

利用【拉长】命令可以修改直线或圆弧的长度。调用【拉长】命令的方法有如下几种。

菜单栏：【修改】→【拉长】命令。

功能区：【默认】选项卡→【修改】面板→【拉长】按钮 。

调用【拉长】命令后，命令窗口提示及操作如下。

选择要测量的对象或［增量（DE）/百分比（P）/总计（T）/动态（DY）］＜总计（T）＞：

默认情况下，选择对象后，系统会显示出当前选中对象的长度和角度等信息。各选项的功能说明如下。

［增量（DE）］选项：以增量方式修改圆弧（或直线）的长度。可以直接输入长度增量来拉长直线或圆弧，长度增量为正值时拉长，长度增量为负值时缩短。也可以输入"a"切换到［角度（A）］选项，通过指定圆弧的角度增量来修改圆弧的长度。

［百分比（P）］选项：以相对于原长度的百分比来修改直线或圆弧的长度。

［总计（T）］选项：以给定直线新的总长度或圆弧新的角度来改变长度。

［动态（DY）］选项：允许动态地改变圆弧或直线的长度。

3. 延伸

利用【延伸】命令可以将指定的对象延长并使其与另一个对象（延伸边界）相交。调用【延伸】命令时，需要确定延伸边界，然后指定待延长的对象。调用【延伸】命令的方法有如下几种。

菜单栏：【修改】→【延伸】命令。

功能区：【默认】选项卡→【修改】面板→【延伸】按钮 。

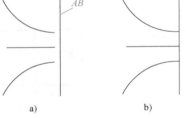

a)   b)

图 6-23　例 6-11 图

【例 6-11】　延长图 6-23a 所示的两条圆弧和一条直线，使它们与直线 AB 相交。

调用【延伸】命令后，命令窗口提示及操作如下。

命令：_extend

当前设置：投影＝UCS，边＝无，模式＝标准

选择边界的边… //提示选择要延伸到的边界

选择对象或［模式（O）］＜全部选择＞： //选择延伸边界 AB

选择对象：↙ //结束选择

选择要延伸的对象，或按住 ＜Shift＞键选择要修剪的对象，或

［边界边（B）/栏选（F）/窗交（C）/投影（P）/边（E）］： //选择要延伸的对象

选择要延伸的对象，或按住 ＜Shift＞键选择要修剪的对象，或

［边界边（B）/栏选（F）/窗交（C）/投影（P）/边（E）/放弃（U）］：↙ //结束命令

可以使用快速模式。调用【延伸】命令后，命令窗口提示及操作如下。

命令：_extend

当前设置：投影＝UCS，边＝无，模式＝标准

选择边界边…

选择对象或［模式（O）］＜全部选择＞：o

输入延伸模式选项［快速（Q）/标准（S）］＜标准（S）＞：q↙

　　　　　　　　　　//切换到快速模式（［快速（Q）］选项）

选择要延伸的对象，或按住＜Shift＞键选择要修剪的对象或

［边界边（B）/窗交（C）/模式（O）/投影（P）］：

//移动鼠标到待延长的线上，系统自动判断是否进行延伸

> 提示 注意【延伸】命令的状态，"边＝无"表明边界是不延伸的，"边界＝延伸"表明边界是延伸的，可以根据自己的需要设置。

【例6-12】 把图6-24a所示直线 AB 延长到直线 AB 与圆弧 CD 的交点位置，注意需要重新设置边界延伸模式。

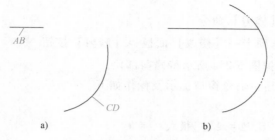

图 6-24 例 6-12 图

调用【延伸】命令后，命令窗口提示及操作如下。

命令：_extend

当前设置：投影＝UCS,边＝无,模式＝标准　　//注意当前设置,边界是不延伸的

选择边界边…　　　　　　　　　　　　　//提示选择要延伸到的边界

选择对象或［模式（O）］<全部选择>：找到 1 个　//选择圆弧 CD 作为延伸边界

选择对象：↙　　　　　　　　　　　　//结束选择

选择要延伸的对象,或按住 <Shift>键选择要修剪的对象或

［边界边（B）/栏选（F）/窗交（C）/模式（O）/投影（P）/边（E）］：e

//切换到边界延伸模式（［边（E）］选项）

输入隐含边延伸模式［延伸（E）/不延伸（N）］<不延伸>：e

//切换到［延伸（E）］选项

选择要延伸的对象,或按住 <Shift>键选择要修剪的对象或

［边界边（B）/栏选（F）/窗交（C）/模式（O）/投影（P）/边（E）/放弃（U）］：

//选择要延伸的对象 AB

选择要延伸的对象,或按住 <Shift>键选择要修剪的对象或

［边界边（B）/栏选（F）/窗交（C）/模式（O）/投影（P）/边（E）/放弃（U）］：↙

//结束命令,结果如图6-24b所示

> 提示 在命令窗口"选择要延伸的对象，或按住 <Shift>键选择要修剪的对象，或［边界边（B）/栏选（F）/窗交（C）/投影（P）/边（E）/放弃（U）］："中，提示"按住 <Shift>键选择要修剪的对象"表明【延伸】命令和【修剪】命令在选择完边界后可以按 <Shift>键切换。

6.12 修剪、打断、分解和合并对象

1. 修剪

在调用【修剪】命令时，首先需要确定修剪边界，然后以边界为剪刀，剪掉图形对象的一部分，被剪部分不一定与修剪边界直接相交，但延长须相交。调用【修剪】命令的方法有如下几种。

菜单栏：【修改】→【修剪】命令。

功能区：【默认】选项卡→【修改】面板→【修剪】按钮 ✂。

【例6-13】 修剪去掉图6-25a所示待修剪部位。

调用【修剪】命令后，命令窗口提示及操作如下。

命令：_trim

当前设置：投影=UCS,边=延伸,模式=标准

选择剪切边...

选择对象或［模式(O)］＜全部选择＞：   //选择剪切边界 *AB* 和 *CD*

选择对象：   //按＜Enter＞键或空格键结束选择

选择要修剪的对象,或按住 ＜Shift＞键选择要延伸的对象或

［剪切边(T)/栏选(F)/窗交(C)/模式(O)/投影(P)/边(E)/删除(R)］：

      //在要修剪去掉的部位单击鼠标左键

选择要修剪的对象,或按住 ＜Shift＞键选择要延伸的对象或

［剪切边(T)/栏选(F)/窗交(C)/模式(O)/投影(P)/边(E)/删除(R)/放弃(U)］：↙

      //结束命令,结果如图6-25b所示

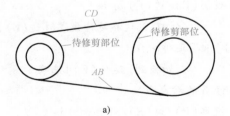 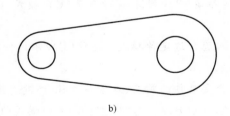

图 6-25 例 6-13 图

> **提示** 在"选择要修剪的对象，或按住 ＜Shift＞键选择要延伸的对象，或［剪切边(T)/栏选（F）/窗交（C）/投影（P）/边（E）/删除（R）/放弃（U）］："提示下，按＜Shift＞键可以切换到【延伸】命令。

可以使用快速模式。调用【修剪】命令后，命令窗口提示及操作如下。

命令：_trim

当前设置：投影=UCS,边=延伸,模式=标准

选择剪切边...

选择对象或［模式(O)］<全部选择>: o　　　　　　//选择［模式(O)］选项

输入修剪模式选项［快速(Q)/标准(S)］<标准(S)>: q　//切换到快速模式(［快速(Q)］选项)

选择要修剪的对象,或按住 <Shift>键选择要延伸的对象或

［剪切边(T)/窗交(C)/模式(O)/投影(P)/删除(R)］://系统会自动判断要剪切的对象

> 提示　在"选择要修剪的对象,或按住 <Shift>键选择要延伸的对象,或［剪切边(T)/栏选 (F)/窗交 (C)/投影 (P)/边 (E)/删除 (R)/放弃 (U)]:"提示下,输入"e"选择［边 (E)］选项后,有［延伸 (E)/不延伸 (N)］两个选择,分别表示延伸剪切边界与不延伸剪切边界。当被剪部分与剪切边界相交时,两者没有区别,但当被剪部分与剪切边界不相交时,选择［不延伸 (N)］选项将不能剪切。

在使用【修剪】命令时,可以在"选择剪切边…"提示下选择所有参与修剪的图形对象,让它们互为剪刀。绘图过程中,【修剪】命令与【偏移】【阵列】命令配合使用,会大大提高绘图效率。

【例6-14】　绘制图6-26a 所示图形时用到【阵列】命令,用【修剪】命令将图6-26a 所示图形修改为图6-26b 所示图形。

调用【修剪】命令后,命令窗口提示及操作如下。

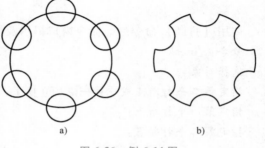

图6-26　例6-14 图

命令: _trim

当前设置: 投影=UCS,边=延伸,模式=标准

选择剪切边…

选择对象或 <全部选择>:　指定对角点://框选所有图形对象作为剪切边

选择对象:↙　　　　　　　　　　//结束剪切边选择

选择要修剪的对象,或按住 <Shift>键选择要延伸的对象或

［剪切边(T)/栏选(F)/窗交(C)/模式(O)/投影(P)/边(E)/删除(R)］:

　　　　　　　　//依次在要删除的部位单击鼠标左键进行修剪

选择要修剪的对象,或按住 <Shift>键选择要延伸的对象或

［剪切边(T)/栏选(F)/窗交(C)/模式(O)/投影(P)/边(E)/删除(R)/放弃(U)］:↙

　　　　　　　　//结束命令,结果如图6-26b 所示

2. 打断

【打断】命令用于删除对象中的一部分或把一个对象分为两部分。可以打断的对象包括直线、圆弧、圆、多段线、椭圆弧、构造线、射线和样条曲线等。调用【打断】命令的方法有如下几种。

菜单栏:【修改】→【打断】命令。

功能区:【默认】选项卡→【修改】面板→【打断】按钮。

打断对象时，可以先在第一个打断点处选择对象，然后指定第二个打断点。也可以先选择对象，然后在命令窗口提示"指定第二个打断点或［第一点（F）：］"时输入"f"并按<Enter>键或空格键确认，然后重新选择第一个打断点。下面通过一个例题来说明。

【例 6-15】 用【打断】命令修改图 6-27a 所示螺纹画法。

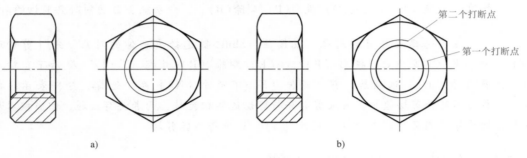

a)   b)

图 6-27 例 6-15 图

调用【打断】命令后，命令窗口提示及操作如下。

命令：_break

选择对象：   //选择一个对象

指定第二个打断点或［第一点(F)］：f↙   //选择［第一点(F)］选项

指定第一个打断点：   //单击选择第一个打断点

指定第二个打断点：   //单击选择第二个打断点，系统沿逆时针方向
                                       删除圆上第一个打断点到第二个打断点之
                                       间的部分，从而将圆转换成圆弧，结果如
                                       图 6-27b 所示

要将对象一分为二且不删除某个部分，则第一个打断点和第二个打断点应选择为同一点，通过输入"@"指定第二个打断点即可实现此目的。该功能也可以通过单击功能区【默认】选项卡【修改】面板【打断于点】按钮 □ 来完成。

提示 要删除直线、圆弧或多段线的一端，则应在要删除的一端以外指定第二个打断点。

3. 分解

在 AutoCAD 中，有许多组合对象，如矩形（【矩形】命令绘制的）、正多边形（【正多边形】命令绘制的）、块、多段线、标注、图案填充等，不能对其某一部分进行编辑，需要使用【分解】命令把对象组合进行分解。有些图形在分解后外观没有明显的变化，例如，将矩形分解成四条线段后就与原图形没什么区别，但用鼠标直接拾取对象可以发现矩形已被分解。调用【分解】命令的方法有如下几种。

菜单栏：【修改】→【分解】命令。

功能区：【默认】选项卡→【修改】面板→【分解】按钮 □。

调用【分解】命令后，命令窗口提示及操作如下。

命令：_explode

选择对象：　　　　　　　　　　　　　//选择要分解的对象

选择对象：　　　　　　　　　　　　　//按<Enter>键或空格键结束操作

4. 合并

使用【合并】命令可以将相似的对象合并为一个对象。可以合并的对象包括圆弧、椭圆弧、直线、多段线、样条曲线等。要合并的对象必须位于相同的平面上。调用【合并】命令的方法有如下几种。

菜单栏：【修改】→【合并】命令。

功能区：【默认】选项卡→【修改】面板→【合并】按钮 ➼。

调用【合并】命令后，可选择直线、圆弧和多段线等进行合并，如图6-28所示。

（1）合并直线　调用【合并】命令后，命令窗口提示及操作如下。

命令：_join：

JOIN 选择源对象或要一次合并的多个对象：　　//选择直线对象，按<Enter>键或空格键确认

JOIN 选择要合并到源的直线　　　　　　　　//选择要合并的直线，按<Enter>键或空格键完成合并

（2）合并圆弧　调用【合并】命令后，命令窗口提示及操作如下。

命令：_join

JOIN 选择源对象或要一次合并的多个对象：　　//选择圆弧对象，按<Enter>键或空格键确认

JOIN 选择圆弧，以合并到源或进行［闭合(L)］：//选择要合并的圆弧或输入"L"使圆弧闭合

（3）与多段线合并　调用【合并】命令后，命令窗口提示及操作如下。

命令：_join

JOIN 选择源对象或要一次合并的多个对象：//选择多段线

JOIN 选择要合并到源的对象：　　　　　//选择与之相连的直线、圆弧或多段线

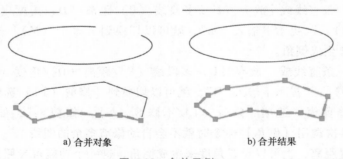

　　　　　a) 合并对象　　　　　　　　　　　b) 合并结果

图 6-28　合并示例

6.13 倒角和圆角

倒角和圆角是机械零件上的常见工艺结构，也是经常需要绘制的图形，在 AutoCAD 中可以使用【倒角】和【圆角】命令来完成。

1. 倒角

机件上的倒角是一种主要用于去除锐边和便于安装的工艺结构，多出现在轴端或机件外边缘。用 AutoCAD 绘制倒角结构且两个倒角距离不相等时，要特别注意倒角第一边与倒角第二边的区分。调用【倒角】命令的方法有如下几种。

菜单栏：【修改】→【倒角】命令。

功能区：【默认】选项卡→【修改】面板→【倒角】按钮 。

调用【倒角】命令后，命令窗口提示及操作如下。

命令：_chamfer

当前设置：模式 = 修剪，倒角距离 1 = 0.0000，距离 2 = 0.0000

选择第一条直线或［放弃（U）/多段线（P）/距离（D）/角度（A）/修剪（T）/方式（E）/多个（M）］： d↙　　　　　　　　　　//切换到距离模式（［距离 D］选项）

指定第一个倒角距离 <0.0000>： 5↙　//指定第一个倒角距离为 5

指定第二个倒角距离 <5.0000>：↙　　//指定第二个倒角距离同第一个倒角距离

选择第一条直线或［放弃（U）/多段线（P）/距离（D）/角度（A）/修剪（T）/方式（E）/多个（M）］：　　　　　　　　　　//选择一条直线

选择第二条直线，或按住 <Shift> 键选择要应用角点的直线：

　　　　　　　　　　//选择要生成倒角的第二条直线

> **提示** 倒角在两条直线上的距离不同时，要注意两条直线的选择顺序。第一个倒角距离适用于第一条被选中的直线，第二个倒角距离适用于第二条被选中的直线。不同的选择顺序会生成不同的倒角形状。

调用【倒角】命令时，系统显示的是当前的倒角设置，例如，完成如上操作再次调用【倒角】命令时，系统会提示"当前设置：模式 = 修剪，倒角距离 1 = 5.0000，距离 2 = 5.0000"，在操作过程中要注意这个信息。当前使用的是修剪模式，倒角后多余图线自动修剪。在"选择第一条直线或［放弃（U）/多段线（P）/距离（D）/角度（A）/修剪（T）/方式（E）/多个（M）］："提示下输入"m"，就可以切换到［多个（M）］选项，则可以多次按设定的倒角距离生成倒角。

在"选择第一条直线或［放弃（U）/多段线（P）/距离（D）/角度（A）/修剪（T）/方式（M）/多个（U）］："提示下输入"t"，就可以切换到［修剪（T）］选项，接着，命令窗口会提示"输入修剪模式选项［修剪（T）/不修剪（N）]<修剪>："，如果选择［不修剪（N）］选项，则再次调用【倒角】命令时就不会自动修剪多余的图线。

除了可以设置距离，也可以设置角度来生成倒角，这一个功能可参照设置距离的方式自行尝试。【倒角】命令的常见应用方式见表 6-1。

表 6-1 【倒角】命令的常见应用方式

应用方式	应用效果示例
基本应用	

（续）

应用方式	应用效果示例
选择[修剪(T)]选项后选择[不修剪(N)]模式	
设置倒角距离为0,用于连接线段	
设置倒角距离为0并选择[修剪(T)]选项、[修剪(T)]模式	

2. 圆角

圆角主要出现在铸件上，以及机加工的退刀处。调用【圆角】命令时，需要设置的主要参数就是圆角半径，其他选项含义同【倒角】命令，操作与生成倒角基本相同。调用【圆角】命令的方法有如下几种。

菜单栏：【修改】→【圆角】命令。

功能区：【默认】选项卡→【修改】面板→【圆角】按钮 。

调用【圆角】命令后，命令窗口提示及操作如下。

命令：_fillet

当前设置：模式 = 修剪,半径 = 0.0000

选择第一个对象或 [放弃(U)/多段线(P)/半径(R)/修剪(T)/多个(M)]: r↙

　　　　　　　　　　　//切换到半径模式([半径(R)]选项)

指定圆角半径 <0.0000>:　　　//设置半径

选择第一个对象或 [放弃(U)/多段线(P)/半径(R)/修剪(T)/多个(M)]:

　　　　　　　　　　　//选择第一个对象

选择第二个对象,或按住 <Shift>键选择对象以应用角点或 [半径(R)]:

　　　　　　　　　　　//选择第二个对象

> 提示　若输入的圆角半径大于所选择的一条边的长度时，圆角不会生成，系统会提示半径太大。

调用【圆角】命令时要注意命令的当前设置。"模式=修剪"表示在生成圆角的同时以圆角圆弧为边界修剪图线，但如果被修剪图线需要保留，则可以在调用【圆角】命令时，将当前状态设置为不修剪。【圆角】命令的常见应用方式见表6-2。

表 6-2 【圆角】命令的常见应用方式

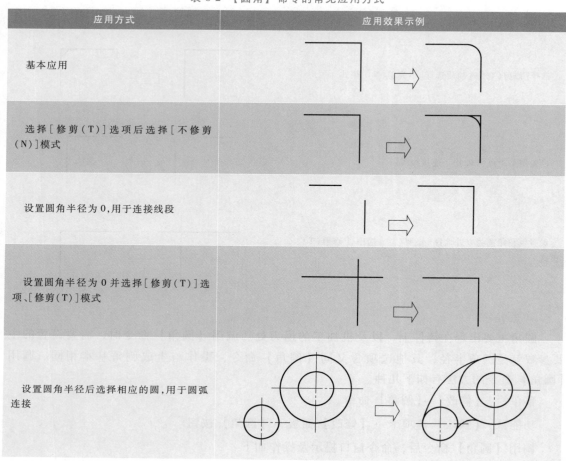

应用方式	应用效果示例
基本应用	
选择［修剪（T）］选项后选择［不修剪（N）］模式	
设置圆角半径为 0,用于连接线段	
设置圆角半径为 0 并选择［修剪（T）］选项、［修剪（T）］模式	
设置圆角半径后选择相应的圆,用于圆弧连接	

提示　使用［多个（M）］选项可以向其他直线添加倒角或圆角而不必重新启动【倒角】或【圆角】命令。

6.14 面域

面域是具有边界的平面区域。AutoCAD 能把圆、椭圆、封闭的多段线、封闭的样条曲线，以及由圆弧、直线、多段线、椭圆弧、样条曲线等对象构成的封闭区域创建成面域。构成这个封闭区域的元素一定要首尾相连，一个端点只能由两个元素共享，并且元素之间不能相交。AutoCAD 会自动从图样中抽取这样的封闭区域定义为面域。定义成面域后，可以运用布尔运算对面域进行编辑。

6.14.1 创建面域

在 AutoCAD 中不能直接创建面域，只能利用【面域】命令将已有的封闭区域定义成面域。调用【面域】命令的方法有如下几种。

菜单栏：【绘图】→【面域】命令。

功能区：【默认】选项卡→【绘图】面板→【面域】按钮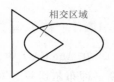。

【例6-16】　把图6-29所示由直线构成的三角形和一个椭圆分别定义成面域。

图6-29　例6-16图

调用【面域】命令后，命令窗口提示及操作如下。

命令：_region

选择对象：指定对角点：　　　　　　　　//选择三角形和椭圆对象

选择对象：↙　　　　　　　　　　　　//结束选择

已提取2个环。

已创建2个面域。　　　　　　　　　　//三角形和椭圆对象面域创建完成

> 提示　如果命令窗口提示系统变量"DELOBJ"的值为1，则AutoCAD创建面域后删除原图形对象；若系统变量"DELOBJ"的值为0，则不删除原图形对象。

图6-29所示三角形和椭圆的相交部分也是一个封闭区域，要想将其定义成面域，利用上述使用【面域】命令的方法是无法实现的，但可以利用另一种创建面域的命令——【边界】命令。

菜单栏：【绘图】→【边界】命令。

功能区：【默认】选项卡→【绘图】面板→【边界】按钮□。

调用【边界】命令，系统弹出【边界创建】对话框，如图6-30所示。在【对象类型】下拉列表中选择【面域】选项，接着单击【拾取点】按钮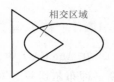，对话框暂隐，单击三角形和椭圆相交区域内部并按<Enter>键，面域就会创建完成。若选择该面域并移动到原图形右侧，则可得到图6-31所示图形结果。

若在图6-30所示【边界创建】对话框中将【对象类型】选择为【多段线】，则可将由直线、圆弧、多段线等多个对象组合形成的封闭图形构建成一个多段线。如果边界对象中包含椭圆或样条曲线，则无法创建出多段线，只能创建与边界形状一致的面域。基于原图形对象创建多段线或面域时，原图形对象都将保留。

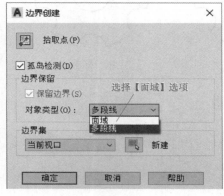

图6-30　【边界创建】对话框

图6-31　新建面域并移出的结果

6.14.2　布尔运算

　　在 AutoCAD 中，可对面域进行并运算、差运算、交运算三种布尔运算，对面域进行布尔运算后的结果还是面域。可根据需要相应选择菜单栏【修改】→【实体编辑】子菜单中的【并集】【差集】【交集】命令，如图 6-32 所示。

图 6-32　【实体编辑】子菜单

　　对图 6-29 所示的两个面域分别进行三种布尔运算，结果见表 6-3。

表 6-3　布尔运算

命令	操　作	结　果
并集	直接选择要求并的面域后按<Enter>键或空格键确认	
交集	直接选择要求交的面域后按<Enter>键或空格键确认	
差集	先选择原图形对象，按<Enter>键或空格键确认，再选择要与原图形对象求差的图形	1）先选择三角形面域 2）先选择椭圆形面域

【例 6-17】　按图 6-33 所示图形进行面域布尔运算。

1）绘制图形，将每一个圆、矩形都定义为面域，如图 6-33a 所示。

2）调用【差集】命令，先选择大圆，再选择 6 个小圆进行求差运算，如图 6-33b 所示。

3）调用【并集】命令，选择内部的圆和矩形，进行求并运算，如图 6-33c 所示。

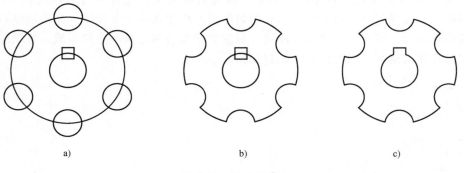

a)　　　　　　　　　　　b)　　　　　　　　　　　c)

图 6-33　例 6-17 图

6.15 | 对齐

　　在手工绘图时，拼画装配图只能将零件在一个图形上依次画出，而利用 AutoCAD 绘图，则可以将绘制好的零件图形利用【对齐】命令调整到合适位置。调用【对齐】命令的方法有如下几种。

菜单栏:【修改】→【三维操作】→【对齐】命令。

功能区:【默认】选项卡→【修改】面板→【对齐】按钮。

【例 6-18】　如图 6-34a 所示,将螺母和垫圈拼画到螺栓上。

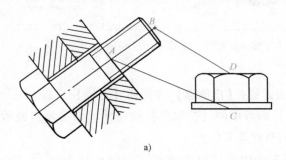
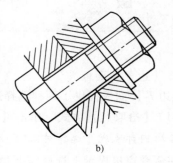

a)　　　　　　　　　　　　　　　　　　b)

图 6-34　例 6-18 图

调用【对齐】命令后,命令窗口提示及操作如下。

命令:_align

选择对象:　　　　　　　　　　　//选择螺母与垫圈图形

选择对象:↙　　　　　　　　　　//结束选择

指定第一个源点:　　　　　　　　//捕捉点 C

指定第一个目标点:　　　　　　　//捕捉点 A,A 点与 C 点形成第一组对应点,系统自动
　　　　　　　　　　　　　　　　　在源点和目标点之间连线

指定第二个源点:　　　　　　　　//捕捉点 D

指定第二个目标点:　　　　　　　//捕捉点 B,B 点与 D 点形成第二组对应点

指定第三个源点或 <继续>:↙　　//继续命令

是否基于对齐点缩放对象?［是(Y)/否(N)］<否>:↙

　　　　　　　　　　　　　　　　//结束命令,结果如图 6-34b 所示

使用【对齐】命令时,选定的原图形对象可在二维或三维空间中移动、转动和按比例缩放以便与目标对象对齐。第一组对应点为对齐的基点,第二组对应点确定原图形对象的旋转角度。在指定了第二组对应点后,系统会给出缩放对象提示,若选择［是(Y)］选项,则会以两个目标点之间的距离（AB）作为按比例缩放对象的参考长度。

6.16　图案填充

在绘制零部件的剖视图或断面图时,需要在剖切区域内绘制剖面符号,此时可以调用【图案填充】命令来完成。调用【图案填充】命令的方法有如下几种。

菜单栏:【绘图】→【图案填充】命令。

功能区:【默认】选项卡→【绘图】面板→【图案填充】按钮。

命令窗口：输入"hatch"或"h"，按空格键或按<Enter>键确认。

调用【图案填充】命令后，功能区会弹出如图 6-35 所示的【图案填充创建】选项卡，包括【边界】面板、【图案】面板、【特性】面板、【原点】面板、【选项】面板和【关闭】面板。可以在该选项卡进行设置完成图案填充，也可以根据命令窗口提示进行操作。

图 6-35 【图案填充创建】选项卡

1.【边界】面板

【边界】面板提供了两种选择边界的方式：【拾取点】方式和【选择】方式。

（1）【拾取点】方式 单击【边界】面板中的【拾取点】按钮，命令窗口提示如下。

拾取内部点或 [选择对象(S)/放弃(U)/设置(T)]：

在命令窗口提示下选择需要填充图案的闭合区域内的点（如图 6-36 所示 ⊗ 标志处），系统将自动搜索边界并选中该区域，区域边界变蓝亮显，所选区域内会出现填充图案预览。若在命令窗口提示下输入"t"，系统将弹出【图案填充和渐变色】对话框。

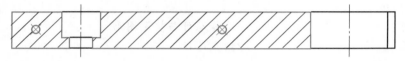

图 6-36 【拾取点】方式

（2）【选择】方式 单击【边界】面板中的【选择】按钮，可根据提示选择需要填充图案的封闭区域的边界，区域边界变蓝亮显，所选区域出现填充图案预览。图 6-37 所示为拾取了圆和小矩形作为边界对象后，系统所选择的填充区域。

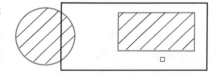

图 6-37 【选择】方式

> 提示 按【拾取点】或【选择】方式选择填充边界后，【边界】面板中【删除】按钮被激活，单击此按钮，可以根据提示在已选择的边界中进行选择，以将不需要的边界从选择集中移除。

2.【图案】面板

在【图案】面板中，可以使用鼠标左键单击其中的图案样例以将其设置为填充图案的形式。也可以单击【上】、【下】按钮浏览图案样例，或者单击【展开】按钮 打开如图 6-38 所示的【图案】工具箱，从中选择合适的填充图案。

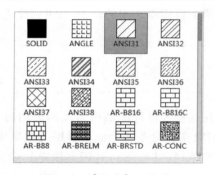

图 6-38 【图案】工具箱

提示　在机械图样中，根据国家标准的规定，金属材料的剖面符号须选用【ANSI31】图案，非金属材料的剖面符号一般可选用【ANSI37】图案。

3.【特性】面板

使用【特性】面板，可以设置填充图案的类型、颜色、背景色、透明度、角度和比例。

【图案填充类型】下拉列表 ：可以在该下拉列表中选择图案填充类型，有图案、实体、渐变色和定义四种类型。实体填充是指将填充区域以色块填充，渐变色填充是指将填充区域以渐变色填充。

【图案填充颜色】下拉列表 ：可以在该下拉列表中选择填充图案的颜色，一般选择【Bylayer】选项。

【背景色】下拉列表 ：可以在该下拉列表中选择填充图案的背景色，机械图样中背景色一般选择【无】选项。

【透明度类型】下拉列表 ：可以在该下拉列表中选择透明度类型，有【使用当前项】【Bylayer】【Byblock】【透明度值】选项可供选择。

【图案填充透明度】滑块 ：拖动该滑块，可以调整图案填充的透明度值，也可以在后方的文本框中直接输入透明度值。

【图案填充角度】滑块 ：拖动该滑块，可以调整填充图案的角度值，也可以在后方的文本框中直接输入角度值。

【图案填充比例】文本框 ：在文本框中输入数值，或者单击其后的【上】 、【下】 按钮调整填充图案的间距。值>1 时间距增大，值<1 时间距变小。

4.【原点】面板

【原点】面板主要用来控制填充图案生成的起始位置。默认情况下，所有图案填充的原点都对应于当前的 UCS 原点，而使用【原点】面板中的工具，可以调整填充图案原点与填充边界上的一点对齐。

【设定原点】按钮 ：单击此按钮，命令窗口将提示"指定原点："，指定原点后，填充图案的原点变为指定的点。

单击【原点】面板中【原点】右侧的下拉按钮 可以展开【原点】面板，如图 6-39 所示。各按钮的功能介绍如下。

【左下】按钮 、【右下】按钮 、【左上】按钮 、【右上】按钮 和【中心】按钮 ：单击按钮，系统会相应地将填充图案的原点设置在填充区域的左下角、右下角、左上角、右上角和正中位置。为便于区分，这里以砖块图案（图 6-38 所示【AR-B816】图案）为例，效果如图 6-40~图 6-44 所示。

【使用当前原点】按钮 ：单击此按钮，系统将填充图案的原点设置在系统默认的位置。

【另存为默认原点】按钮 ：单击此按钮后根据提示指定一个原点，系统将填充图案的原点设置为该指定点。

图 6-39　展开的【原点】面板

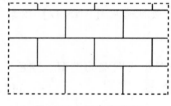

图 6-40　原点在左下

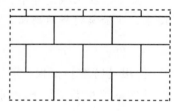

图 6-41　原点在右下

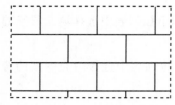

图 6-42　原点在左上

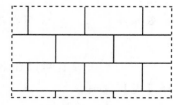

图 6-43　原点在右上

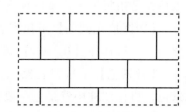

图 6-44　原点在中心

5.【选项】面板

【选项】面板主要用于设置填充图案和边界的关联特性，以及进行填充图案的高级设置。单击【选项】面板的【选项】右侧的下拉按钮 ，展开的【选项】面板如图 6-45 所示。各按钮的功能介绍如下。

【关联】按钮 ：单击此按钮可设置填充图案和边界有关联。例如，若原图形如图 6-46a 所示，则单击此按钮使关联功能激活时，修改边界时填充图案的边界随之变化，如图 6-46b 所示；否则，修改边界时填充图案的边界不随之变化，如图 6-46c 所示。

图 6-45　展开的
【选项】面板

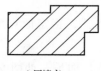

a) 原填充

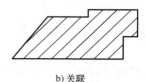

b) 关联

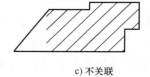

c) 不关联

图 6-46　边界和填充图案关系

【注释性】按钮 ：单击此按钮可设置对象的注释特性，填充图案的比例会根据视口的比例自动调整。

【特性匹配】下拉列表 ：可以在该下拉列表中选择【使用当前原点】选项 或【使用源原点】选项 。【使用当前原点】选项 用于设置新填充图案与源填充图案相同且使用当前填充边界的原点。【使用源原点】选项 用于设置新填充图案与源填充图案相同且使用与源填充图案相同的原点。

【允许的间隙】滑块 ：拖动滑块或在后方的文本框中输入允许

间隙值，即设置将对象用作图案填充边界时允许系统忽略的最大间隙，默认值为 0。当边界间隙小于等于设置的允许间隙时，边界将被视为封闭区域，当边界间隙大于设置的允许间隙时，无法填充图案，且系统会弹出错误提示。例如，当设置的【允许的间隙】为 3，以【拾取点】方式选取填充边界且在 ⊗ 标志处拾取点时，边界间隙分别为 0、2、4 的填充结果如图 6-47 所示。图 6-47c 所示情况的错误提示如图 6-48 所示。

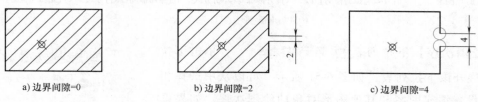

a) 边界间隙=0　　　　　　b) 边界间隙=2　　　　　　c) 边界间隙=4

图 6-47　边界间隙不同时的填充效果

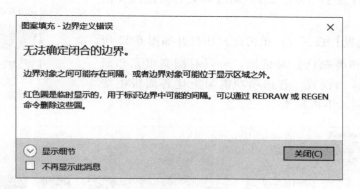

图 6-48　错误提示

【创建独立的图案填充】按钮 [创建独立的图案填充]：单击该按钮启用其功能时，调用【图案填充】命令一次填充的多个独立区域内的填充图案相互独立；反之，该功能关闭时，调用【图案填充】命令一次填充的多个独立区域内的填充图案是相关联的对象。

【孤岛检测】下拉列表 [外部孤岛检测 ▾]：单击展开该下拉列表，如图 6-49 所示，可以从中选择相应方式设置从最外层边界开始向内填充的填充方式。例如，对图 6-50a 所示图形进行填充，在 ⊗ 标志处拾取点，各方式的填充结果如图 6-50b～e 所示。

图 6-49　【孤岛检测】下拉列表

1）【普通孤岛检测】选项▨：从外部边界向内填充，如果遇到内部孤岛则不对其填充，直到遇到孤岛中的另一个孤岛，如图 6-50b 所示。

2）【外部孤岛检测】选项▢：从外部边界向内填充且仅填充指定的区域，而不会影响内部孤岛，如图 6-50c 所示。推荐使用这种设置。

3）【忽略孤岛检测】选项▨：忽略所有内部的对象，填充图案时将通过这些对象，如图 6-50d 所示。

4）【无孤岛检测】选项▨：不进行孤岛检测，如图 6-55e 所示。

a) 原图形　　b)【普通孤岛检测】方式　　c)【外部孤岛检测】方式　　d)【忽略孤岛检测】方式　　e)【无孤岛检测】方式

图 6-50 【孤岛检测】选项效果

【绘图次序】下拉列表 　：单击下拉
按钮▼展开该下拉列表，如图 6-51 所示，可以从中选择相
应方式设置填充图案和其他图形对象的绘图次序。如果设
置成将图案填充【置于边界之后】，则可以更容易地选择图
案填充边界。

图 6-51 【绘图次序】下拉列表

【图案填充设置】按钮 ↘：单击此按钮打开如图 6-52 所
示的【图案填充和渐变色】对话框，可以对图案填充和渐
变色的选项进行详细设置，各选项功能与上述各面板中按
钮的功能对应相同，不再赘述。

图 6-52 【图案填充和渐变色】对话框

> 提示　在默认情况下，【图案填充和渐变色】对话框只显示左半部分，单击【帮助】
> 按钮后的⊙按钮可展开对话框的右半部分；而后再单击⊙按钮可使右半部分隐藏。

6.【关闭】面板

单击【关闭】面板【关闭】按钮 ✔，可以关闭【图案填充创建】选项卡，并退出

【图案填充】命令。

> 提示 按键盘空格键或按<Enter>键也可关闭【图案填充创建】选项卡并退出【图案填充】命令。

6.17 渐变色填充

渐变色填充也是一种填充的模式，调用【渐变色】命令的方法有如下几种。

菜单栏：【绘图】→【渐变色】命令。

功能区：【默认】选项卡→【绘图】面板→【渐变色】按钮 。

命令窗口：输入"gradient"，按空格键或<Enter>键确认。

调用【渐变色】命令后，功能区会弹出如图 6-53 所示的【渐变色】选项卡，可以在其中设置图案填充的渐变色，也可以根据命令窗口提示进行操作。

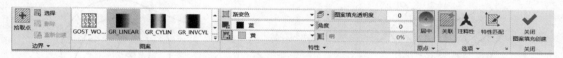

图 6-53 【渐变色】选项卡

在【特性】面板的【渐变色 1】下拉列表 中可以选择渐变色 1 的颜色。

在【特性】面板的【渐变色 2】下拉列表 中可以选择渐变色 2 的颜色，如果两个渐变色颜色相同，则使用单色填充。

其他按钮功能与【图案填充】命令类似，不再赘述。

思考与练习

1. 概念题

1）什么情况下可以使用矩形阵列？什么情况下可以使用环形阵列？

2）怎样将一个倾斜的实体旋转到水平或竖直位置？

3）怎样得到一个偏移实体且使之通过一个指定点？

4）【移动】命令为什么需要指定基点？在实际应用中有什么用途？

5）怎样在圆弧连接中使用【圆角】命令？举例说明。

6）怎样创建面域？面域可以进行哪些布尔运算？

7）怎样在修剪和延伸模式之间进行切换？

2. 绘图练习

完成图 6-54~图 6-58 所示图形的绘制，无须标注尺寸。

1)

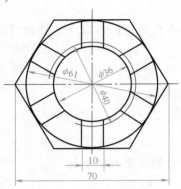

图 6-54 习题 2 1) 图

2)

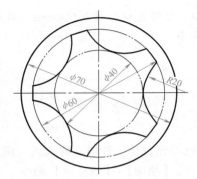

图 6-55 习题 2 2) 图

3)

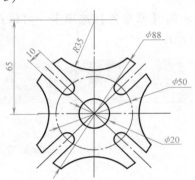

图 6-56 习题 2 3) 图

4)

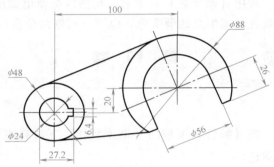

图 6-57 习题 2 4) 图

5)

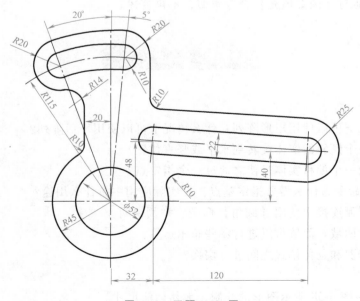

图 6-58 习题 2 5) 图

思政拓展：扫描右侧二维码观看新中国第一台水轮发电机组的核心部分——水轮机的相关视频，该水轮机主体是一种回转体结构，思考表达其形状可以采用哪些表达方法。

信物百年
新中国第一台水轮
发电机组

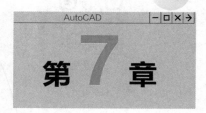

第7章

文字与表格

【本章重点】
- 文字样式的建立
- 文字输入与编辑
- 在图形中使用字段
- 表格

7.1 文字功能概述

1. 工程图文字规定

工程图样中的标题栏、技术要求和尺寸标注等都需要注写文字。国家标准《技术制图 字体》（GB/T 14691—1993）中规定的文字样式：汉字为长仿宋体，字体宽度约等于字体高度的 $1/\sqrt{2}$，字体高度有 20mm、14mm、10mm、7mm、5mm、3.5mm、2.5mm、1.8mm 八种，汉字高度不小于 3.5mm。字母和数字可写为直体或斜体，若文字采用斜体字体，文字字头须向右倾斜，与水平基线约成 75°。

2. AutoCAD 文字类型

AutoCAD 可以提供两种类型的文字，分别是 AutoCAD 专用的形字体（扩展名为"shx"）和 Windows 自带的 True Type 字体（后缀为"ttf"）。形字体的特点是字形比较简单，占用计算机资源较少。AutoCAD 在 2000 简体中文版后的版本中，提供了中国专用的符合国家标准的中西文工程形字体，包括两种西文字体和一种中文长仿宋体（工程体），两种西文字体的字体名是 gbeitc.shx（控制英文斜体）和 gbenor.shx（控制英文直体），中文长仿宋体的字体名为 gbcbig.shx。TrueType 字体是 Windows 自带字体。由于 TrueType 字体不完全符合国家标准对工程图用字的要求，因此一般不推荐使用。

3. 文字样式功能

AutoCAD 图形中的所有文字都具有与之相关的文字样式，因此在使用 AutoCAD 进行文字输入之前，应首先定义一个文字样式（系统有一个默认样式——Standard），然后再使用该样式输入文本。可以定义多个文字样式，不同的文字样式用于输入不同的字体。要修改文本格式时，不需要逐个修改文本，而只要对该文本的样式进行修改，就可以改变使用该样式书写的所有文本的格式。

4. 文字样式设置

AutoCAD 2022 中文字样式的默认设置是 Standard 样式，即标准样式。在使用过程中可以通过【文字样式】对话框自定义文字样式，建立便于自己绘图的样式。文字样式的设置主要应用【文字样式】对话框来完成，打开该对话框的方法有如下几种。

菜单栏：【格式】→【文字样式】命令。

功能区：【注释】选项卡→【样式】面板→【文字样式】按钮 **A**。

【例 7-1】　建立【工程字】文字样式。

1）打开【文字样式】对话框，如图 7-1a 所示，在【样式】列表框中显示的是当前所应用的文字样式。

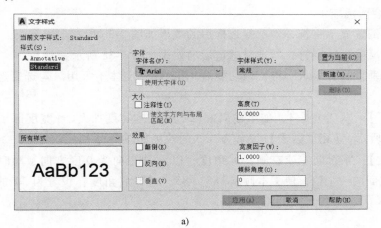

a)

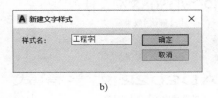

b)

c)

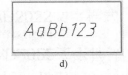

d)

图 7-1　文字样式建立过程

2）单击【文字样式】对话框【新建】按钮，系统弹出【新建文字样式】对话框，在【样式名】文本框中输入样式名"工程字"，如图 7-1b 所示。单击【确定】按钮返回到【文字样式】对话框。

3）从【字体名】下拉列表中选择【gbeitc. shx】字体并勾选【使用大字体】复选框，接着在【大字体】下拉列表中选择【gbcbig. shx】字体，如图 7-1c 所示。在【高度】文本框中可以输入字体高度，本例字体高度为 0，字体项设置完成。

4）可以在【文字样式】对话框左下角的【预览】框查看所设置字体的效果，如图 7-1d 所示。

5）自定义样式设置完成，单击【应用】按钮，将对话框中所进行的样式修改应用于图形中使用当前样式的文字，单击【关闭】按钮关闭对话框。这时，所定义的文本样式就会显示在功能区【默认】选项卡【注释】面板上的【文字样式】下拉列表中，以便切换文字样式，如图 7-2 所示。

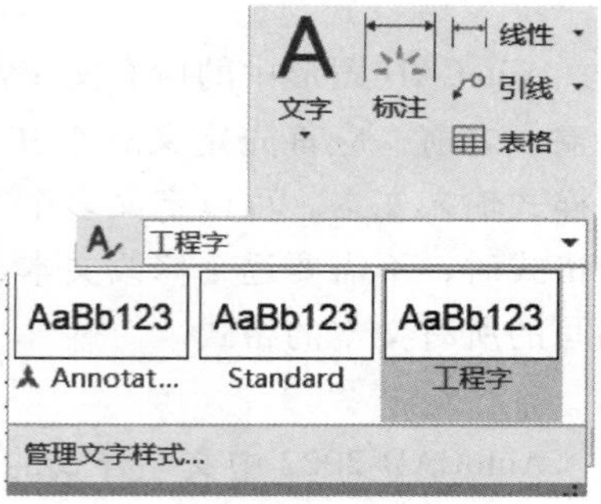

图 7-2 【样式】面板

5. 【文字样式】对话框选项说明

（1）【大小】选项组

【注释性】：注释性主要与打印出图时的对象显示效果相关，详见 13.3 节。

【高度】：如果设置字体高度为 0，则再次调用【文本标注】命令时，系统会提示输入字体高度，所以，0 字高用于使用同一种文字样式标注不同字高文本的情况。如果输入的不是 0，则再次调用【文本标注】命令，系统自动以设置的字高书写文字，不再提示输入字体的高度，因此用这种方法标注的文本高度是固定的。

（2）【效果】选项组

【颠倒】：倒置显示字符，勾选复选框后的效果如图 7-3b 所示。

【反向】：反向显示字符，勾选复选框后的效果如图 7-3c 所示。

【垂直】：垂直对齐显示字符，该功能对 True Type 字体不可用。勾选复选框后的效果如图 7-3d 所示。

【宽度因子】：默认值是 1，如果输入值>1，则文本宽度加大。【宽度因子】设置为 2 的效果如图 7-3f 所示，【宽度因子】设置为 0.5 的效果如图 7-3g 所示。

【倾斜角度】：字符向左或右倾斜的角度，以 Y 轴正向为 0 度方向，顺时针为正。可以输入−85~85 之间的一个值，使文本倾斜−85°~85°。【倾斜角度】设置为 30°的效果如图 7-3h 所示。

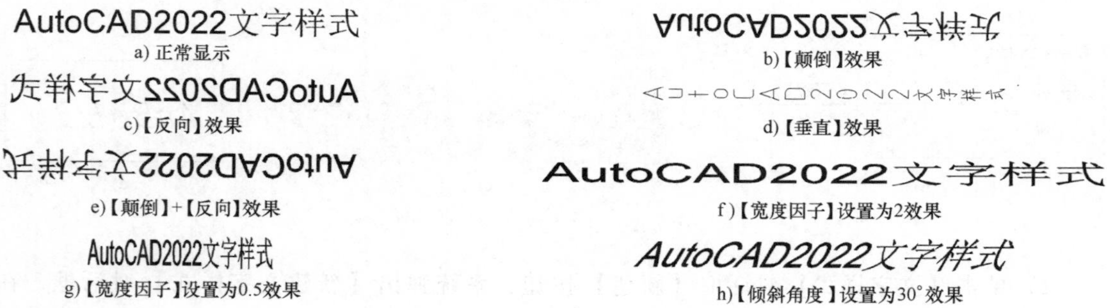

a) 正常显示

b)【颠倒】效果

c)【反向】效果

d)【垂直】效果

e)【颠倒】+【反向】效果

f)【宽度因子】设置为2效果

g)【宽度因子】设置为0.5效果

h)【倾斜角度】设置为30°效果

图 7-3 设置文字样式的效果

提示 勾选【使用大字体】复选框可指定亚洲语言的大字体格式。只有在【字体名】下拉列表中选择 .shx 格式的字体时，才能使用大字体格式。

7.2 文字输入

AutoCAD 提供了两种文字输入命令，即【单行文字】命令与【多行文字】命令。所谓的【单行文字】命令输入方式，并不是调用该命令时每次只能输入一行文字，而是指输入的文字的每一行都被单独作为一个实体对象来处理。相反，【多行文字】命令输入方式就是不管输入几行文字，AutoCAD 都把它整体作为一个实体对象来处理。对于简短的输入项，可以调用【单行文字】命令进行输入。对于有内部格式的行数较多的输入项，则调用【多行文字】命令进行输入比较合适。

1. 单行文字

菜单栏：【绘图】→【文字】→【单行文字】命令。

功能区：【注释】选项卡→【文字】面板→【多行文字】下拉列表→【单行文字】按钮 **A** 单行文字。

【例 7-2】 用 5 号字输入"计算机绘图"。

调用【单行文字】命令，命令窗口提示及操作如下。

命令：_dtext

当前文字样式："工程字" 文字高度： 2.5000 注释性：否 对正：左

指定文字的起点或 [对正(J)/样式(S)]：↙

指定高度 <2.5000>：5 ↙　　　　　　　　//指定文字字高

指定文字的旋转角度 <0>：↙　　　　　　 //指定文字行与水平方向的夹角

然后在如图 7-4 所示的文本框中输入文字，也可以在其他位置单击鼠标左键输入其他内容，按两次<Enter>键结束命令。

图 7-4 【单行文字】命令输入过程

> 提示 若建立文字样式时，【高度】设置为 0.000，在调用文字输入命令时系统会有一个修改字高的提示。如果是非 0 值，就没有此提示。

按如下操作可使系统出现【单行文字】命令的所有选项提示。

指定文字的起点或 [对正(J)/样式(S)]：j↙　　//切换到[对正(J)]选项

输入选项 [左(L)/居中(C)/右(R)/对齐(A)/中间(M)/布满(F)/左上(TL)/中上(TC)/右上(TR)/左中(ML)/正中(MC)/右中(MR)/左下(BL)/中下(BC)/右下(BR)]：

各选项的对齐方式如图 7-5 所示，方框所示的点即为指定基点的位置。

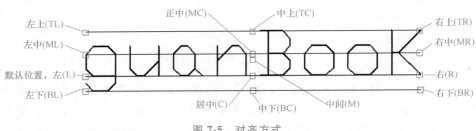

图 7-5　对齐方式

> 提示　在"指定文字的起点或［对正（J）/样式（S）］:"提示下输入"s"可切换到［样式（S）］选项，利用该选项可以输入已定义的文字样式名称，设置该样式为当前样式。输入"?"可以查询当前文档中定义的所有文字样式。也可以在调用文字输入命令前，在功能区【注释】选项卡【文字】面板上的【文字样式】下拉列表中选择需要的文字样式。

2. 命令窗口中特殊字符的输入

可以利用【单行文字】命令输入特殊字符，如直径符号"φ"，角度符号"°"等。

（1）利用软键盘　以搜狗输入法为例，首先调出如图 7-6 所示的输入法状态条。

图 7-6　输入法状态条

单击【软键盘】按钮 ⌨ ，弹出的快捷菜单如图 7-7 所示，选择需要的软键盘。

✓1 PC 键盘	asdfghjkl;
2 希腊字母	αβγδε
3 俄文字母	абвгд
4 注音符号	ㄆㄊ《ㄐㄟ
5 拼音字母	āáěè
6 日文平假名	あいうえお
7 日文片假名	アイウヴェ
8 标点符号	『‖々·』
9 数字序号	ⅠⅡⅢ㈠①
0 数学符号	±×÷∑√
A 制表符	┒┼┠┼
B 中文数字	壹贰千万兆
C 特殊符号	▲☆◆□→
关闭软键盘 (L)	

图 7-7　快捷菜单

例如，选择【希腊字母】选项，就会出现如图 7-8 所示的软键盘。键盘的用法与硬键盘一样，用鼠标单击需要的字母键，就可以输入对应的字母或符号。

（2）用控制码输入特殊字符　控制码由两个百分号（%%）后紧跟一个字母构成。AutoCAD 中常用的控制码见表 7-1。

图 7-8 软键盘

表 7-1 AutoCAD 常用控制码

控制码	功能	示例	效果
%%o	加上画线	%%oAutoCAD%%o	AutoCAD
%%u	加下画线	%%uAutoCAD%%u	AutoCAD
%%d	度符号	45%%d	45°
%%p	加减号	%%p0.001	±0.001
%%c	直径符号	%%c50	⌀50
%%%	百分号	50%%%	50%

【例 7-3】 按图 7-9 所示样例输入文字。

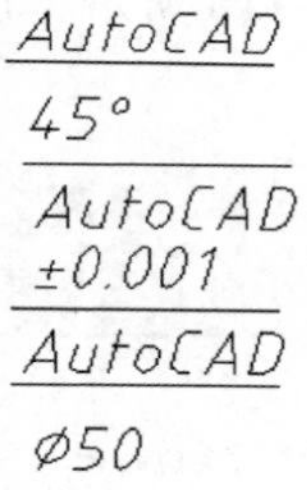

$$\underline{AutoCAD}$$
$$\overline{45°}$$
$$\underline{AutoCAD}$$
$$\pm0.001$$
$$\overline{AutoCAD}$$
$$⌀50$$

图 7-9 特殊字符样例

调用【单行文字】命令，命令窗口提示及操作如下。

命令：_dtext

当前文字样式："工程字" 文字高度：5.0000 注释性：否 对正： 左

指定文字的起点或 [对正(J)/样式(S)]：↙

指定高度 <5.0000>：↙

指定文字的旋转角度 <0>：↙

键盘输入文字：%%uAutoCAD%%u ↙   //加下画线

键盘输入文字：45%%d ↙   //输入度符号

键盘输入文字：%%oAutoCAD%%o ↙   //加上画线

键盘输入文字：%%p0.001 ↙   //输入加减号

键盘输入文字：%%u%%oAutoCAD%%o%%u ↙   //同时加上、下画线

键盘输入文字：%%c50 ↙   //输入直径符号

3. 多行文字

【多行文字】命令用于输入内部格式比较复杂的多行文字，与【单行文字】命令不同的是，输入的多行文字是一个整体，每一单行不再是一个单独的文字对象。

菜单栏：【绘图】→【文字】→【多行文字】命令。

功能区：【注释】选项卡→【文字】面板→【多行文字】按钮 A 多行文字。

选择如上任意一种方式调用【多行文字】命令，命令窗口提示及操作如下。

命令：_mtext 当前文字样式："工程字" 文字高度：5 注释性：否

指定第一角点： //指定第一角点

指定对角点或［高度(H)/对正(J)/行距(L)/旋转(R)/样式(S)/宽度(W)/栏(C)］：

//指定第二角点，如图 7-10 所示

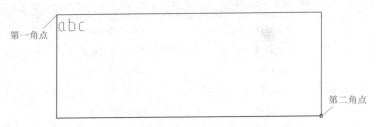

图 7-10 确定矩形框

确定两个角点后，功能区会自动出现【多行文字】选项卡，如图 7-11a 所示。同时，会出现【在位文字编辑器】窗口，如图 7-11b 所示，这个窗口类似于写字板、Word 等文字编辑工具，比较适合文字的输入和编辑。

a)

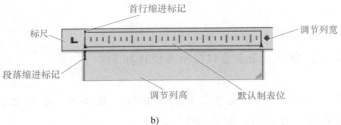

b)

图 7-11 【多行文字】选项卡和【在位文字编辑器】窗口

（1）【样式】面板

【样式】下拉列表：选择一种文字样式，向多行文字对象应用该文字样式。当前样式保存在 TEXTSTYLE 系统变量中。

如果将选定的文字样式应用到现有的多行文字对象中，原文字对象中字体、高度、粗体、斜体字符格式将被选定的文字样式替代。堆叠、上（下）画线和颜色属性将保留在应用了新样式的字符中，具有反向或倒置效果的样式不被应用。如果对 .shx 字体应用【垂直】效果，则这些文字将在【在位文字编辑器】窗口中水平显示。

【文字高度】下拉列表：按图形单位设置新文字的字符高度或更改选定文字的高度。如果当前文字样式没有固定高度，则文字高度是 TEXTSIZE 系统变量中存储的值。多行文字对象可以包含不同高度的字符。

（2）【格式】面板

【字体】下拉列表：为新输入的文字指定字体或改变选定文字的字体。

【粗体】按钮 **B**：为新输入文字或选定文字打开或关闭粗体格式。此选项仅适用于使用 TrueType 字体的字符。

【斜体】按钮 *I*：为新输入文字或选定文字打开或关闭斜体格式。此选项仅适用于使用 TrueType 字体的字符。

【下画线】按钮 U 和【上画线】按钮 ō：为新输入文字或选定文字打开或关闭下、上画线格式。

【文字颜色】下拉列表：为新输入文字指定颜色或修改选定文字的颜色。可以为文字指定与所在图层关联的颜色（ByLayer）或与所在块关联的颜色（ByBlock）。也可以从颜色列表中选择一种颜色，或者选择【选择颜色】选项打开【选择颜色】对话框选择颜色。

【堆叠】按钮：当文字中包含"/""^""#"符号时，如图 7-12a 所示，先选中这种符号（"/"、"^"或"#"），然后单击【格式】面板上的【堆叠】按钮，数字就会变成分数形式，如图 7-12b 所示。选中堆叠成分数形式的文字，然后单击【格式】面板上的【堆叠】按钮可以取消堆叠。可以打开【堆叠特性】对话框编辑堆叠文字、堆叠类型、对齐方式和大小，如图 7-13 所示。可以首先选中堆叠文字，然后单击鼠标右键，在弹出的快捷菜单中选择【堆叠特性】选项。也可以选择堆叠文字后，单击自动出现的 图标，在弹出的快捷菜单中选择【堆叠特性】选项。

9/8

+0.002 ^-0.001

9#8

a)

$\frac{9}{8}$

+0.002
−0.001

%8

b)

图 7-12　堆叠方式

图 7-13　【堆叠特性】对话框

（3）【段落】面板　使用【段落】面板可以进行段落、制表位、项目符号和编号的设置，这与 Word 中的【段落】功能基本相同，不再赘述。

（4）【插入】面板

【符号】按钮：单击【插入】面板上的【符号】按钮，出现的下拉菜单如图 7-14 所示，可以插入制图过程中需要的特殊符号。

【字段】按钮：单击【插入】面板上的【字段】按钮，可以插入字段。

选择【符号】下拉菜单中的【其他】选项，可以打开【字符映射表】对话框，如图 7-15 所示，可以从中选择更多特殊符号输入。

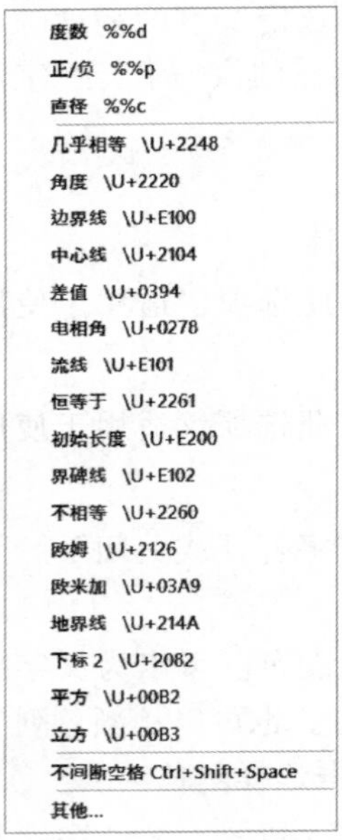

| 度数 %%d |
| 正/负 %%p |
| 直径 %%c |
| 几乎相等 \U+2248 |
| 角度 \U+2220 |
| 边界线 \U+E100 |
| 中心线 \U+2104 |
| 差值 \U+0394 |
| 电相角 \U+0278 |
| 流线 \U+E101 |
| 恒等于 \U+2261 |
| 初始长度 \U+E200 |
| 界碑线 \U+E102 |
| 不相等 \U+2260 |
| 欧姆 \U+2126 |
| 欧米加 \U+03A9 |
| 地界线 \U+214A |
| 下标2 \U+2082 |
| 平方 \U+00B2 |
| 立方 \U+00B3 |
| 不间断空格 Ctrl+Shift+Space |
| 其他… |

图 7-14 【符号】下拉菜单

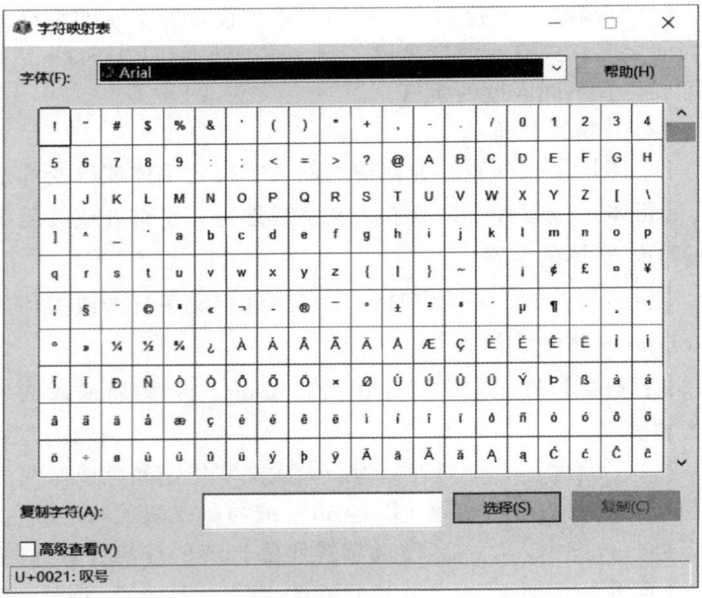

图 7-15 【字符映射表】对话框

> 提示 对于其他特殊符号的输入，首先把字体格式改为 .gdt，然后使用 <X> 键输入深度符号 "↓"，使用 <V> 键输入沉孔符号 "⊔"，使用 <W> 键输入埋头孔符号 "∨"。

（5）【工具】面板 单击【工具】面板上的 输入文字 按钮会打开【选择文件】对话框，使用该对话框可以把外部 .txt 文本文件（或 .rtf 文件）直接导入。

（6）【关闭】面板 单击【关闭】按钮 ✔，关闭【在位文字编辑器】窗口并保存所做的任何修改。也可以在【在位文字编辑器】窗口外单击以保存修改并关闭编辑器。要关闭编辑器而不保存修改，可按 <Esc> 键，系统会询问是否保存修改。

此外，在文本输入框中单击鼠标右键可以打开快捷菜单，可以从中选择合适选项进行操作。

7.3 文字编辑

1. 编辑单行文字

对单行文字的编辑包含两方面的内容：修改文字内容和修改文字特性。如果仅仅要修改文字的内容，可以在文字上双击，文字处于编辑状态，如图 7-16 所示，直接进行编辑即可。也可以在菜单栏依次选择【修改】→【对象】→【文字】→【编辑】命令进入编辑状态。

要修改单行文字的特性，可以选择文字后单击【特性】面板上的 ↘ 按钮，打开【特性】选项板修改文字的内容、样式、高度、旋转角度等，如图 7-17 所示。

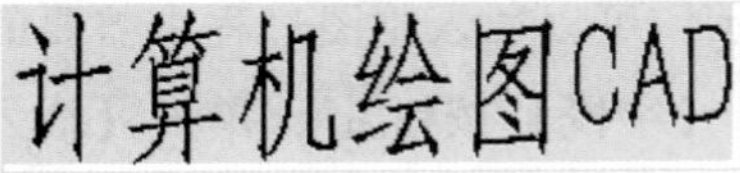

计算机绘图CAD

图 7-16 编辑状态的文字

图 7-17 【特性】选项板

2. 编辑多行文字

直接双击多行文字,系统会弹出【在位文字编辑器】窗口,直接在编辑器中修改文字的内容和格式即可。

7.4 创建表格

2005 版本之前版本的 AutoCAD 还需调用绘图命令画出表格,而当前版本 AutoCAD 的表格功能可以自动生成表格,非常方便。

1. 表格样式

菜单栏:【格式】→【表格样式】命令。

功能区:【注释】选项卡→【表格】面板→【表格样式】按钮 。

选择如上任意一种方式调用【表格格式】命令均可打开图 7-18 所示【表格样式】对话框,AutoCAD 默认提供的表格样式如图 7-19 所示。

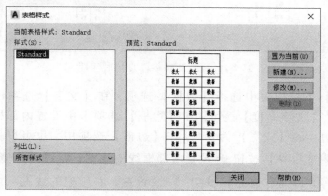

图 7-18 【表格样式】对话框

在【表格样式】对话框【样式】列表中显示的是系统默认的表格样式，该样式可以在【预览】框中查看。具体说明可以对照图 7-19。

【例 7-4】　建立明细栏表格。

1）单击【表格样式】对话框中的【新建】按钮，在弹出的【创建新的表格样式】对话框中修改【新样式名】为"明细栏"，如图 7-20 所示，单击【继续】按钮。

图 7-19　表格　　　　　　图 7-20　【创建新的表格样式】对话框

2）系统自动打开【新建表格样式】对话框，如图 7-21 所示。【单元样式】下拉列表中有【标题】【表头】【数据】三个选项。选择一个选项，接着在下面的【常规】【文字】【边框】选项卡中设置参数。

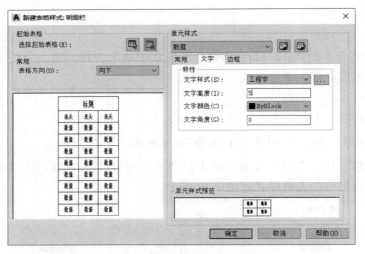

图 7-21　【新建表格样式】对话框

在【单元样式】下拉列表中选择【数据】选项，在【文字】选项卡中选择【文字样式】为【工程字】，【文字高度】为 5，在【边框】选项卡中设置内部框线的【线宽】为 0.25，左边界和右边界的【线宽】为 0.5。在【边框】选项中，也可以先设置【线宽】为 0.25，接着单击【内部边界】按钮　设置内部框线的线宽；设置【线宽】为 0.5，接着单击【左边界】按钮　和【右边界】按钮　设置左、右边框的线宽；或者单击【外部边界】按钮　设置外边框线宽。

在【单元样式】下拉列表中选择【表头】，将【文字样式】选择为【工程字】，【文字高度】设置为5，设置内部框线的【线宽】为0.5，外部框线的【线宽】为0.5。

3）使用【表格方向】下拉列表改变表的方向。若选择【向下】选项，则创建由上而下读取的表，标题和列标题位于表的顶部。若选择【向上】选项，则创建由下而上读取的表，标题和列标题位于表的底部。由于明细栏是从下向上绘制的，因此选择【向上】选项。

4）使用【常规】选项卡【页边距】选项组控制单元格边界和单元格内容之间的间距，即修改数据和表头的设置。若选择【水平】选项，则需设置单元格中的文字或块与左、右单元格边界之间的距离，本例使用默认值。若选择【垂直】选项，则需设置单元格中的文字或块与上、下单元格边界之间的距离，本例修改为0.5。

> 提示 本例表格标题不做设置，在插入表格时应删掉标题行，因为明细栏没有该行。

5）设置完毕单击【确定】按钮回到【表格样式】对话框，此时在【样式】列表中会出现刚定义的表格样式，如图7-22所示。可以在【样式】列表中选择样式，单击【置为当前】按钮把选择的样式置为当前样式。如果要修改样式，可以单击【修改】按钮。

6）定义好表格样式后，单击【关闭】按钮关闭对话框。

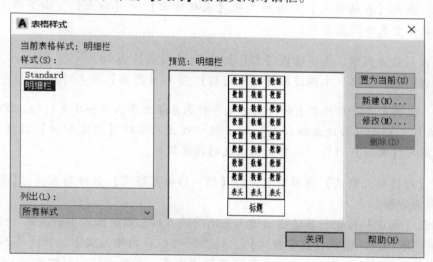

图7-22 明细栏样式

> 提示 表格样式可以在设计中心进行文件之间的共享，详见10.1节。

2. 创建表格

【例7-5】 插入明细栏表格。

1）单击功能区【注释】选项卡【表格】面板上的【表格】按钮 ⊞ 表格 ，弹出的【插入表格】对话框如图7-23所示。

2）从【表格样式】下拉列表中选择【明细栏】表格样式。若未创建所需表格样式，则应单击对话框中的 ⊞ 按钮创建一个新的表格样式。

3）选择【指定插入点】选项作为插入方式。

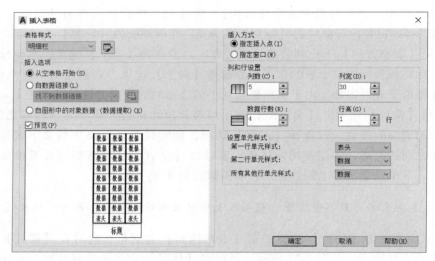

图 7-23 【插入表格】对话框

提示 如果【表格样式】所选样式的【表格方向】为【向上】（由下而上）读取，则插入点应位于表格的左下角。

4）设置列数和列宽，本例设置【列数】为5，【列宽】为30。

5）设置行数和行高，本例设置【数据行数】为4，【行高】为1行。

提示 按照文字行高指定表的行高。文字行高基于文字高度和单元边距，这两项均在【新建表格样式】或【修改表格样式】对话框中设置。选择【指定窗口】选项并指定行数时，行高为【自动】选项，这时行高由表的高度控制。

6）在【设置单元格式】选项组中，将【第一行单元格式】选择为表头，【第二行单元格式】选择为数据。

7）单击【确定】按钮，系统提示输入表格的插入点，指定插入点后，第一个单元格显示为可编辑线框状态，显示【文字格式】工具栏时可以开始输入文字，如图 7-24 所示。单元格的行高会加大以适应输入文字的行数。要移动到下一个单元格，可按<Tab>键，或者按键盘上的箭头键向左、向右、向上和向下移动。

提示 如果表格中的中文不能正常显示，可选择【格式】→【文字样式】菜单命令修改当前文字样式使用的字体，具体操作参考 7.2 节。

5				
4				
3				
2				
1				
序号	名称	数量	材料	备注

图 7-24 输入内容

> 提示 双击任意一个单元格，都会出现文字编辑器。使用文字编辑器可以在单元格中格式化文字、输入文字或对文字进行其他修改。

3. 修改表格

（1）整个表格修改 可以单击表格上的任意框线以选中该表格，然后使用【特性】选项板或夹点来修改该表格，各夹点的作用如图 7-25 所示，表格的【特性】选项板如图 7-26 所示。

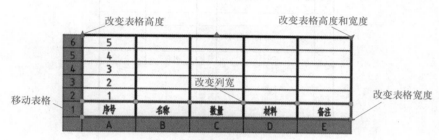

图 7-25 表格上的夹点

（2）修改单元格 在单元格内单击以选中该单元格，单元格边框的中央将显示夹点。拖动单元格上的夹点可以使单元格及其列或行更宽或更小。可按住 <Shift> 键选择多个单元格。对于一个或多个选中的单元格，可以单击鼠标右键，然后使用图 7-27 所示快捷菜单中的选项来插入或删除列或行、合并相邻单元格或者进行其他修改。

图 7-26 表格【特性】选项板

图 7-27 快捷菜单

【例 7-6】 按图 7-28 所示尺寸编辑明细栏。

1）编辑如图 7-25 所示的不完善明细栏，选中"序号"列，单击鼠标右键，在快捷菜单中选择【特性】选项，出现如图7-26所示的【特性】选项板。

2）修改"序号"列【单元宽度】为12，【单元高度】为8。

3）继续选择其他列，修改"名称"列【单元宽度】为58、"数量"列【单元宽度】为12、"材料"列【单元宽度】为30、"备注"列【单元宽度】为28。

4）编辑完毕的标题栏及明细栏如图7-28所示。

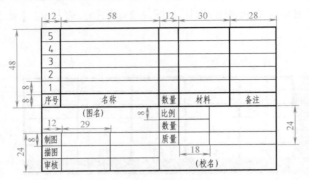

图 7-28　标题栏及明细栏

> 提示　可以将完成的表格复制到【工具】选项板上，到使用时拖出即可。这样可以保证表格单元格的尺寸不变，但不保留单元格中的文字。另外，可以将表格保存为图块，插入块后，将块分解后就可以添加新内容了。

7.5　字段

字段是设置为显示可能会在图形生命周期中修改的数据的可更新文字。字段可以在图形、多行文字、表格等中使用，字段特性更新时，字段值将随之更新。

1. 插入字段

【例7-7】　在图7-29所示表格中使用字段功能记录矩形、圆、多边形的面积。

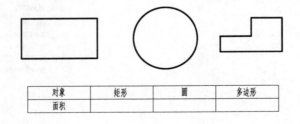

图 7-29　字段例图

1）双击【矩形】下方的单元格，单元格变为可编辑状态，单击鼠标右键，在弹出的快捷菜单中选择【插入字段】选项，或者单击【插入】面板上的【字段】按钮，系统弹出如图7-30所示的【字段】对话框。

2）本例要插入【面积】字段，在【字段名称】列表框中选择【对象】选项，则对话

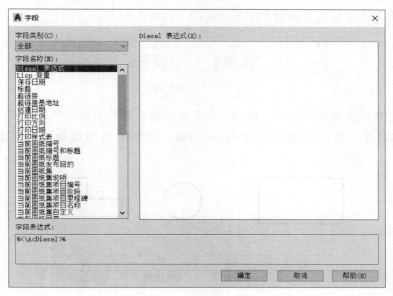

图 7-30 【字段】对话框

框变为如图 7-31 所示状态，单击【选择对象】按钮 ，选择图 7-29 所示矩形。

3）在【字段】对话框【特性】列表框中选择【面积】选项，在【格式】列表框中选择【当前单位】，单击【确定】按钮，表格显示内容如图 7-32 所示。

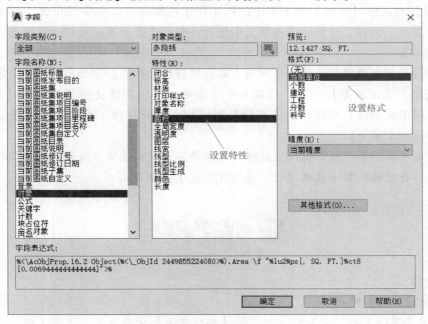

图 7-31 选择【对象】选项后状态

对象	矩形	圆	多边形
面积	10172		

图 7-32 插入一个面积字段后的表格显示内容

4）用同样的方法插入其他两个图形的面积，如图 7-33 所示。

对象	矩形	圆	多边形
面积	10172	10372	5127

图 7-33　完整表格

5）这时如果改变图形的大小，例如，用夹点法改变圆的面积，然后选择【工具】→【更新字段】菜单命令，再选择表格后按<Enter>键，表格中的字段会随之更新，如图 7-34 所示。

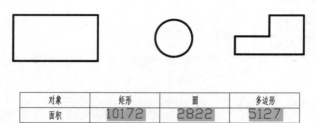

对象	矩形	圆	多边形
面积	10172	2822	5127

图 7-34　更新字段

2. 修改字段格式

字段文字所使用的文字样式与其插入位置的文字对象所使用的样式相同。默认情况下，字段用不会打印的浅灰色背景显示（ FIELDDIS PLAY 系统变量控制是否有浅灰色背景显示）。【字段】对话框【格式】列表框中的选项用于控制所显示文字的格式，可用的选项取决于字段的类型。例如，日期字段的格式中包含一些用于显示星期几和时间的选项。

3. 编辑字段

因为字段是文字对象的一部分，所以不能直接进行选择。必须选择该文字对象并激活编辑状态【在位文字编辑器】窗口。选择某个字段后，使用右键快捷菜单中的【编辑字段】选项，或者双击该字段，在打开的【字段】对话框中进行修改。所做的任何修改都将应用到字段中的所有文字上。

如果希望不再更新字段，可以通过将字段转换为文字来保留当前显示的值。首先选择一个字段，然后在快捷菜单中选择【将字段转化为文字】选项即可。

思考与练习

1. 概念题

1）怎样设置文本样式？

2）简述【单行文字】命令输入方式与【多行文字】命令输入方式的区别。

3）怎样编辑文本？编辑【单行文字】命令输入的文本与编辑【多行文字】命令输入的文本有何不同？

4）怎样在图样中使用字段？

5）怎样设置表格样式和编辑表格？

2. 绘图练习

建立明细表，书写技术要求，如图 7-35 所示。

技术要求
1. 铸件应经时效处理，消除内应力。
2. 未注圆角R2。

5				
4				
3				
2				
1				
序号	名称	数量	材料	备注

		比例		
（图名）		数量		
制图		质量		
描图		（校名）		
审核				

图 7-35　习题 2 图

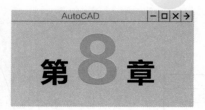

第8章

尺寸标注

【本章重点】
- 尺寸标注规定
- 创建尺寸标注样式
- 标注样式的其他操作
- 尺寸标注类型和方法
- 尺寸标注的编辑修改

8.1 | 尺寸标注规定

图形只能表达零件的形状，而零件的大小则需通过标注尺寸来确定。国家标准规定了标注尺寸的一系列规则和方法，在使用 AutoCAD 绘图时也必须遵守。

1. 基本规定

1）图样中的尺寸，以毫米（mm）为单位时，不需注明计量单位代号或名称。若采用其他单位，则必须标注相应的计量单位或名称。

2）图样中所标注的尺寸数值是零件的真实大小，与图形大小及绘图的准确度无关。

3）零件的每一个尺寸，在图样中一般只标注一次。

4）图样中所标注尺寸是该零件最后完工时的尺寸，否则应另加说明。

2. 尺寸要素

一个完整的尺寸包含下列四个尺寸要素。

1）尺寸界线：尺寸界线用细实线绘制。尺寸界线一般是图形轮廓线、轴线或对称中心线的延长线，超出尺寸线终端约 2~3mm。也可直接用轮廓线、轴线或对称中心线作为尺寸界线。

2）尺寸线：尺寸线用细实线绘制。尺寸线必须单独画出，不能与图线重合或画在其延长线上，并应尽量避免尺寸线之间及尺寸线与尺寸界线之间相交。标注线性尺寸时，尺寸线必须与所标注的线段平行，相同方向的各尺寸线的间距要均匀，间隔应>5mm，以便于注写尺寸数字和有关符号。

3）尺寸线终端：尺寸线终端有箭头和细斜线两种形式。在机械制图中使用箭头，箭头尖端与尺寸界线接触，不得超出也不得留有缝隙。

4）尺寸数字：线性尺寸的数字一般注写在尺寸线上方或尺寸线中断处。同一图样内字号大小应一致，空间不够时可引出标注。尺寸数字前的符号区分不同类型的尺寸：φ 表示直径，R 表示半径，S 表示球面，t 表示板状零件厚度，□ 表示正方形，▷ 或 ◁ 表示锥度，±表示正负偏差，×表示参数分隔符（如 M10×1，槽宽×槽深等），∠ 或 ⟍ 表示斜度，∨ 表示埋头孔，EQS 表示均布等。

3. AutoCAD 尺寸标注方法

在 AutoCAD 中进行尺寸标注，与文字输入一样需要设置样式，标注尺寸前应建立自己的尺寸标注样式。因为在标注一张图样时，必须考虑打印出图时的字体大小、箭头等样式应符合国家标准，做到布局合理、美观，不要出现标注的字体、箭头等过大或过小的情况。同时，建立自己的尺寸标注样式也是为了确保标注在图形对象上的每种尺寸形式相同，风格统一。

AutoCAD 中一个完整尺寸的四个尺寸要素之间的关系如图 8-1 所示，标注以后，四个尺寸要素会被作为一个实体来处理。

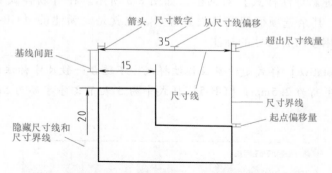

图 8-1　四个尺寸要素及标注样式中部分选项的含义

8.2　创建尺寸标注样式

AutoCAD 中有【Annotative】【ISO-25】【Standard】三种标注样式，但是这三种标注样式标注的尺寸均不符合国家标准，因此需要自行设置符合国家标准的标注样式。调用【标注样式】命令的方式有如下几种。

菜单栏：【格式】→【标注样式】命令。

功能区：【默认】选项卡→【注释】面板→【标注样式】按钮 ⊿，或者【注释】选项卡→【标注】面板→【标注样式】按钮 ⌄。

命令窗口：输入"dimstyle"，按<Enter>键或空格键确认。

选择任何一种方式调用命令均可打开【标注样式管理器】对话框，如图8-2所示。选择【ISO-25】样式，单击【新建】按钮。

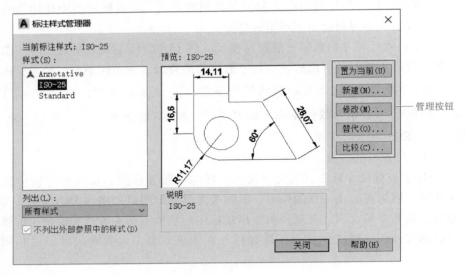

图 8-2 【标注样式管理器】对话框

系统弹出【创建新标注样式】对话框，如图8-3所示。在【新样式名】文本框中输入样式名称"GB-5"，其余选项保留默认设置即可，也就是令新建的【GB-5】样式以【ISO-25】样式为基础，用于所有尺寸的标注。

> 提示　【Annotative】样式是注释性标注样式，不适合一般尺寸标注；【ISO-25】样式中的25表示文字字高为2.5mm；【GB-5】样式中的5表示文字字高为5mm，即创建符合国家标准的5号字。

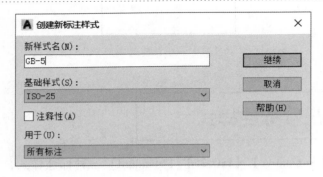

图 8-3 【创建新标注样式】对话框

在【创建新标注样式】对话框单击【继续】按钮，系统弹出【新建标注样式：GB-5】对话框，如图8-4所示，此对话框有七个选项卡，下面分别进行详细介绍。

1. 【线】选项卡

【线】选项卡如图8-4所示，主要用于对尺寸线和尺寸界线进行具体设置。

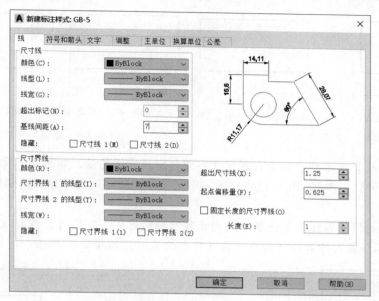

图 8-4 【新建标注样式】对话框

（1）【尺寸线】选项组

【颜色】【线型】【线宽】下拉列表：分别用于设置尺寸线的颜色、线型、线宽，保持默认设置即可。

【超出标记】文本框：当尺寸线终端采用斜线时，用于设置尺寸线超过尺寸界线的量，如图 8-5 所示。

【基线间距】文本框：当采用【基线标注】方式时，用于设置相邻两条尺寸线之间的距离，根据 8.1 节介绍的尺寸标注规定，可将其设置为 7，如图 8-6 所示。

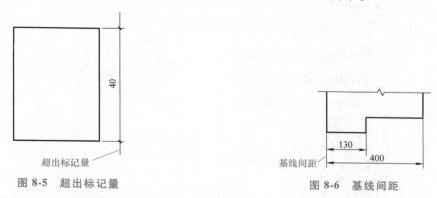

图 8-5 超出标记量

图 8-6 基线间距

【隐藏】单选项：选择【尺寸线 1】则隐藏第一条尺寸线，选择【尺寸线 2】则隐藏第二条尺寸线，如图 8-7 所示。

（2）【尺寸界线】选项组

【颜色】【尺寸界线 1 的线型】【尺寸界线 2 的线型】【线宽】下拉列表：分别用于设置尺寸界线的颜色、线型、线宽，保持默认设置即可。

【隐藏】单选项：选择【尺寸界线 1】则隐藏第一条尺寸界线，选择【尺寸界线 2】则隐藏第二条尺寸界线，如图 8-8 所示。

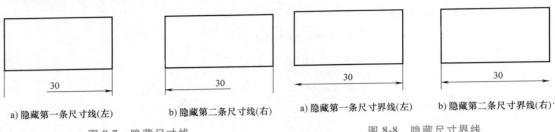

a) 隐藏第一条尺寸线(左)   b) 隐藏第二条尺寸线(右)   a) 隐藏第一条尺寸界线(左)   b) 隐藏第二条尺寸界线(右)

图 8-7   隐藏尺寸线   图 8-8   隐藏尺寸界线

【超出尺寸线】文本框：用于设置尺寸界线超出尺寸线的量，如图 8-9 所示。

【起点偏移量】文本框：用于设置自图形中定义标注的点到尺寸界线的偏移量，如图 8-9 所示。

【固定长度的尺寸界线】复选框：勾选该复选框后可用下方的【长度】文本框设置一个固定长度，进而设置尺寸界线从起点一直到终点的长度，如图 8-10 所示。

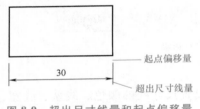

图 8-9   超出尺寸线量和起点偏移量

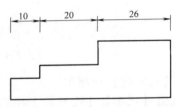

图 8-10   固定长度的尺寸界线标注

2. 【符号和箭头】选项卡

【符号和箭头】选项卡如图 8-11 所示，主要用于设置箭头、圆心标记、弧长符号、半径折弯标注和线性折弯标注的格式和位置。

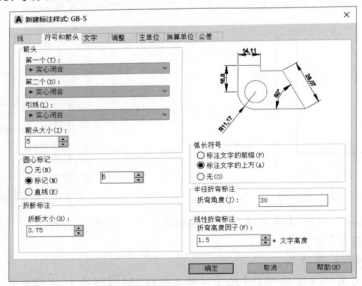

图 8-11   【符号和箭头】选项卡

(1)【箭头】选项组

【第一个】【第二个】【引线】下拉列表：用于设置箭头类型，保持默认设置即可。

【箭头大小】文本框：设置箭头的大小，一般可设置为5。

（2）【圆心标记】选项组 用于设置圆或圆弧的圆心标记形式。【无】是指不标记。【标记】是指以在其后文本框中设置的数值在圆心处绘制十字标记。【直线】是指直接绘制圆的十字中心线。一般情况下，选择【标记】选项，标记大小和文字大小一致。这里修改标记大小为5。

（3）【弧长符号】选项组 用于设置弧长符号的有无和放置位置，这里选择【标注文字的上方】。

（4）【半径折弯标注】选项组 用于设置半径折弯标注的显示样式，这种标注方式一般用于圆心在图纸外的大圆或大圆弧标注。【折弯角度】文本框用于确定半径折弯标注中，尺寸线的横向线段的角度，如图8-12所示。一般该角度设置为30。

（5）【线性折弯标注】选项组 用于设置线性折弯标注的显示样式。当不能精确标注实际尺寸时，通常将折弯符号添加到线性标注中。可在【折弯高度因子】文本框中输入折弯符号的高度和标注文字高度的比例，折弯符号的高度如图8-13所示。

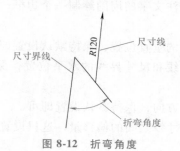

图 8-12 折弯角度

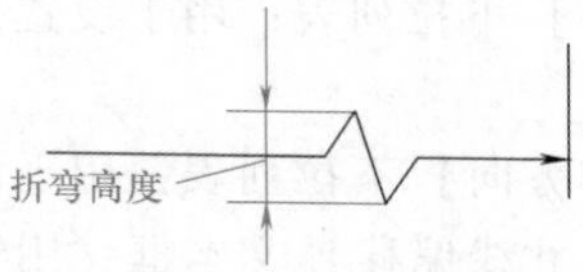

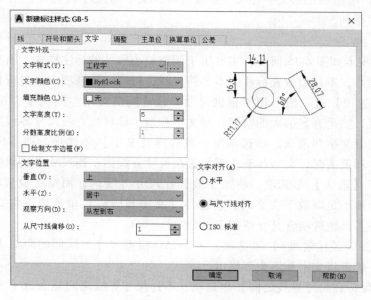

图 8-13 折弯符号的高度

3.【文字】选项卡

【文字】选项卡如图8-14所示，主要用于设置文字外观、文字位置及文字对齐等。

图 8-14 【文字】选项卡

（1）【文字外观】选项组

【文字样式】下拉列表：可在下拉列表中选择文字样式，也可单击 … 按钮打开【文字样式】对话框，进而设置新的文字样式。这里选择 7.1 节定义的【工程字】样式。

【文字颜色】下拉列表：用于设置文字颜色，保持默认设置即可。

【文字高度】文本框：可直接输入字高，也可单击 ⬍ 按钮增大或减小高度值，这里设置为 5。

> **提示** 只有在选择的文字样式中的字高设置为零（不能为具体值）时，【文字高度】文本框才可用，否则在其中输入的值对字高无影响。

【分数高度比例】文本框：设置分数相对于标注文字的比例。仅在【主单位】选项卡中的【分数】选择为【单位格式】时，此选项才可用。将此处输入的值乘以文字高度，便可确定标注分数的高度。

【绘制文字边框】复选框：勾选该复选框，则在标注文字的周围绘制一个边框。

（2）【文字位置】选项组

【垂直】下拉列表：用于设置标注文字相对尺寸线的垂直位置，保持默认设置即可。

【水平】下拉列表：用于设置标注文字相对于尺寸线和尺寸界线的水平位置，保持默认设置即可。

【观察方向】下拉列表：用于设置标注文字的观察方向，保持默认设置即可。

【从尺寸线偏移】文本框：用于确定尺寸文本和尺寸线之间的偏移量，这里设置为 1。

（3）【文字对齐】选项组

【水平】单选项：无论尺寸线的方向如何，尺寸数字的方向总是水平的。

【与尺寸线对齐】单选项：尺寸数字保持与尺寸线平行，这里选择此项。

【ISO 标准】单选项：当文字在尺寸界线内时，文字与尺寸线对齐；当文字在尺寸界线外时，文字水平排列。

4.【调整】选项卡

【调整】选项卡如图 8-15 所示，主要用于调整较小尺寸的标注样式。当小尺寸的尺寸界线之间的距离很小，不足以放置标注文本、箭头时，可通过该选项卡进行调整。

（1）【调整选项】选项组 用于根据尺寸界线之间的可用空间调整文字和箭头放置位置。标注尺寸时，如果有足够大的空间，则文字和箭头都将放置在尺寸界线内。否则，按此选项卡的设置放置文字和箭头。该选项组一般选择【文字】单选项，即当尺寸界线间的距离足够放置文字和箭头时，文字和箭头都放置在尺寸界线内；当尺寸界线间的距离仅能容纳文字时，应选择【箭头】单选项，将文字放置在尺寸界线内，而箭头放置在尺寸界线外；当尺寸界线间距离不足以放下文字时，应选择【文字和箭头】单选项，将文字和箭头都放置在尺寸界线外。其他选项含义介绍如下。

【文字或箭头（最佳效果）】单选项：AutoCAD 根据尺寸界线间的距离大小自行判断移出文字或箭头，或者将文字和箭头都移出。

【文字始终保持在尺寸界线之间】单选项：不论尺寸界线之间能否放下文字，都将文字放置在尺寸界线之间。

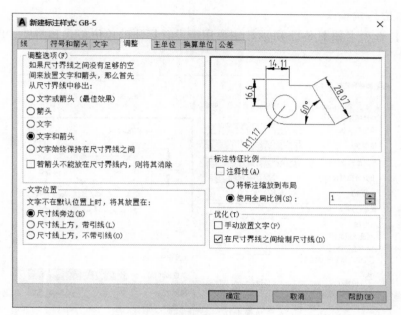

图 8-15　【调整】选项卡

【若箭头不能放在尺寸界线内，则将其消除】复选框：勾选此复选框，则当箭头不能放在尺寸界线内时，消除箭头。

（2）【文字位置】选项组　用于设置标注文字不在默认位置（由标注样式定义的位置）时的标注位置，此选项组在编辑标注文字时起作用，各单选项的效果如图 8-16 所示。

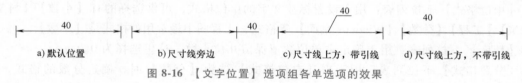

a) 默认位置　　　　　　b) 尺寸线旁边　　　　c) 尺寸线上方，带引线　　d) 尺寸线上方，不带引线

图 8-16　【文字位置】选项组各单选项的效果

（3）【标注特征比例】选项组

【注释性】复选框：注释性主要与打印出图时的对象显示效果相关，详见 13.3 节。

【将标注缩放到布局】单选项：以当前模型空间视口和图纸空间之间的比例为比例因子缩放标注。图纸空间标注宜选择此选项。

【使用全局比例】单选项：以文本框中设置的数值为比例因子缩放标注的文字和箭头的大小，但不改变标注的尺寸值。模型空间标注宜选择此选项。

> 提示　模型空间和图纸空间的具体内容将在第 13 章进行详细介绍。

（4）【优化】选项组

【手动放置文字】复选框：标注文字的位置不定，需要通过拖动鼠标并单击的方式来确定。

【在尺寸界线之间绘制尺寸线】复选框：不论尺寸界线之间的距离大小，尺寸界线之间都必须绘制尺寸线时，选择此选项。

5. 【主单位】选项卡

【主单位】选项卡如图 8-17 所示，主要用于设置标注的单位格式和精度，以及标注的前缀和后缀。

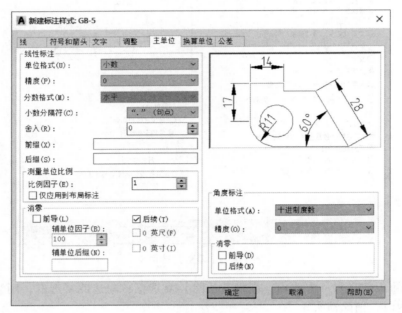

图 8-17 【主单位】选项卡

（1）【线性标注】选项组

【单位格式】下拉列表：用于设置标注文字的单位格式，可供选择的有【小数】【科学】【建筑】【工程】【分数】【Windows 桌面】等格式，工程图中最常用的格式是【小数】。

【精度】下拉列表：用于确定主单位数值保留几位小数，这里选择为 0。

【分数格式】下拉列表：用于当【单位格式】选为【分数】时，确定分数的格式，有【水平】【对角】【非堆叠】三个选项。

【小数分隔符】下拉列表：用于当【单位格式】选为【小数】时，设置小数点的格式，根据国家标准，这里设置为"."（句点）。

【前缀】文本框：用于输入尺寸数字前的内容，例如，输入"%%c"，则在尺寸数字前加上直径符号 φ，可在标注圆的直径使用。

【后缀】文本框：用于输入尺寸数字后的内容，例如，输入"H7"，则在尺寸数字后加上公差代号 H7。

> 提示　前缀和后缀可以同时加。

（2）【测量单位比例】选项组

【比例因子】文本框：用于当尺寸为线性尺寸时，设置尺寸标注值与测量值的比例因子，默认值为 1，AutoCAD 按照此处输入的数值放大测量值进行标注。例如，若【比例因子】设置为 2，AutoCAD 会将 1mm 的直线的尺寸标注为 2mm。一般采用默认设置，直接标注实际测量值。在采用放大或缩小的比例绘图时，可将其设置为相应比例。

【仅应用到布局标注】复选框：勾选该复选框，则仅将所设置的【比例因子】应用于布局视口中创建的标注。

（3）【消零】选项组　用于控制前导零和后续零是否显示。勾选【前导】复选框，则用小数格式标注尺寸时不显示小数点前的零，例如，将小数 0.500 显示为 .500。勾选【后续】复选框，则用小数格式标注尺寸时不显示小数末尾一位或多位的零，例如，将小数 0.500 显示为 0.5。

（4）【角度标注】选项组　用于设置角度标注的单位格式、精度及消零的情况。设置方法与【线性标注】选项组的设置方法相同，一般将【单位格式】选择为【十进制度数】，【精度】选择为【0】。

6. 【换算单位】选项卡

【换算单位】选项卡主要用于设置是否显示换算单位。如果需要同时显示主单位和换算单位，则需要先勾选【显示换算单位】复选框，其他选项才可用，如图 8-18 所示。该选项卡在同时采用公制、英制图样进行交流时非常有用，可以同时标注公制和英制的尺寸，以便于不同国家的工程技术人员进行交流。这里采用默认设置，不勾选【显示换算单位】复选框。

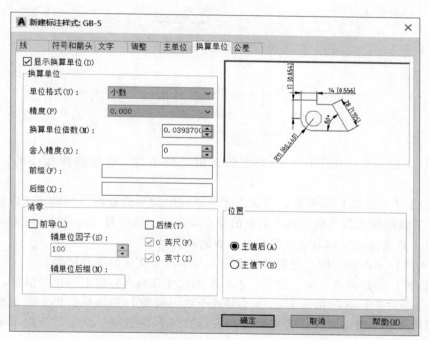

图 8-18 【换算单位】选项卡

7. 【公差】选项卡

【公差】选项卡如图 8-19 所示，主要用于设置是否标注尺寸公差以及尺寸公差的具体标注形式。

（1）【公差格式】选项组

【方式】下拉列表：有【无】【对称】【极限偏差】【极限尺寸】【基本尺寸】五个选项，它们之间的区别如图 8-20 所示。【无】是默认选项。

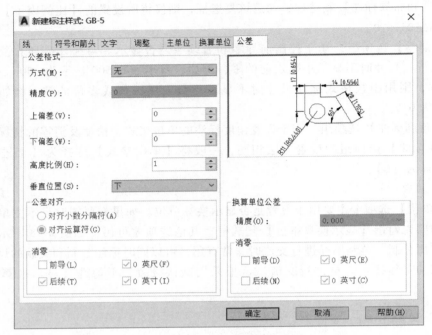

图 8-19 【公差】选项卡

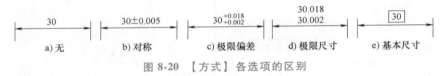

图 8-20 【方式】各选项的区别

【精度】下拉列表：用于确定公差数值保留几位小数，应根据待标注的公差数值来确定。

【上偏差】【下偏差】文本框：可输入上、下极限偏差的数值。AutoCAD 默认上极限偏差为正值，下极限偏差为负值，输入的数值会自动带正、负符号。若再输入正、负符号，则系统会根据"负负得正"的数学原则来显示数值的符号。

【高度比例】文本框：用于设置公差文字与基本尺寸文字高度的比例。

【垂直位置】下拉列表：用于设置公差与基本尺寸在垂直方向上的相对位置。

（2）【公差对齐】选项组 若选择【对齐小数分隔符】单选项，则上、下极限偏差或上、下极限尺寸以小数点对齐；若选择【对齐运算符】单选项，则上、下极限偏差以运算符对齐。

（3）【消零】选项组 与【主单位】选项卡中的设置方法相同，不再赘述。

在对前六个选项卡进行设置后，【公差】选项卡保持默认设置即可。当完成所有设置后，单击【确定】按钮返回【标注样式管理器】对话框，若要以【GB-5】样式为当前标注样式，可以单击【样式】列表框中的【GB-5】选项使之亮显，再单击【置为当前】按钮。最后单击【关闭】按钮关闭对话框。

此外，对于创建完成的标注样式，可在功能区【默认】选项卡的【注释】面板中展开【标注样式】下拉列表，选择要设置为当前标注样式的标注样式，如图 8-21 所示。也可在功能区展开【注释】选项卡，在【标注】面板的【标注样式】下拉列表中选择要设置为当前标注样式的标注样式，如图 8-22 所示。

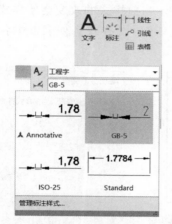

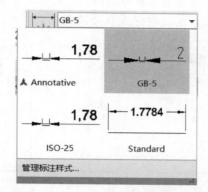

图 8-21 【默认】选项卡的【注释】面板 　　　图 8-22 【注释】选项卡的【标注】面板

8.3　标注样式的其他操作

在图 8-2 所示【标注样式管理器】对话框中，除了可以单击【新建】按钮创建尺寸标注样式，还可以进行尺寸标注样式的修改、删除、替代和比较等。

1. 修改尺寸标注样式

在图 8-2 所示【标注样式管理器】对话框的【样式】列表框中单击选择要修改的尺寸标注样式名称使其亮显，然后单击【修改】按钮就会打开【修改标注样式】对话框，具体修改方法与创建尺寸标注样式相同，修改完毕单击【确定】按钮就可以完成尺寸标注样式的修改。

2. 删除尺寸标注样式

如果要删除一个没有使用的样式，或者对某个样式进行重命名，则可以在【标注样式管理器】对话框【样式】列表框中的尺寸标注样式名称上单击鼠标右键，弹出的快捷菜单如图 8-23 所示，单击选择【删除】或【重命名】选项即可。需要注意的是当前样式和已经使用的样式是不能被删除的。

3. 尺寸标注样式替代

在标注尺寸的过程中会需要标注尺寸公差等特殊样式，而为每一种尺寸公差设置一种标注样式又很繁琐且耗时，这时可以利用样式替代功能为这些特殊样式建立一个临时标注样式。临时标注样式是在当前样式的基础上修改而成的。

可以在【标注样式管理器】对话框【样式】列表框中单击选择一种基础样式，如【GB-5】，单击【置为当前】按钮将其置为当前样式，然后单击【替代】按钮，系统会弹出【替代当前样式】对话框，根据需要进行修改后单击【确定】按钮，返回【标注样式管理器】对话框，这时【样式】列表框中当前样式下会多一个名为【样式替代】的临时样式，如图 8-24 所示。这时临时样式已经替代了当前样式，可以用于标注尺寸了。

使用临时标注样式后，可以利用改变当前样式的方法删除临时标注样式，也可以在样式上使用鼠标右键快捷菜单直接删除。选中另外一个标注样式，单击【置为当前】按钮，系统会弹出如图 8-25 所示的【AutoCAD 警告】对话框，提示当前样式的改变会使样式替代被放弃，也就是会删除临时标注样式。单击【确定】按钮。这时【样式】列表框中名为【样式替代】的临时样式就会消失。

图 8-23　快捷菜单

图 8-24　【样式替代】的临时样式

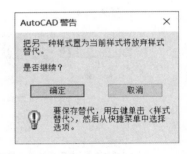
图 8-25　【AutoCAD 警告】对话框

4. 比较尺寸标注样式

标注样式的参数较多，人工对比两种标注样式的区别较困难，因此 AutoCAD 在【标注样式管理器】对话框中设置了样式比较功能。可以利用该功能对尺寸标注样式的各个参数进行比较，从而了解不同样式的总体特性。

单击【标注样式管理器】对话框的【比较】按钮，打开【比较标注样式】对话框，如图 8-26 所示。分别在【比较】和【与】下拉列表中选择参与比较的两个样式，下方的列表框中便会显示两种尺寸样式同一参数的不同数值，

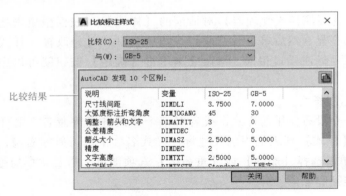
图 8-26　【比较标注样式】对话框

8.4　尺寸标注类型和方法

完成尺寸标注样式的设置后，就可以使用各种尺寸标注命令进行尺寸标注了。首先将所要采用的尺寸标注样式设置为当前标注样式，有如下三种方法。

1）在【标注样式管理器】对话框的【样式】列表框中选择标注样式（如【GB-5】），

单击【置为当前】按钮，再单击【确定】按钮。

2）在功能区【默认】选项卡的【注释】面板中展开【标注样式】下拉列表，选择标注样式（如【GB-5】）将其设置为当前标注样式，如图8-21所示。

3）在功能区展开【注释】选项卡，在【标注】面板的【标注样式】下拉列表中选择标注样式（如【GB-5】），将其设置为当前标注样式，如图8-22所示。

图8-27 【标注】面板

功能区【注释】选项卡的【标注】面板如图8-27所示。

【标注】按钮：在一次调用命令的过程中创建多种类型的尺寸标注。

【标注样式】下拉列表：可在展开的下拉列表中选择已经设置好的尺寸标注样式，以将其作为当前标注样式。也可以选择已创建的尺寸标注，在【标注样式】下拉列表中查看其标注样式。

【线性】按钮及【尺寸标注】下拉列表：单击右侧的下拉按钮可打开【尺寸标注】下拉列表。

【快速标注】按钮：单击此按钮，可为选定对象快速创建一系列尺寸标注，特别适合于创建一系列的基线标注或连续标注，或者为一系列圆或圆弧创建尺寸标注。

【连续标注】按钮及其下拉列表：单击此按钮，可以创建从刚创建的尺寸标注的尺寸界线开始的标注，此时各尺寸标注的尺寸线对齐。单击右侧的下拉按钮，可以选择是基线标注还是连续标注。

【标注样式】按钮：单击此按钮可打开【标注样式管理器】对话框，可用该对话框创建和管理标注样式。

【几何公差】按钮：单击此按钮可打开【形位公差】对话框，可用该对话框标注几何公差。

8.4.1 线性尺寸标注

【线性】命令可用于标注水平或竖直方向的尺寸，而不能标注倾斜的尺寸，其调用方式有如下几种。

菜单栏：【标注】→【线性】命令。

功能区：【注释】选项卡→【标注】面板→【线性】按钮。

命令窗口：输入"dimlinear"，按<Enter>键或空格键确认。

【例8-1】 用【GB-5】标注样式标注如图8-28所示尺寸8。

把【GB-5】标注样式置为当前样式，调用【线性】命令，命令窗口提示及操作如下。

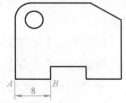

图8-28 线性尺寸标注

命令：_dimlinear

指定第一条尺寸界线原点或 <选择对象>：//捕捉点A

指定第二条尺寸界线原点： //捕捉点 B

指定尺寸线位置或［多行文字（M）/文字（T）/角度（A）/水平（H）/垂直（V）/旋转（R）］：

　　　　　　　　　　　　　　　　　　　　//移动鼠标并单击指定尺寸线放置位置

标注文字 = 8 //系统自动标注尺寸数字

可以直接在"指定第一条尺寸界线原点或 <选择对象>:"提示下按<Enter>键选择要标注的对象。

由例 8-1 可以看出在"指定尺寸线位置或［多行文字（M）/文字（T）/角度（A）/水平（H）/垂直（V）/旋转（R）］:"提示下，可以直接指定尺寸线位置，系统会测量并标注两点之间的水平或竖直距离。其他选项含义介绍如下。

［多行文字（M）］：输入"m"，可以打开【在位文字编辑器】窗口，其中的文本框会显示 AutoCAD 自动测量的尺寸数字（反白显示），可以在反白显示的数字前、后加上需要的字符，也可以修改反白显示的数字。编辑完毕关闭【在位文字编辑器】窗口即可。

［文字（T）］：以单行文本形式输入尺寸文字内容，其中，自动测量尺寸数字可以用"<>"代表。例如，要在自动测量的尺寸数字前加个"A"，则可以在命令窗口输入"A<>"。

［角度（A）］：设置尺寸文字的倾斜角度。

［水平（H）］和［垂直（V）］：用于选择水平或竖直标注方向，拖动鼠标也可以切换水平和竖直标注方向。

［旋转（R）］：根据提示输入角度，尺寸线便会按指定的角度旋转。

【例 8-2】 标注如图 8-29 所示尺寸。

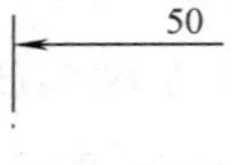

1）新建【抑制样式】尺寸标注样式。在【标注样式管理器】对话框中选择【样式】列表框中的【GB-5】样式，然后单击【新建】按钮打开【创建新标注样式】对话框，在【新样式名】文本框中输入样式名称"抑制样式"，单击【继续】按钮。

图 8-29　隐藏尺寸
线和尺寸界线

2）在打开的【新建标注样式】对话框中展开【线】选项卡（参照图 8-4）。在【尺寸线】选项组中勾选【尺寸线 2】复选框，在【尺寸界线】选项组中勾选【尺寸界线 2】复选框。其他内容不做任何修改，单击【确定】按钮即完成新样式设置。

3）按例 8-1 所述方式选择尺寸界线点，选择［文字（T）］选项标注尺寸数字"50"。

8.4.2 对齐尺寸标注

【对齐】命令用于将尺寸线始终与被标注对象平行进行标注，也可以标注水平或竖直方向的尺寸，完全代替【线性】命令，但是，线性尺寸标注不能标注倾斜的尺寸。其调用方式如下。

菜单栏：【标注】→【对齐】命令。

功能区：【注释】选项卡→【标注】面板→【尺寸标注】下拉列表→【对齐】按钮。

命令窗口：输入"dimaligned"，按<Enter>键或空格键确认。

【例 8-3】 用【GB-5】标注样式标注如图 8-30 所示尺寸 8。

把【GB-5】标注样式置为当前样式，调用【对齐】命令，命令窗口提示及操作如下。

命令：_dimaligned

指定第一条尺寸界线原点或 <选择对象>:↙ //切换到选择标注对象状态

选择标注对象：　　　　　　　　　　　　　　//移动鼠标指针到斜边上,单击鼠标左键

　　　　　　　　　　　　　　　　　　　　　　　选择对象

指定尺寸线位置或[多行文字(M)/文字(T)/角度(A)]：

　　　　　　　　　　　　　　　　　　　　　　//指定尺寸线的位置,完成斜边的标注

标注文字 =8

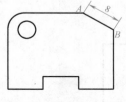

图 8-30　对齐尺寸标注

也可以选择点 A、点 B,然后在适当的空白位置单击鼠标左键放置尺寸线,这样尺寸线便会与直线 AB 平行。

8.4.3　半径和直径标注

1. 圆视图上的半径和直径标注

可直接调用【半径】和【直径】命令进行标注,其调用方式有如下几种。

菜单栏：【标注】→【半径】命令或【直径】命令。

功能区：【注释】选项卡→【标注】面板→【尺寸标注】下拉列表→【半径】按钮 ⟨ 或【直径】按钮 ⊘。

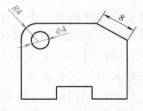

图 8-31　半径和直径尺寸标注

命令窗口：输入"dimradius"（半径）或"dimdiameter"（直径）,按<Enter>键或空格键确认。

【例 8-4】　用【GB-5】标注样式标注如图 8-31 所示半径和直径尺寸。

把【GB-5】标注样式置为当前样式,调用【半径】命令,命令窗口提示及操作如下。

命令：_dimradius

选择圆弧或圆：　　　　　　　　　　　　　　//拾取圆角圆弧

标注文字 =4

指定尺寸线位置或[多行文字(M)/文字(T)/角度(A)]：//拖动鼠标指针,确定尺寸线位置

把【GB-5】标注样式置为当前样式,调用【直径】命令,命令窗口提示及操作如下。

命令：_dimdiameter

选择圆弧或圆：　　　　　　　　　　　　　　//拾取圆

标注文字 =4

指定尺寸线位置或[多行文字(M)/文字(T)/角度(A)]：//拖动鼠标指针,确定尺寸线位置

2. 非圆视图上的直径标注

在如图 8-32 所示非圆视图上标注直径时,系统无法识别其是直径值,此时可以为这种标注需求专门建立一个【非圆直径】标注样式。【非圆直径】标注样式中的参数与【GB-5】标注样式的参数基本相同,只是需要在【新建标注样式】对话框的【主单位】选项卡中,

在【线性标注】选项组【前缀】文本框中输入"%%c"以添加直径符号。接着选用【非圆直径】标注样式并调用【线性】命令，即可标注出如图 8-32 所示尺寸 $\phi30$ 和 $\phi49$。

3. 折弯标注和弧长标注

使用【GB-5】标注样式，单击【折弯】按钮 可以标注折弯半径。单击【弧长】按钮 可以标注弧长，如图 8-33 所示。

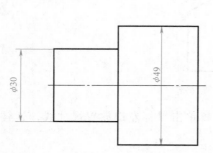

图 8-32　非圆视图的直径尺寸标注

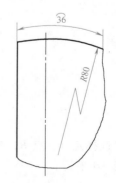

图 8-33　折弯标注和弧长标注

8.4.4　角度尺寸标注

【角度】命令用于标注圆弧对应的中心角、不平行直线形成的夹角等，所要标注的两条直线必须能够相交，不能标注平行的直线。国家标准规定，在工程图样中标注的角度值的文字须都是水平放置的，而在【GB-5】标注样式中的尺寸数值都是与尺寸线对齐的，所以，不能直接用【GB-5】标注样式进行角度标注，需要建立一个【角度】标注样式。【角度】标注样式的建立步骤如下。

1）在【标注样式管理器】对话框的【样式】列表框中选择【GB-5】选项，然后单击【新建】按钮。

2）在弹出的【创建新标注样式】对话框中，不需要输入新样式名，在【用于】下拉列表中选择【角度标注】选项，单击【继续】按钮。

3）在弹出的【新建样式标注】对话框中展开【文字】选项卡，在【文字对齐】选项组中选择【水平】选项，单击【确定】按钮。

4）回到【标注样式管理器】对话框，这时在【GB-5】下方出现了【角度】子样式，如图 8-34 所示。

图 8-34　【标注样式管理器】
对话框【样式】列表框

提示　按上述操作新建的【角度】子样式与前面新建的【非圆直径】【抑制样式】标注样式的显示有所不同。这是因为前面新建的【非圆直径】【抑制样式】标注样式是用于所有标注的，而【角度】子样式仅用于角度标注且是属于【GB-5】的子样式，其在【注释】选项卡【标注】面板的【标注样式】下拉列表中不显示。因此，在进行角度标注时，直接使用【GB-5】即可。

【角度】命令的调用方式有如下几种。

菜单栏：【标注】→【角度】命令。

功能区：【注释】选项卡→【标注】面板→【尺寸标注】下拉列

表→【角度】按钮△。

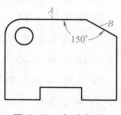

图 8-35 角度标注

命令窗口：输入"dimangular"，按<Enter>键或空格键确认。

【例 8-5】 用【角度】命令标注如图 8-35 所示的角度尺寸。

设置【GB-5】标注样式为当前样式，调用【角度】命令，命令

窗口提示及操作如下。

命令：_dimangular

选择圆弧、圆、直线或 <指定顶点>：   //选择直线 A

选择第二条直线：   //选择直线 B

指定标注弧线位置或 [多行文字(M)/文字(T)/角度(A)/象限点(Q)]：

        //指定尺寸线的放置位置

标注文字 =150

如果要标注圆弧，可以直接在"选择圆弧、圆、直线或 <指定顶点>："提示下选择圆弧。如果要标注三点间的角度，可以在"选择圆弧、圆、直线或 <指定顶点>："提示下直接按<Enter>键或空格键，然后指定角的顶点，再指定另两点。

8.4.5 连续标注

【连续】命令用于从某一个尺寸界线开始，按顺序标注一系列尺寸，相邻的尺寸共用一条尺寸界线，而且所有的尺寸线都在同一条直线上。该命令的调用方式有如下几种。

菜单栏：【标注】→【连续】命令。

功能区：【注释】选项卡→【标注】面板→【连续】按钮├┼┤。

命令窗口：输入"dimcontinue"，按<Enter>键或空格键确认。

【例 8-6】 用【GB-5】标注样式标注如图 8-36 所示尺寸。

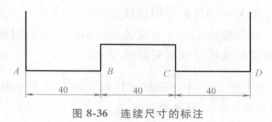

图 8-36 连续尺寸的标注

先用【线性】命令标注点 A、点 B 之间的尺寸，设置【GB-5】样式为当前样式，调用【线性】命令，命令窗口提示及操作如下。

命令：_dimlinear

指定第一条尺寸界线原点或 <选择对象>：   //捕捉点 A

指定第二条尺寸界线原点：   //捕捉点 B

指定尺寸线位置或[多行文字(M)/文字(T)/角度(A)/水平(H)/垂直(V)/旋转(R)]：

        //指定尺寸线放置位置

标注文字 =40

调用【连续】命令，命令窗口提示及操作如下。

命令：_dimcontinue

指定第二条尺寸界线原点或 [选择(S)/放弃(U)] <选择>:　　　//捕捉点 C

标注文字 = 40

指定第二条尺寸界线原点或 [选择(S)/放弃(U)] <选择>:　　　//捕捉点 D

标注文字 = 40

指定第二条尺寸界线原点或 [选择(S)/放弃(U)] <选择>:✓

选择连续标注:✓　　　　　　　　　　　　　　　　　//结束标注

【连续】命令不能独立生成尺寸标注，必须以已经存在的线性、坐标或角度标注作为基准，系统默认以刚创建的尺寸标注为基准进行标注，并会以该尺寸的第二条尺寸界线作为连续尺寸标注的第一条尺寸界线。若想将其他尺寸标注作为基准，则应在【连续】命令提示"指定第二条尺寸界线原点或 [放弃（U）/选择（S）] <选择>:"时直接按<Enter>键或空格键，切换到默认选项，命令窗口会提示"选择连续标注:"，此时选择要作为标注基准的尺寸标注即可，系统会以该尺寸标注靠近拾取点的尺寸界线作为连续标注的第一条尺寸界线。

8.4.6 基线标注

【基线】命令（命令按钮为⊟）用于以某一尺寸界线为基准位置，沿某一方向标注一系列尺寸，所有尺寸共用一条基准尺寸界线，如图 8-37 所示。标注方法和步骤与【连续】命令类似，也应该先标注或选择一个尺寸标注作为基准标注。

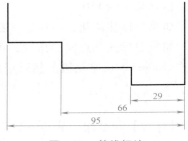

图 8-37　基线标注

8.4.7 快速标注

AutoCAD 将常用标注方式综合成了一个方便的【快速标注】命令，调用该命令时，不再需要确定尺寸界线的起点和终点，只需选择需要标注的对象，如直线、圆、圆弧等，就可以快速标注这些对象的尺寸。

> 提示　【快速标注】命令特别适合于基线标注方式、连续标注方式，以及一系列圆的半径、直径尺寸标注。

8.4.8 快速引线标注

【快速引线标注】命令用于标注一些说明或注释性文字，引线标注一般由箭头、引线和注释文字构成，如图 8-38 所示。

在创建引线标注之前需要先进行引线标注样式设置。在命令窗口输入"qleader"调用【快速引线标注】命令，在"指定第一个引线点或 [设置（S）] <设置>:"提示下直接按<Enter>键或空格键确认，打开的【引线设置】对话框如图 8-39 所示。利用该对话框可以对引线标注的注释类型、箭头、引线等进行设置。

图 8-38　引线标注

（1）【注释】选项卡　分为【注释类型】【多行文字选项】【重复使用注释】三个选项组。

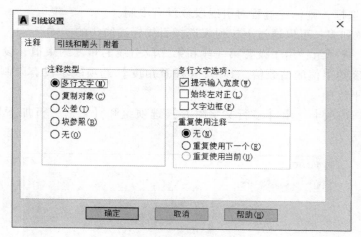

图 8-39 【引线设置】对话框

【注释类型】选项组：常用的是【多行文字】和【公差】选项，【多行文字】选项用于添加文字注释，【公差】选项用于标注几何公差。

【多行文字选项】选项组：勾选【提示输入宽度】复选框，则命令窗口提示输入文字的宽度；勾选【始终左对正】复选框，则可设置多行文字左对齐；勾选【文字边框】复选框，则可设置是否为注释文字加边框。

【重复使用注释】选项组：选择【无】单选项，则引线标注不重复使用，每次调用【快速引线标注】命令时都需手工输入注释文字的内容；选择【重复使用下一个】单选项，则重复使用为后续引线标注创建的下一个注释；【重复使用当前】单选项会在【重复使用下一个】单选项被选择时自动选中，标注时会重复使用当前注释。

（2）【引线和箭头】选项卡　分为【引线】【点数】【箭头】【角度约束】四个选项组，如图 8-40 所示。

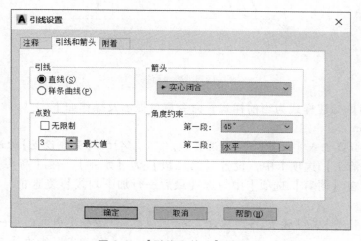

图 8-40 【引线和箭头】选项卡

【引线】选项组：用于设置引线形式是直线还是样条曲线。

【点数】选项组：可在【最大值】文本框中设置一个引线标注中引线的最多段数；若勾

选【无限制】复选框，则标注过程对引线段数没有限制。

【箭头】下拉列表：可以通过下拉列表选择引线标注箭头的样式。

【角度约束】选项组：用于设置第一段和第二段引线的角度约束值，设置后，引线的倾斜角度只能是角度约束值的整数倍。其中，【任意角度】选项表示没有限制，【水平】选项表示引线只能水平绘制。

（3）【附着】选项卡　由【多行文字附着】选项组和【最后一行加下划线】复选框组成，如图 8-41 所示。

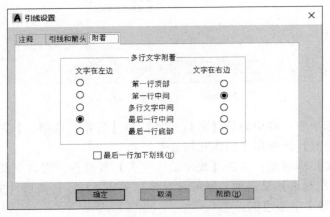

图 8-41　【附着】选项卡

【多行文字附着】选项组：可以使用左、右两组单选按钮，设置当注释文字位于引线左边或右边时文字的对齐位置。

【最后一行加下划线】复选框：勾选该复选框，则会给最后一行文字加下画线。

【例 8-7】　用【GB-5】标注样式标注如图 8-42 所示尺寸。

图 8-42　标注

设置【GB-5】标注样式为当前样式，命令窗口提示及操作如下。

命令：qleader

指定第一个引线点或 [设置(S)] <设置>：✓　　　//打开【引线设置】对话框

在【引线和箭头】选项卡中，设置【第二段】为【水平】，在【箭头】下拉列表中选择【无】选项，在【附着】选项卡中勾选【最后一行加下划线】复选框。继续根据命令窗口提示进行操作。

指定第一个引线点或 [设置(S)] <设置>：　　　　　　　//指定引线的第一点，即点 A

指定下一点：　　　　　　　　　　　　　　　　　　//指定引线的第二点，即点 B

指定下一点：　　　　　　　　　　　　　　　　　　//指定引线的第三点，即点 C

指定文字宽度 <0>：✓

输入注释文字的第一行 <多行文字(M)>：2×45%%d　//输入文字注释

输入注释文字的下一行：↙   //结束标注

8.4.9 尺寸公差标注

尺寸公差是指尺寸误差的允许变动范围，在这个范围内生产出的产品是合格的。尺寸公差取值的恰当与否，直接决定了机件的加工成本和使用性能。工程图样中的零件图或装配图中都必须标注尺寸公差。

为了标注带有尺寸公差的尺寸，需要先建立一个【公差样式】标注样式。【公差样式】标注样式中的参数与【GB-5】标注样式中的参数差不多，需要修改的参数在【公差】选项卡中，如图 8-43 所示。在【公差格式】选项组中将【方式】选择为【极限偏差】，【精度】设为 0.000，精度值应根据不同机件的具体要求而设定，【上偏差】设置为 0.029，【下偏差】设置为 0.018，【高度比例】设为 0.6，【垂直位置】选择为【下】。

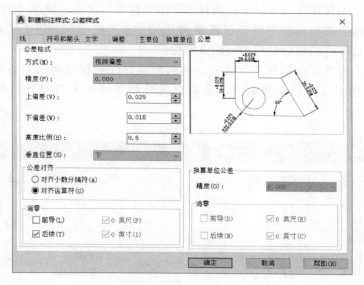

图 8-43 【公差】选项卡

【例 8-8】 用【公差样式】标注样式标注如图 8-44 所示尺寸。

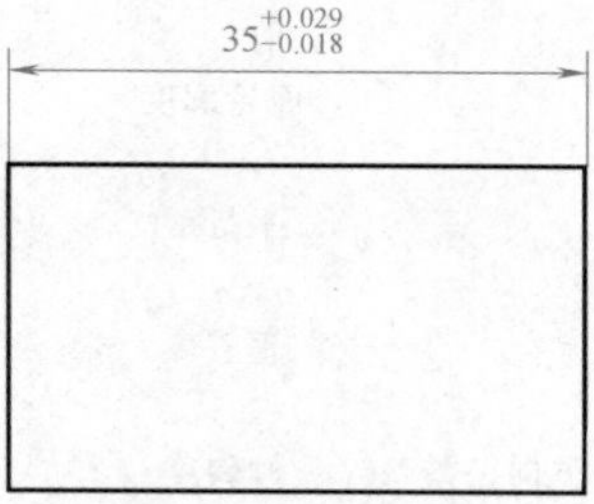

设置【公差样式】标注样式为当前样式，调用【线性】命令，命令窗口提示及操作如下。

命令：_dimlinear

指定第一条尺寸界线原点或 <选择对象>：   //指定第一点

指定第二条尺寸界线原点：   //指定第二点

图 8-44 尺寸公差标注

指定尺寸线位置或[多行文字(M)/文字(T)/角度(A)/水平(H)/垂直(V)/旋转(R)]：
                                        //指定尺寸线的位置

按照上述方法建立并选择【公差样式】标注样式，则所标注尺寸的尺寸公差值将都是一样的，若要标注不同尺寸公差值的尺寸，可以在【公差样式】的基础上进行样式替代，建立一种临时标注样式。样式替代的步骤如下。

1）打开【标注样式管理器】对话框，在【样式】列表框中选择【公差样式】，再单击【替代】按钮。

2）在打开的【替代当前样式：公差样式】对话框中，展开【公差】选项卡进行修改，修改完毕后单击【确定】按钮。

3）回到【标注样式管理器】对话框，在【公差样式】下方会多一个【样式替代】标注样式，单击【关闭】按钮退出，样式替代设置完成，进行标注即可。在标注不同公差值时，每次都要打开【标注样式管理器】对话框进行样式替代。

> 提示　可以使用【特性】选项板修改公差设置。

8.4.10　几何公差标注

零件加工后，不仅存在尺寸误差，而且会产生几何形状误差，以及某些要素的相对位置误差。机器中某些要求较高的零件不仅需要满足尺寸公差的要求，还要满足几何公差的要求，这样才能满足零件的使用要求和装配互换性。

国家标准规定用符号来标注几何公差。几何公差标注包括几何公差各种几何特征的符号、公差框格及指引线、公差数值，以及基准代号和其他有关符号等，几何特征和符号见表 8-1。

表 8-1　几何特征和符号

公差类型	几何特征	符号	基准	公差类型	几何特征	符号	基准
形状公差	直线度	—	无	位置公差	位置度	⊕	有或无
	平面度	▱			同心度（用于中心点）	◎	
	圆度	○			同轴度（用于轴线）	◎	
	圆柱度	⌭			对称度	=	有
	线轮廓度	⌒			线轮廓度	⌒	
	面轮廓度	⌓			面轮廓度	⌓	
方向公差	平行度	//	有	跳动公差	圆跳动	↗	有
	垂直度	⊥			全跳动	⌰	
	倾斜度	∠					
	线轮廓度	⌒					
	面轮廓度	⌓					

单击【几何公差】按钮 ⊞ 可以标注几何公差，但无法直接绘制引线，而【引线设置】对话框中设有【公差】选项，因此可以直接利用【快速引线标注】命令标注几何公差。

【例 8-9】 调用【快速引线标注】命令标注如图 8-45 所示的几何公差。

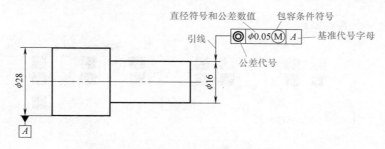

图 8-45 几何公差的标注

1）调用【快速引线标注】命令，命令窗口提示及操作如下。

命令：qleader ↙

指定第一个引线点或[设置(S)]<设置>：↙   //打开【引线设置】对话框

在【引线设置】对话框【注释】选项卡的【注释类型】选项组中选择【公差】选项，如图 8-46 所示。

2）【引线和箭头】选项卡的设置如图 8-47 所示。单击【确定】按钮返回绘图状态。

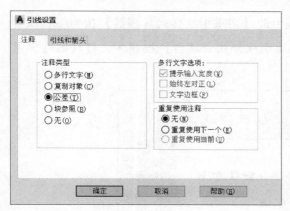

图 8-46 【注释】选项卡设置   图 8-47 【引线和箭头】选项卡设置

3）在命令窗口提示下继续进行标注。

指定第一个引线点或[设置(S)]<设置>：   //指定引线第一点

指定下一点：   //指定引线第二点

指定下一点：   //指定引线终点，系统弹出【形位公差】
                                              对话框

4）【形位公差】对话框的设置如图 8-48 所示，单击对话框中的【确定】按钮完成标注。

若单独调用标注【几何公差】命令而不绘制引线，【形位公差】对话框的设置与图 8-48 没有区别，只是公差设置完成后，单击【确定】按钮关闭对话框后需要指定公差位置。

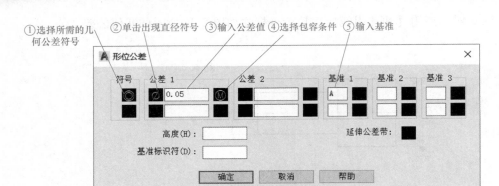

①选择所需的几何公差符号　②单击出现直径符号　③输入公差值　④选择包容条件　⑤输入基准

图 8-48　【形位公差】对话框设置

8.4.11　多重引线

调用【多重引线】命令同样可以实现引线标注的功能。只是需要首先设置多重引线样式。

1. 标注倒角

单击【默认】选项卡展开的【注释】面板上的【多重引线样式管理器】按钮 ，或者【注释】选项卡展开的【引线】面板上的【多重引线样式管理器】按钮 ，打开的【多重引线样式管理器】对话框如图 8-49 所示。

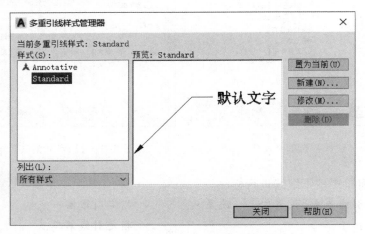

图 8-49　【多重引线样式管理器】对话框

单击【新建】按钮，在弹出的【创建多重引线样式】对话框中输入新样式名称为"倒角样式"，单击【继续】按钮，弹出的【修改多重引线样式：倒角样式】对话框如图 8-50所示。修改【箭头】选项组的【符号】为【无】。

展开【引线结构】选项卡，按图 8-51 所示进行设置。再展开【内容】选项卡，按图 8-52 所示进行设置。单击【确定】按钮完成样式设置，返回【多重引线样式管理器】对话框，在【样式】列表框中选择【倒角样式】选项，然后单击【置为当前】按钮，把【倒角】引线样式设为当前样式。

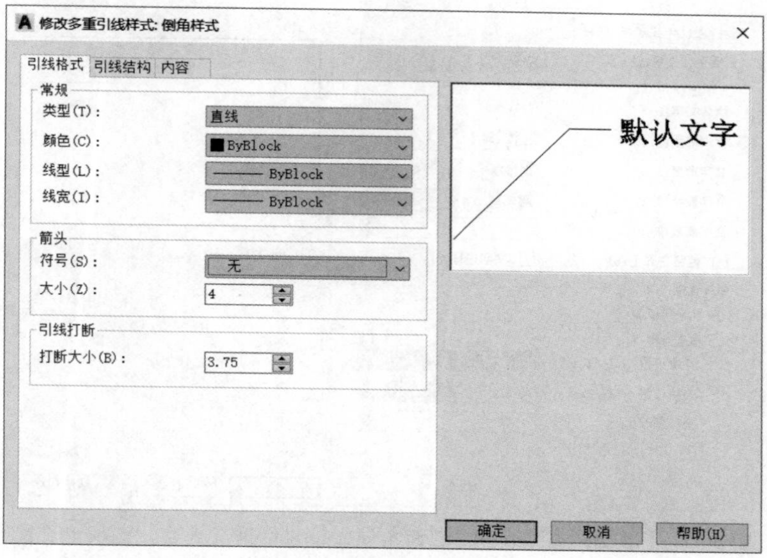

图 8-50　【修改多重引线样式：倒角样式】对话框设置

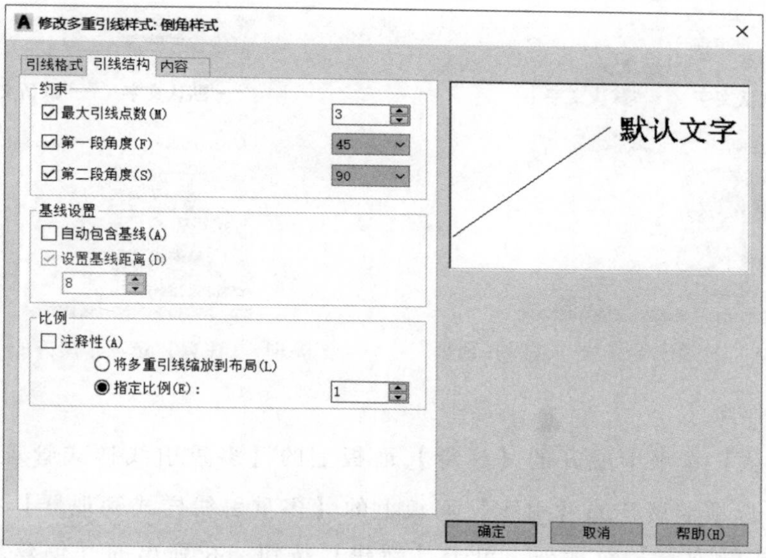

图 8-51　【修改多重引线样式：倒角样式】对话框【引线结构】选项卡设置

　　可以在功能区【默认】选项卡展开【注释】面板，在【多重引线样式】下拉列表中选择要置为当前样式的引线样式，如图 8-53 所示。也可以在功能区【注释】选项卡展开【引线】面板，在【多重引线样式】下拉列表中选择要置为当前样式的引线样式，如图 8-54所示。

　　单击功能区【默认】选项卡【注释】面板或【注释】选项卡【引线】面板上的【多重引线】按钮 ，可以参考例 8-9 的方法标注倒角。

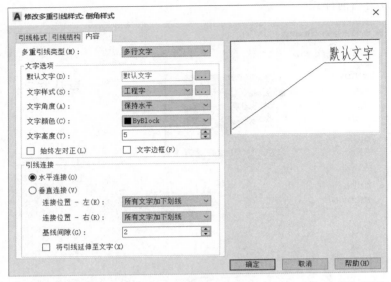

图 8-52　【修改多重引线样式：倒角样式】对话框【内容】选项卡设置

图 8-53　【默认】选项卡展开的【注释】面板

图 8-54　【注释】选项卡展开的【引线】面板

2. 标注零件序号

单击【默认】选项卡展开的【注释】面板上的【多重引线样式管理器】按钮，或者【注释】选项卡展开的【引线】面板上的【多重引线样式管理器】按钮，打开【多重引线样式管理器】对话框。单击【新建】按钮，在弹出的【创建新多重引线样式】对话框中输入新样式名称为"零件序号样式"，单击【继续】按钮，弹出的【修改多重引线样式：零件序号样式】对话框如图 8-55 所示。修改【箭头】选项组的【符号】为【点】。

依次展开【引线结构】选项卡和【内容】选项卡，按图 8-56 和图 8-57 所示进行设置。单击【确定】按钮完成样式设置，返回【多重引线样式管理器】对话框，在【样式】列表框中选择【零件序号样式】选项，然后单击【置为当前】按钮，把【零件序号样式】引线样式设为当前样式。

单击功能区【默认】选项卡【注释】面板或【注释】选项卡【引线】面板上的【多重

引线】按钮，可以标注装配图中的零件序号，命令窗口提示及操作如下。

命令：_mleader

指定引线箭头的位置或［引线基线优先(L)/内容优先(C)/选项(O)］<选项>：

指定引线基线的位置：　　　　　　　　//指定引线位置

输入属性值

输入标记编号 <TAGNUMBER>：2 ↙　　　　　　//输入编号，生成的编号标注如
图 8-58 所示

图 8-55　【修改多重引线样式：零件序号样式】对话框设置

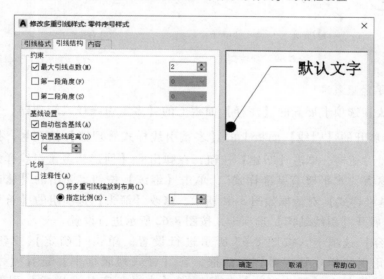

图 8-56　【修改多重引线样式：零件序号样式】对话框【引线结构】选项卡设置

3. 标注对齐与合并

功能区【默认】选项卡【注释】面板【引线】下拉列表中有【对齐】和【合并】

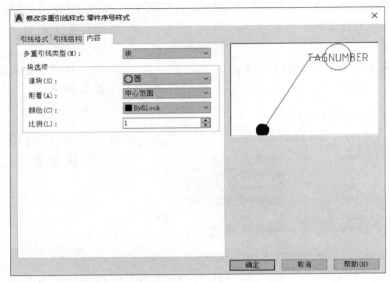选项，选择【对齐】选项可以使标注对齐，如图 8-59 所示，选择【合并】选项可以合并标注，如图 8-60 所示。

图 8-57 【修改多重引线样式：零件序号样式】对话框【内容】选项卡设置

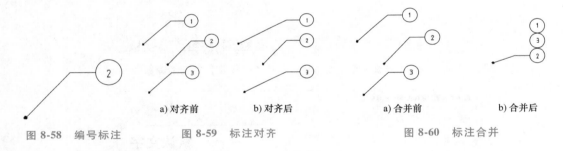

a) 对齐前 b) 对齐后   a) 合并前   b) 合并后

图 8-58　编号标注　　　　图 8-59　标注对齐　　　　图 8-60　标注合并

4. 标注水平竖直基准

单击【默认】选项卡展开的【注释】面板上的【多重引线样式管理器】按钮，或者【注释】选项卡展开的【引线】面板上的【多重引线样式管理器】按钮，打开【多重引线样式管理器】对话框。单击【新建】按钮，在弹出的【创建新多重引线样式】对话框中输入新样式名称为"水平竖直基准样式"，单击【继续】按钮，弹出的【修改多重引线样式：水平竖直基准样式】对话框如图 8-61 所示。修改【箭头】选项组的【符号】为【实心基准三角形】。展开【引线结构】选项卡，按图 8-62 所示进行设置。

展开【内容】选项卡，按图 8-63 所示进行设置。单击【确定】按钮完成样式设置，返回【多重引线样式管理器】对话框，在【样式列表框中】选择【水平竖直基准样式】选项，然后单击【置为当前】按钮，把【水平竖直基准样式】引线样式设为当前样式。

单击功能区【默认】选项卡【注释】面板或【注释】选项卡【引线】面板上的【多重引线】按钮，可以标注水平和竖直基准符号，命令窗口提示及操作如下。

命令: _mleader

指定引线箭头的位置或 [引线基线优先(L)/内容优先(C)/选项(O)]<选项>:

指定引线基线的位置: //指定引线位置

出现编辑属性对话框输入属性值

输入标记编号 <TAGNUMBER>:A ↙ //输入编号,重复上述操作,生成的 *A~D* 水平竖

直基准标注如图 8-64 所示

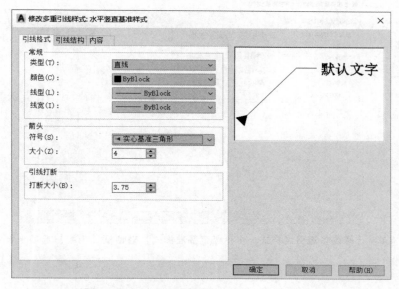

图 8-61 【修改多重引线样式: 水平竖直基准样式】对话框设置

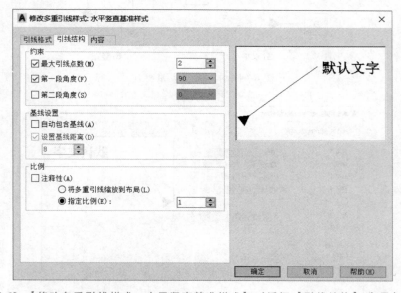

图 8-62 【修改多重引线样式: 水平竖直基准样式】对话框【引线结构】选项卡设置

5. 标注倾斜基准

单击【默认】选项卡展开的【注释】面板上的【多重引线样式管理器】按钮，或者

【注释】选项卡展开的【引线】面板上的【多重引线样式管理器】按钮 ↘，打开【多重引线样式管理器】对话框。单击【新建】按钮，在弹出的【创建新多重引线样式】对话框中输入新样式名称为"倾斜基准样式"，单击【继续】按钮，弹出的【修改新多重引线样式：倾斜基准样式】对话框如图 8-65 所示。修改【箭头】选项组的【符号】为【实心基准三角形】。展开【引线结构】选项卡，按图 8-66 所示进行设置。

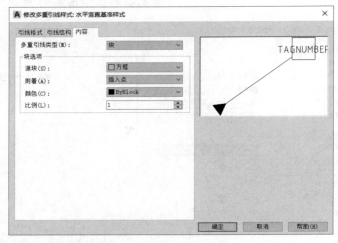

图 8-63 【修改多重引线样式：水平竖直基准样式】对话框【内容】选项卡设置

a) 水平　　　　　　　　　　　b) 竖直

图 8-64 水平竖直基准标注

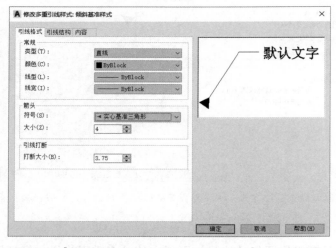

图 8-65 【修改多重引线样式：倾斜基准样式】对话框设置

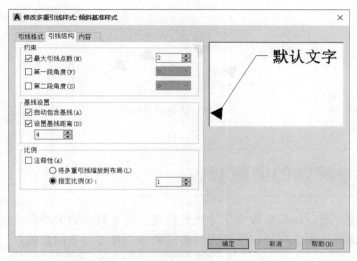

图 8-66 【修改多重引线样式：倾斜基准样式】对话框【引线结构】选项卡设置

展开【内容】选项卡，按图 8-67 所示进行设置。单击【确定】按钮完成样式设置，返回【多重引线样式管理器】对话框，在【样式列表框中】选择【倾斜基准样式】选项，然后单击【置为当前】按钮，把【倾斜基准样式】引线样式设为当前样式。

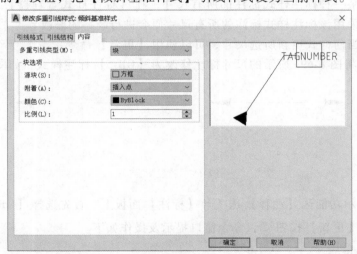

图 8-67 【修改多重引线样式：倾斜基准样式】对话框【内容】选项卡设置

单击功能区【默认】选项卡【注释】面板或【注释】选项卡【引线】面板上的【多重引线】按钮，可以标注倾斜基准，命令窗口提示及操作如下。

命令:_mleader
指定引线箭头的位置或[引线基线优先(L)/内容优先(C)/选项(O)]<选项>:
指定引线基线的位置: //指定引线位置
出现编辑属性对话框输入属性值
输入标记编号 <TAGNUMBER>:A↙ //输入编号,重复上述操作,生成的 A~D
倾斜基准标注如图 8-68 所示

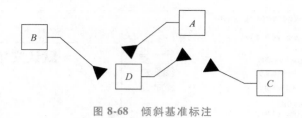

图 8-68　倾斜基准标注

8.5　尺寸标注的编辑修改

生成尺寸标注之后，如果要改变尺寸线的位置、尺寸数字的大小等，就需要使用尺寸编辑命令。尺寸编辑操作包括尺寸标注样式的修改和单个尺寸对象的修改。

> 提示　【特性】选项板也是一种编辑标注的重要工具。

8.5.1　标注更新

要修改采用某一种标注样式标注的所有尺寸，在【标注样式管理器】对话框中修改该标注样式即可，采用该标注样式标注的所有尺寸便会进行统一的修改。

如果要使用当前样式更新所选尺寸，可以使用【更新】命令。

【例 8-10】　将图 8-69a 所示的尺寸标注修改为【GB-5】标注样式，如图 8-69b 所示。

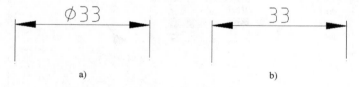

a)　　　　　　　　　　　　　b)

图 8-69　标注更新

在图 8-27 所示功能区【注释】选项卡【标注】面板上，首先选择【GB-5】为当前标注样式，然后单击【更新】按钮，命令窗口提示及操作如下。

命令:_dimstyle

当前标注样式:GB-5 注释性:否　　　　　　　//当前标注样式是【GB-5】

输入标注样式选项

[注释性(AN)/保存(S)/恢复(R)/状态(ST)/变量(V)/应用(A)/?]<恢复>:_apply

选择对象:　　　　　　　　　　　　　//选择尺寸对象(可以选择多个尺寸对象同
　　　　　　　　　　　　　　　　　　　时更新)

选择对象:↙　　　　　　　　　　　　//结束命令

8.5.2　编辑工具

在生成尺寸标注之后，可以利用图 8-27 所示功能区【注释】选项卡【标注】面板上的命令按钮进行相应的修改。

【打断】按钮 ⊹：单击此按钮，可以在标注内容或尺寸界线与其他对象的相交处打断或恢复标注内容或尺寸界线。

【调整间距】按钮 ⍚：单击此按钮，可以调整线性标注或角度标注之间的间距，且仅适用于平行的线性标注或共用一个顶点的角度标注，间距的大小可根据提示设置。

【折弯标注】按钮 ⋀：单击此按钮，可以在线性标注或对齐标注中添加或删除折弯线。

【检验】按钮 ☑：单击此按钮会打开【检验标注】对话框，可以在选定的尺寸标注上添加或删除检验标注。

【重新关联】按钮 ⊡：单击此按钮，可以将选定的尺寸标注关联或重新关联至某个对象或该对象上的点。

【倾斜】按钮 ⁄⁄：单击此按钮，可以编辑标注文字和尺寸界线。

【文字角度】按钮 ⤡：单击此按钮，可以移动和旋转标注文字并重新定位尺寸线。

【左对正】按钮 ⊢⊣：单击此按钮，可以使标注文字与左侧尺寸界线对齐。

【居中对正】按钮 ⊢⊣：单击此按钮，可以使标注文字显示在尺寸线中间位置。

【右对正】按钮 ⊢⊣：单击此按钮，可以使标注文字与右侧尺寸界线对齐。

【替代】按钮 ⊢⊿：单击此按钮，可以控制所选尺寸标注中使用的系统变量的替代值。

8.5.3 尺寸关联

依次选择【工具】→【选项】菜单命令可以打开【选项】对话框，在【系统设置】选项卡的【关联标注】选项组中选择【使新标注可关联】选项，便可使标注的尺寸与被标注的对象相关联。例如，对于完成尺寸关联设置的图形对象和尺寸标注，图形对象变化后，尺寸标注会自动关联更新，如图 8-70 和图 8-71 所示。

系统默认尺寸关联。利用这个特点，在修改被标注的图形对象后不必重新标注尺寸，非常方便。布局中的尺寸标注也可以与模型空间中的对象相关联。

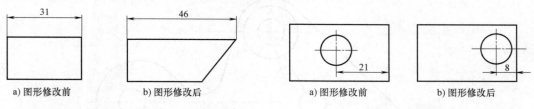

| a）图形修改前 | b）图形修改后 | a）图形修改前 | b）图形修改后 |

图 8-70 夹点编辑图形后的定形尺寸更新　　　图 8-71 移动图形后的定位尺寸更新

📝 思考与练习

1. 概念题

1）常用的尺寸标注样式有哪几种？应怎样设置？

2）怎样标注尺寸公差？

3）怎样标注几何公差？

4）怎样设置前缀和后缀？

5）怎样对已生成的尺寸标注进行编辑？

6）怎样理解和使用尺寸关联功能？

2. 绘图练习

灵活使用前面学习的绘图和编辑方法，绘制如图 8-72～图 8-75 所示图样，并标注尺寸。

1）

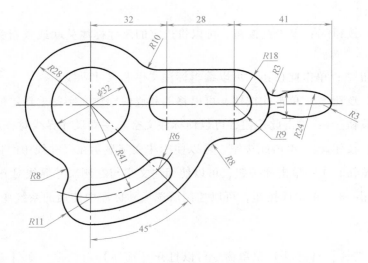

图 8-72　习题 2 1）图

2）

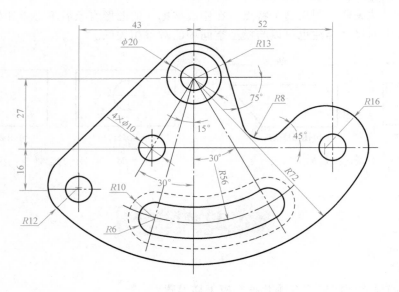

图 8-73　习题 2 2）图

3)

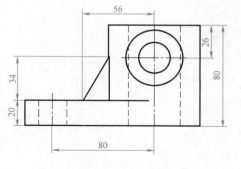
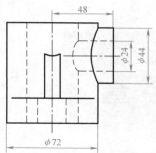

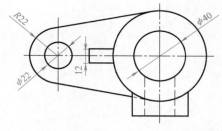

图 8-74 习题 2 3) 图

4)

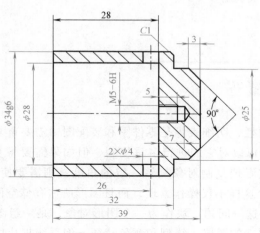

图 8-75 习题 2 4) 图

思政拓展：零件上的尺寸公差、几何公差等技术要求的实现往往需要熟练的工匠细心、耐心的打磨，扫描下方二维码观看大国工匠打磨自己精湛技艺的动人故事。

大国工匠
大技贵精

大国工匠
大道无疆

大国工匠
大任担当

第9章

块与外部参照

【本章重点】
- 创建内部块、外部块、插入块
- 带属性的块的相关操作
- 外部参照技术

9.1 块功能概述

　　表面结构符号、标题栏、明细表等是零件图和装配图中需要重复使用的图形对象，使用【复制】或【阵列】命令可以对它们进行多重复制，但如果需要将复制出的图像沿 X、Y 轴进行不同比例的缩放，或者把复制对象旋转一定的角度，则需要使用【比例缩放】和【旋转】命令进行二次处理。这样不仅操作繁琐，而且图形所占存储空间也会大大增加，而 AutoCAD 的块功能可以解决这一问题。块作为一个图形对象，是一组图形或文本的总和。在块中，每个图形要素有其独立的图层、线型和颜色特征，但系统把块中所有要素实体作为一个整体进行处理。将创建好的块以不同的比例因子和旋转角度插入到图形中时，AutoCAD 系统只记录插入点、比例因子和旋转角度等数据，因此块的内容越复杂、插入的次数越多，与普通绘制方法相比越节省储存空间。块主要有以下功能。

　　（1）提高绘图速度　用 AutoCAD 绘制机械图样时，经常遇到一些重复出现的图样，如表面结构符号、标准件等，如果把经常使用的图形组合制作为块，绘制它们时可以用插入块的方式实现。

　　（2）节省存储空间　AutoCAD 需要保存图样中每一个对象的相关信息，如对象的类型、位置、图层、线型、颜色等，这些信息要占用存储空间。例如，一个表面结构符号由直线和数字等多个对象构成，保存它要占用存储空间。如果一张图样上有较多的表面结构符号，就会占据较大的存储空间。如果把表面结构符号定义为块，绘图时把它插到图样中各个相应位置，这样既能满足绘图要求，又可以节约存储空间。

（3）便于修改 如果图样中用块绘制的图样有错误，可以按照正确的方法再次定义块，则图样中插入的所有块均会自动地修改。

（4）加入属性 像表面结构符号一样，同一类型的块可能有不同参数值，如果将不同参数值的块都单独制作为块既不方便，也不必要。AutoCAD 允许用户为块创建某些文字属性，这种属性是一个变量，允许根据需要输入内容，这就大大丰富了块的内涵，使块功能更加实用。

（5）交流方便 绘图者可以把自己常用的块保存好，以便与其他人交流使用。

功能区【默认】选项卡展开的【块】面板如图 9-1 所示，【插入】选项卡的【块】面板和【块定义】面板如图 9-2 所示，可以单击面板中的按钮来进行块功能的相关操作。使用块时，必须先创建需要的块，对块的各种属性进行定义，然后可以调用块的插入命令将块插入到图样的需要位置。

图 9-1 【块】面板

图 9-2 【插入】选项卡的部分面板

9.2 创建块

使用块之前要先创建块，AutoCAD 提供了内部块、外部块两种类型，下面分别进行介绍。

9.2.1 创建内部块

内部块是存储在当前图形文件中的块，只能在本图形文件中调用或使用设计中心共享。创建内部块需要打开【块定义】对话框，在其中完成设置。打开【块定义】对话框有如下几种方式。

菜单栏：【绘图】→【块】→【创建】命令。

功能区：【默认】选项卡→【块】面板→【创建】按钮，或者【插入】选项卡→【块定义】面板→【创建】按钮。

命令窗口：输入"block"或"b"，按空格键或按<Enter>键确认。

选择任何一种方式调用命令均可打开【块定义】对话框，如图 9-3 所示，对话框中各选项的含义介绍如下。

1.【名称】文本框

在【名称】文本框中输入想要创建的块名称，或者在下拉列表中选择已创建的块名称

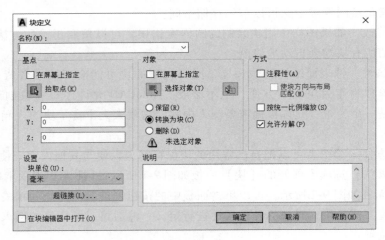

图 9-3 【块定义】对话框

对其进行重定义。

2. 【基点】选项组

【基点】选项组用于指定基点的位置。基点是指插入块时，鼠标指针附着在图块中的位置。AutoCAD 提供了以下三种指定基点的方法。

1）单击【拾取点】按钮⬛，对话框临时消失，用鼠标指针在绘图区域拾取要定义为块基点的点，此方法为最常用的指定块基点的方式。

2）在【X】【Y】【Z】文本框中分别输入 X、Y、Z 轴坐标值确定插入基点，其中 Z 轴坐标值通常设为 0。

3）如果勾选【在屏幕上指定】复选框，则上述两种指定基点的方式变为不可用，可在单击【确定】按钮后根据命令窗口提示在绘图区域指定块基点。

> 提示　原则上，块基点可以定义在任何位置，但该点是插入图块时的定位点，所以在拾取基点时，应选择一个在插入图块时能把图块的位置准确定位的特殊点。

3. 【对象】选项组

用于选择组成块的图形对象并定义对象的属性，有如下三种选择对象的方法。

1）单击【选择对象】按钮⬛，对话框临时消失，在绘图区域选择要定义为块的图形对象即可，完成选择后，按空格键或按<Enter>键返回【块定义】对话框。此方法是最常使用的选择对象的方法。

2）单击【快速选择】按钮⬛可打开【快速选择】对话框，可根据条件选择对象。

3）如果勾选【在屏幕上指定】复选框，则其下的【选择对象】按钮⬛变为不可用，可在单击【确定】按钮后根据命令窗口提示在绘图区域选择对象。

选项组下方的三个单选项的含义介绍如下。

【保留】：创建块以后，所选对象依然保留在图样中。

【转换为块】：创建块以后，所选对象转换成块参照，同时保留在图样中。一般选择此选项。

【删除】：创建块以后，所选对象从图样中删除。

4. 【方式】选项组

【方式】选项组用于设置块的属性。勾选【注释性】复选框，将块设为注释性对象（详见 13.3 节），进而自动根据注释比例调整插入的块参照的大小；勾选【按统一比例缩放】复选框，可以设置块对象按统一的比例进行缩放；勾选【允许分解】复选框，将块对象设置为允许被分解的模式，一般选择此选项（默认选项）。

5. 【设置】选项组

指定从 AutoCAD 设计中心拖动块时，用于缩放块的单位。例如，【块定义】对话框中设置【块单位】为【毫米】，若被拖放到图样中的块中的图形对象单位为米（在【图形单位】对话框中设置），则块被拖放到该图样中时会被缩小 1000 倍。通常选择【毫米】选项。

6. 【说明】文本框

可以在【说明】文本框中输入与块相关联的说明文字。

【例 9-1】 按照图 9-4 所示图形尺寸创建图 9-5 所示三个表面结构符号图块，名称分别为"基本符号""去除材料符号""不去除材料符号"。

图 9-4 表面结构符号尺寸

a) 基本符号 b) 去除材料符号 c) 不去除材料符号

图 9-5 表面结构符号

1）按照图 9-4 所示尺寸绘制如图 9-6 所示图形。

2）在功能区【默认】选项卡【修改】面板单击【复制】按钮，将图 9-6 所示图形复制出两份，如图 9-7 所示。

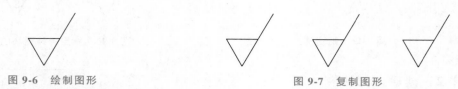

图 9-6 绘制图形

图 9-7 复制图形

3）在功能区【默认】选项卡【绘图】面板单击【相切，相切，相切】按钮，在图 9-6 所示的第三个图形中绘制三角形的内切圆，如图 9-8 所示。

4）在功能区【默认】选项卡【修改】面板单击【删除】按钮，删除图 9-6 所示的第一个和第三个图形中的多余水平图线，如图 9-9 所示。

图 9-8 绘制三角形内切圆

图 9-9 删除水平图线

5）在功能区【默认】选项卡【块】面板单击【创建】按钮，打开【块定义】对话框，在【名称】文本框输入"基本符号"，并进行设置，如图9-10所示。

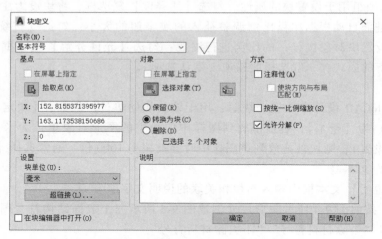

图9-10　设置【块定义】对话框

6）单击【拾取点】按钮，对话框临时消失，用鼠标指针在绘图区域拾取点 *A* 作为块的基点，如图9-11所示，返回【块定义】对话框。

7）单击【选择对象】按钮，对话框临时消失，用鼠标指针在绘图区域拾取第一个图形作为图块对象，按<Enter>键确定选择。

8）单击【确定】按钮，完成第一个图块的创建并关闭【块定义】对话框。

9）按照步骤5）~8）的方法，创建其他两个图块，基点分别选择点 *B* 和点 *C*，如图9-12所示。

图9-11　指定基点

图9-12　指定另外图块的基点

9.2.2　创建外部块

外部块是指保存为一个图形文件的块，在所有的 AutoCAD 图形文件中均可调用。

在命令窗口输入"wblock"或"w"后，按空格键或按<Enter>键可以打开的【写块】对话框，如图9-13所示。对话框中【基点】【对象】选项组各选项的含义与【块定义】对话框中的完全相同，不再赘述。其他常用选项的功能介绍如下。

1. 【源】选项组

【源】选项组用于指定需要保存到存储文件中的

图9-13　【写块】对话框

块或块的组成对象。选项组有如下三个单选项。

【块】：用于将已定义的块保存为图形文件，选择此选项后，【块】下拉列表可用，可从中选择已定义的块。

【整个图形】：用于将绘图区域的所有图形都作为块保存起来。

【对象】：用于选择对象来定义成外部块。

2.【目标】选项组

【文件名和路径】文本框用于指定外部块的保存路径和名称。可以使用系统自动给出保存路径和文件名，也可以单击文本框后面的 ··· 按钮，在弹出的【浏览图形文件】对话框中指定文件名和保存路径。

9.2.3 插入块

插入块的操作利用【插入】对话框实现，打开【插入】对话框的方法有如下几种。

菜单栏：【插入】→【块选项板】命令。

功能区：【默认】选项卡→【块】面板→【插入】按钮，或者【插入】选项卡→【块】面板→【插入】按钮。

命令窗口：输入"insert"或"i"，按空格键或按<Enter>键确认。

选择任何一种方式调用命令均可打开【块】选项板，如图9-14所示，【当前图形】选项卡中各选项的含义介绍如下。

1.【当前图形块】选项组

【当前图形块】选项组显示已定义的内部块。

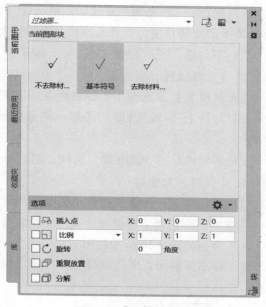

图9-14 【块】选项板

> 提示 单击【块】选项板顶部的【插入外部块】按钮可以插入外部文件，插入的基点是原点（如果没有指定基点），可以在外部文件中通过在命令窗口输入"Base"命令设置基点，然后保存文件。这样可以改变插入外部文件的基点。

2.【插入点】选项组

【插入点】选项组用于指定块参照在图样中的插入位置，有如下两种方式可供使用。

1）勾选 插入点 复选框，则在【当前图形块】选项组选择块后，根据提示用鼠标指针在绘图区域拾取插入点，这是最常用的指定插入点的方法。

2）不勾选 插入点 复选框，则【X】【Y】【Z】文本框可用，在文本框中直接输入插入点的坐标即可。

3.【比例】选项组

【比例】选项组用于指定块参照在图样中的缩放比例，有如下两种方式可供使用。

1）勾选 □ 比例 复选框，则在【当前图形块】选项组选择块后，根据提示用鼠标指针在绘图区域指定比例因子，或者在命令窗口输入比例因子。

2）不勾选 □ 比例 复选框，则【X】【Y】【Z】文本框可用，可在相应文本框中输入 *X*、*Y*、*Z* 轴坐标的比例因子定义缩放比例。当三个坐标的缩放比例相同时，可以展开【比例】下拉列表选择【统一比例】选项，此时仅一个文本框可用，可在其中定义缩放比例。这是常用的定义方式，一般情况下缩放比例设为1。

4.【旋转】选项组

【旋转】选项组用于指定插入块时生成的块参照的旋转角度，有如下两种方式可供使用。

1）勾选 □ 旋转 复选框，则在【当前图形块】选项组选择块后，用鼠标指针在绘图区域指定旋转角度，或者通过命令窗口输入旋转角度，这是最常用的方法。

2）不勾选 □ 旋转 复选框，则可在【角度】文本框中直接输入旋转角度值。

5.【重复放置】复选框

【重复放置】复选框用于控制是否自动重复进行块插入操作。

1）勾选 □ 重复放置 复选框，则系统将自动提示其他插入点，直到按 <Esc> 键取消命令。

2）不勾选 □ 重复放置 复选框，则只插入指定的块一次。

6.【分解】复选框

如果勾选 □ 分解 复选框，则插入的块会被分解为若干图元，不再是一个整体。

【**例 9-2**】 绘制图形并标注表面结构符号，如图 9-15 所示。

1）绘制如图 9-16 所示的图形。

2）标注倾斜的表面结构符号。打开【块】选项板，设置其中各选项，如图 9-17 所示。

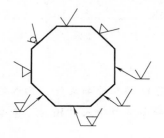

图 9-15 标注表面结构符号

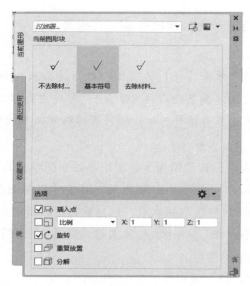

图 9-16 原图形

图 9-17 【块】选项板倾斜的表面结构符号的插入设置

3）在【当前图形块】选项组单击选择【去除材料符号】块，命令窗口提示及操作如下。

指定插入点或［基点（B）/比例（S）/旋转（R）］：　//指定点 A 作为插入点，如图 9-18 所示

指定旋转角度 <0>：　　　　　　　　　//指定点 B 确定旋转角度，完成的图形
　　　　　　　　　　　　　　　　　如图 9-19 所示

4）在【当前图形块】选项组单击选择【不去除材料符号】块，命令窗口提示及操作如下。

指定插入点或［基点（B）/比例（S）/旋转（R）］：　//指定点 C 作为插入点，如图 9-
　　　　　　　　　　　　　　　　　19 所示

指定旋转角度 <0>：　　　　　　　　　//指定点 D 确定旋转角度，完成
　　　　　　　　　　　　　　　　　的图形如图 9-20 所示

5）完成其余倾斜表面的表面结构符号的标注，如图 9-20 所示。

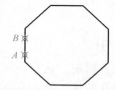

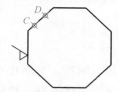
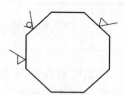

图 9-18　指定点　　　　　图 9-19　完成【去除材料符号】块标注　　　　　图 9-20　完成标注

6）标注水平的表面结构符号。打开【块】选项板，设置其中各选项，如图 9-21 所示。

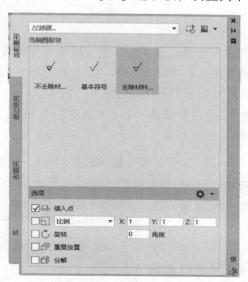

图 9-21　【块】选项板水平的表面结构符号的插入设置

7）在【当前图形块】选项组单击选择【基本符号】块，命令窗口提示及操作如下。

指定插入点或［基点（B）/比例（S）/X/Y/Z/旋转（R）］：
　　　　　　　　//在绘图区域选择点 E，如图 9-22 所示，结果如图 9-23 所示

提示　对于不需要旋转的块，可直接指定其旋转角度为 0。

8）标注带引线的表面结构符号。在功能区【注释】选项卡中单击【引线】按钮 ，选择点 *F*、点 *G*，如图 9-23 所示，绘制引线，如图 9-24 所示。

9）绘制所有引线，如图 9-25 所示。在引线上插入表面结构符号，结果如图 9-15 所示。

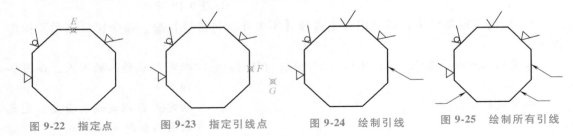

图 9-22 指定点　　　图 9-23 指定引线点　　　图 9-24 绘制引线　　　图 9-25 绘制所有引线

9.3 带属性的块

工程图中有许多带有不同文字的相同图形，文字相对于图形的位置固定。这些在块中可以变化的文字称为属性。创建块前，首先创建属性，然后创建包含属性的块。插入有属性的块时，可以根据具体情况，通过属性来为块设置不同的文本信息。对那些经常用到的带可变文字的图形而言，利用属性尤为重要，如表面结构（表面粗糙度）等。

9.3.1 定义属性

属性是指与块相关联的文字信息。属性定义包括属性文字的特性及插入块时系统的提示信息。属性的定义通过【属性定义】对话框实现，打开该对话框的方法有以下几种。

菜单栏：【绘图】→【块】→【定义属性】命令。

功能区：【默认】选项卡→【块】面板→【定义属性】按钮 ，或者【插入】选项卡→【属性】面板→【定义属性】按钮 。

命令窗口：输入"attdef"或"att"，按空格键或按<Enter>键确认。

选择任何一种方式调用命令均可打开【属性定义】对话框，如图 9-26 所示，各选项含义介绍如下。

1.【模式】选项组

【模式】选项组用于设置与块相关联的属性值选项，有六个复选框，各选项含义介绍如下。

【不可见】复选框：勾选则插入块时不显示、不打印属性值。

【固定】复选框：勾选则插入块时属性值是一个固定值，不可修改其值。

【验证】复选框：勾选则插入块时提

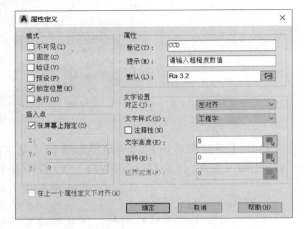

图 9-26 【属性定义】对话框

示验证属性值的正确与否。

【预设】复选框：勾选则插入块时不提示输入属性值，系统会把【属性】选项组【默认】文本框中的值作为默认值。

【锁定位置】复选框：勾选则固定插入块的坐标位置。

【多行】复选框：勾选则使用多行文字作为块的属性值。

2. 【属性】选项组

【属性】选项组用于设置属性的标记、提示及默认值，有三个文本框和一个按钮，功能分别介绍如下。

【标记】文本框：可输入汉字、字母或数字，用于标记属性，在创建块之前显示该标记。此选项必填，不能空缺，否则会出现错误提示。

【提示】文本框：可输入汉字、字母或数字，用于作为插入块时命令窗口的提示信息。

【默认】文本框：可输入汉字、字母或数字，用于作为插入块时属性的默认值。

【▣】按钮：单击该按钮会打开【字段】对话框，可使用该对话框插入一个字段作为属性的全部或部分值。

3. 【插入点】选项组

【插入点】选项组用于指定插入的位置。可使用如下两种方法指定插入点。

1）勾选【在屏幕上指定】复选框，则单击【确定】按钮后根据提示在绘图区域指定插入点，确定插入的位置。通常勾选该复选框。

2）不勾选【在屏幕上指定】复选框，则【X】【Y】【Z】文本框可用，在对应的文本框中输入插入点的坐标确定插入点。

4. 【文字设置】选项组

【文字设置】选项组用于设置文字的对正方式、文字样式、高度和旋转角度等，各选项含义介绍如下。

【对正】下拉列表：可在下拉列表中选择对正方式，用于设置属性文字相对插入点的对正方式。

【文字样式】下拉列表：可在下拉列表中选择已经创建的文字样式。

【文字高度】文本框：用于输入文字高度。

【旋转】文本框：用于输入旋转角度。

【注释性】复选框：用于控制是否将属性作为注释性对象，以控制其是否根据注释比例自动调整大小。

9.3.2　定义属性块实例

定义属性块时，首先创建图形及属性文字，然后包含图形和属块文字创建块，下面通过实例进行讲解。

【例9-3】　按照图9-27所示尺寸创建块，定义名称为"去除材料表面结构"和"不去除材料表面结构"的属性块。

1）利用各种绘图命令，按照图9-27a所示尺寸绘制去除材料表面结构符号图形，如图9-28所示。

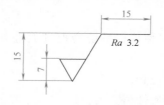

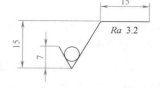

a）去除材料表面结构　　　　　　　b）不去除材料表面结构

图 9-27　表面结构符号尺寸

2）在功能区【默认】选项卡【块】面板中单击【定义属性】按钮，打开【属性定义】对话框，修改各选项完成设置，如图 9-29 所示。

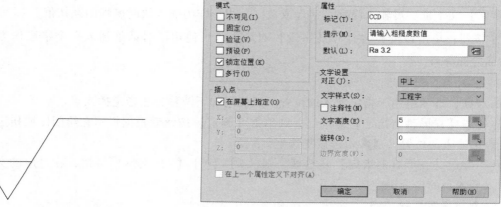

图 9-28　绘制图形　　　　　　　　　图 9-29　【属性定义】对话框设置

3）单击【属性定义】对话框中的【确定】按钮，命令窗口提示"指定起点："，在绘图区域选择水平线中点 A 作为插入点，完成属性定义，如图 9-30 所示。

4）创建名称为"去除材料表面结构"的属性块，基点选择如图 9-30 所示的点 B，完成的属性块如图 9-31 所示。

图 9-30　完成属性定义　　　　　　　图 9-31　完成的属性块

5）按照上述操作方法完成名称为"不去除材料表面结构"的属性块创建。

9.3.3　编辑属性定义

创建块的属性后，可对其进行移动、复制、旋转、阵列等操作，也可以对使用这些操作创建的新属性的标记、提示及默认值进行修改，还可对不满意的属性进行编辑使其满足设计要求。

在将属性定义成块的属性之前，可以使用【编辑属性定义】对话框对属性进行编辑，打开该对话框的方法有如下几种。

菜单栏：【修改】→【对象】→【文字】→【编辑】命令。

命令窗口：输入"textedit"，按空格键或按<Enter>键确认。

选择任何一种方式调用命令均可打开【编辑属性定义】对话框，如图9-32所示。

编辑属性定义	×
标记：	CCD
提示：	请输入粗糙度数值
默认：	Ra 3.2

确定　取消　帮助(H)

图 9-32　【编辑属性定义】对话框

此外，也可以在命令窗口"命令："提示下双击属性文字，则命令窗口提示及操作。

命令：_textedit　　　　　　　　　//调用编辑命令

当前设置：编辑模式＝Multiple

选择注释对象或［放弃（U）/模式（M）］://用拾取框选择需要编辑的属性，系统弹出如
　　　　　　　　图9-32所示的【编辑属性定义】对话框，可以
　　　　　　　　在对话框中修改属性的标记、提示文字和默认
　　　　　　　　值。完成编辑后单击【确定】按钮退出对话框

选择注释对象或［放弃（U）/模式（M）］://继续选择需要编辑的属性，也可以按空格键或
　　　　　　　　<Enter>键结束命令

9.3.4　插入带属性的块

【例9-4】　完成如图9-33所示的表面结构标注。

1）绘制如图9-34所示的五边形。

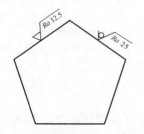

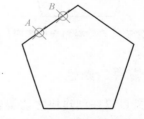

图 9-33　表面结构标注后的图形　　　　图 9-34　五边形原图及指定点

2）单击功能区【默认】选项卡【块】面板的【插入】按钮，打开【块】选项板，设置其中各选项，如图9-35所示，然后在【当前图形块】选项组单击选择【去除材料表面结构】块。

3）命令窗口提示及操作如下。

指定插入点或［基点（B）/比例（S）/旋转（R）］://指定点A作为插入点，如图9-34所示

指定旋转角度 <0>:　　　　　　　　//指定点B确定旋转角度，如图9-34所示

系统弹出【编辑属性】对话框，输入"Ra 12.5"，如图 9-36 所示，单击【确定】按钮，完成的图形如图 9-37 所示。

4）使用【块】选项板，按照步骤 2）和步骤 3）的操作方法插入【不去除材料表面结构】块，指定点如图 9-38 所示，结果如图 9-33 所示。

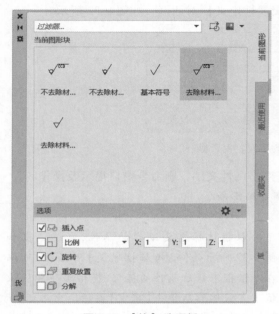

图 9-35 【块】选项板

图 9-36 【编辑属性】对话框

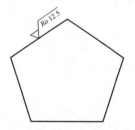

图 9-37 完成【去除材料表面结构】块插入

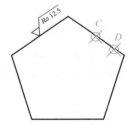

图 9-38 【不去除材料表面结构】块指定点

9.3.5 编辑块的属性

属性定义可以在创建块之前编辑（9.3.3 小节），也可以在创建块之后修改。下面介绍应用【增强属性编辑器】对话框和【块属性管理器】对话框在创建块之后修改属性定义的方法。

1. 应用【增强属性编辑器】对话框修改属性定义

使用【增强属性编辑器】对话框可以修改属性文字的特性和数值，打开该对话框的方法有如下几种。

菜单栏：【修改】→【对象】→【属性】→【单个】命令。

功能区：【默认】选项卡→【块】面板→【编辑属性】按钮，或者【插入】选项卡→

【块】面板→【编辑属性】按钮。

命令窗口：输入"eattedit"，按空格键或按<Enter>键确认。

快捷方式：在命令窗口"命令："提示下双击带属性的块参照。

选择任何一种方式调用命令均可打开【增强属性编辑器】对话框，如图 9-39 所示。可以在该对话框中对属性的值、文字格式、特性等进行编辑。

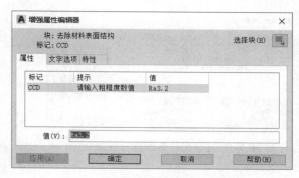

图 9-39　【增强属性编辑器】对话框

【选择块】按钮：单击该按钮，可以在不关闭对话框的状态下选取并编辑其他块属性。

【应用】按钮：单击该按钮可以使属性修改生效，使所做的修改反映到被修改的块中。

2. 应用【块属性管理器】对话框修改属性定义

使用【增强属性编辑器】对话框无法对块的模式、标记、提示进行修改，而应用【块属性管理器】可以对整个图形中任意一个块中的属性标记、提示、值、模式（勾选【固定】复选框的情况除外）、文字选项、特性进行编辑，还可以调整插入块时提示属性的顺序。打开该对话框的方法有如下几种。

菜单栏：【修改】→【对象】→【属性】→【块属性管理器】命令。

功能区：【默认】选项卡→【块】面板→【管理属性】按钮，或者【插入】选项卡→【块】面板→【管理属性】按钮。

为了说明【块属性管理器】对话框的用法，建立一个带多个属性的块，如图 9-40 所示，该块的名称为"带多个属性的表面结构"。选择任何一种方式调用命令打开【块属性管理器】对话框，其显示信息如图 9-41 所示，可以进行如下属性修改。

（1）显示属性　【块】下拉列表显示图样中所有带属性的块的名称，可在其中选择某个块，或者单击【选择块】按钮在绘图区域选取某个块，则该块的所有属性参数都会显示在对话框中部的列表框中。

图 9-40　带多个属性的块

（2）改变提示顺序　在列表中选择某个属性，可以单击【下移】或【上移】按钮调整属性在列表框中的位置，从而调整在插入该块时属性的提示顺序。

（3）编辑属性　在列表框中选择需要编辑的属性，然后单击【编辑】按钮，系统弹出【编辑属性】对话框，如图 9-42 所示。可以在【属性】选项卡中修改属性的模式、标记、提示信息和默认值等，还可以在【文字选项】选项卡中修改属性文字的格式，在【特性】选项卡中修改属性的图层特性。

（4）删除属性　在列表框中选择某个属性，然后单击【删除】按钮，就可以删除该属性项。

（5）应用　对属性定义进行修改以后，可以单击【应用】按钮将所做的属性修改应用到要修改的块定义中，而不会关闭对话框。

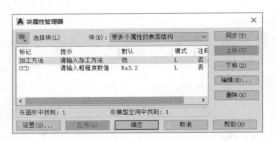

图 9-41 【块属性管理器】对话框

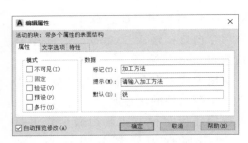

图 9-42 【编辑属性】对话框

9.3.6 修改块参照

块在每次插入后所形成的图形都称为块参照，它不仅仅是将块定义复制到绘图区域，更重要的是，它建立了块参照与块定义间的链接。因此，如果修改了块定义，所有的块参照也将自动更新。同时，AutoCAD 默认将插入的块参照作为一个整体对象进行处理。修改块参照有三种方法：分解修改、重定义块参照和在位编辑块参照。分解修改适用于修改部分块参照（即相同的块插入后有的块参照不修改），使用功能区【修改】面板的【分解】命令分解块，然后根据需要修改即可，这里不再展开讲述。下面介绍其他两种修改方法。

1. 重定义块参照

如图 9-43 所示的 7 个块参照的原块名为"圆工作台"，要将其修改为如图 9-44 所示的"工位"块，可以使用如图 9-3 所示【块定义】对话框，在【名称】下拉列表中选择【工位】来重新定义块，可得到如图 9-45 所示的图形。

也可以定义如图 9-44 所示的图形为块，并命名该块的名称为与图 9-43 所示原图块同名的"圆工作台"，则图 9-43 便会变为图 9-45。

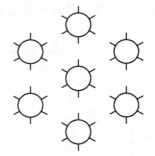

图 9-43 7 个块参照

图 9-44 用来完成重定义的块

图 9-45 重定义块参照

2. 在位编辑块参照

如果仅对块参照做简单的修改，则可以使用块编辑器窗口进行在位编辑。

【例 9-5】 在图 9-43 所示的"圆工作台"块参照上加一个小圆，如图 9-46 所示。

1）在功能区【默认】选项卡【块】面板上单击【编辑】按钮，或者依次选择【工具】→【块编辑器】菜单命令，在弹出的【编辑块定义】对话框中，在【要创建或编辑的块】列表框中

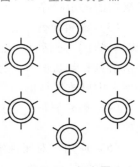

图 9-46 加小圆

选择要编辑的块参照【圆工作台】，如图 9-47 所示，然后单击【确定】按钮。

2）这时【块编辑器】窗口被打开，块处于可编辑状态，在已有圆中绘制一个小圆，如图 9-48 所示。

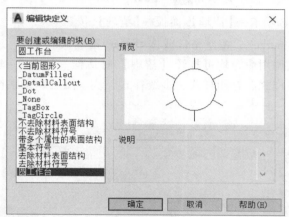

图 9-47 【编辑块定义】对话框

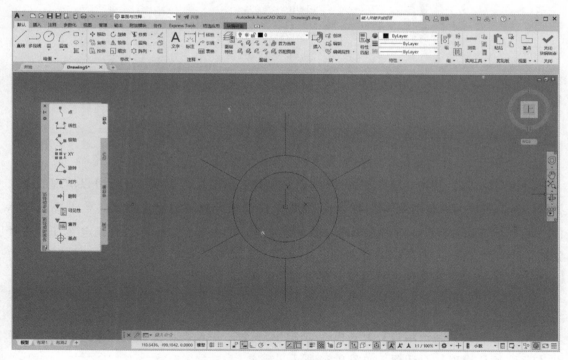

图 9-48 在【块编辑器】窗口进行在位编辑

3）单击【关闭块编辑器】按钮，系统弹出确认对话框，选择【将更改保存到】选项完成块参照的修改，图 9-43 便会变为图 9-46 所示状态。

9.3.7 清理块

要减小图形文件大小，可以删除未使用的块定义。利用【删除】命令可从图形中删除块参照，但是块定义仍保留在图形的块定义表中。要删除未使用的块定义并减小图形文件，可以使用【清理】对话框，打开该对话框的方法有如下几种。

应用程序菜单：【应用程序】按钮 A →【图形实用工具】→【清理】命令。

功能区：【管理】选项卡→【清理】面板→【清理】按钮 。

命令窗口：输入"purge"，按空格键或按<Enter>键确认。

选择任何一种方式调用命令均可打开【清理】对话框，如图9-49所示。利用该对话框可以清理未使用的标注样式、打印样式、多线样式、块、图层、文字样式、线型等定义。

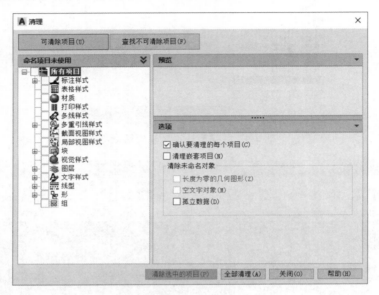

图 9-49 【清理】对话框

【可清除项目】按钮：单击该按钮，【命名项目未使用】列表框中显示可以清理的对象项目。如果项目前面没有展开图标 ，则此项目没有可删除的对象定义。单击展开图标 ，可以展开该项目包含的所有可删除的对象定义。选择某个要删除的对象定义（单击对象定义前的复选框），然后单击【清除选中的项目】按钮，该对象定义就会被删除。单击【全部清理】按钮，将删除所有可以清理的对象定义。

【查找不可清除项目】按钮：单击该按钮，【命名项目未使用】列表框中显示不能清理的对象定义。

【确认要清理的每个项目】复选框：勾选此复选框，系统会在清理每一个对象定义时弹出【清理-确认清理】对话框，如图9-50所示，要求确认是否将其删除，以防误删。

【清理嵌套项目】复选框：勾选此复选框，将从图形中删除所有未使用的对象定义，即使这些对象定义包含在或被参照于其他未使用的对象定义中。系统会弹出【清理-确认清理】对话框，可以取消或确认要清理的项目。

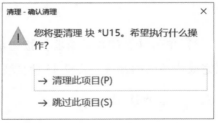

图 9-50 【清理-确认清理】对话框

> 提示　调用【清理】命令只能删除未使用的块定义。

9.3.8　动态块

动态块具有灵活性和智能性。在操作时可以轻松地修改图形中的动态块参照，可以通过自定义夹点或自定义特性来操作动态块参照中的几何图形。因此可以根据需要在位调整块。

1. 创建动态块的步骤

为了创建高质量的动态块，以及高效编写动态块，以便达到预期效果，建议按照下列步骤进行操作。

（1）在创建动态块之前规划动态块的内容　在创建动态块之前，应当了解其外观及在图样中的使用方式，确定当操作动态块参照时，块中的哪些对象会更改或移动。另外，还要确定这些对象将如何更改。例如，可以创建一个可调整大小的动态块。这些因素决定了添加到块定义中的参数和动作的类型，以及如何使参数、动作和几何图形共同发挥作用。

（2）绘制几何图形　可以在【块编辑器】窗口中绘制动态块中的几何图形，也可以使用图样中现有的几何图形或现有的块定义。

（3）了解块元素如何共同作用　在向块定义中添加参数和动作之前，应了解它们相互之间以及它们与块中的几何图形的相关性。在向块定义添加动作时，需要将动作与参数及几何图形的选择集相关联，此操作将创建相关性。向动态块参照添加多个参数和动作时，需要设置正确的相关性，以便块参照在图样中能正常工作。

例如，创建一个包含若干对象的动态块，其中一些对象关联拉伸动作，同时还希望所有对象围绕同一基点旋转。在这种情况下，应当在添加其他所有参数和动作之后再添加旋转动作。如果旋转动作没有与块定义中的其他所有对象（几何图形、参数和动作）相关联，那么块参照的某些部分可能不会旋转，或者操作块参照时可能会出现不符合要求的结果。

（4）添加参数　按照命令窗口提示向动态块定义中添加适当的参数，使用【块编写】选项板的【参数集】选项卡可以同时添加参数和关联动作。

（5）添加动作　按照命令窗口提示向动态块定义中添加适当的动作，注意确保动作与正确的参数和几何图形相关联。

（6）定义动态块参照的操作方式　可以通过自定义夹点和自定义特性来指定在图样中操作动态块参照的方式。在创建动态块定义时，应定义动态块上显示哪些夹点，以及如何通过这些夹点来编辑动态块参照。另外，还应指定是否在【特性】选项板中显示块的自定义特性，以及是否可以通过该选项板或自定义夹点来修改这些特性。

（7）保存块然后在图形中进行测试　保存动态块定义并关闭【块编辑器】窗口，然后将动态块参照插入到一个图样中，并测试该块的功能。

2. 创建动态块的实例

【例9-6】　创建可以拉伸的动态块。

1）创建一个螺栓块。在功能区【默认】选项卡【块】面板上单击【编辑】按钮，在弹出的【编辑块定义】对话框中，在【要创建或编辑的块】列表框中选择【螺栓】选项，如图 9-51 所示。

　　2）单击【确定】按钮，进入【块编辑器】窗口。在【块编写选项板】的【参数】选项卡中，单击【线性】按钮 ，根据提示标注螺栓的长度，如图 9-52 所示。

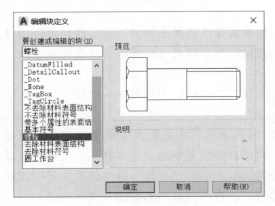

图 9-51　【编辑块定义】对话框　　　　　　　　图 9-52　标注参数

　　3）在参数【距离 1】上单击鼠标右键，在弹出的快捷菜单中选择【特性】选项，打开【特性】选项板，如图 9-53 所示。可以修改参数名称、值集和夹点显示的数目，由于本例只需要动态块有向右拉伸的动作，故这里选择【夹点数】为 1（仅 1 个方向移动）。设置完毕，刻度线随参数设置和夹点自动显示，如图 9-54 所示。

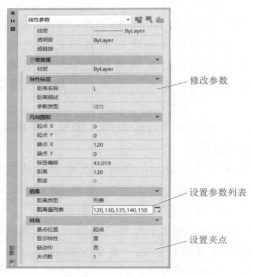

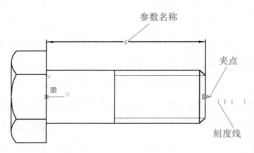

图 9-53　【特性】选项板　　　　　　　　图 9-54　参数显示

　　4）在【块编写选项板】的【动作】选项卡中单击【拉伸】按钮 ，首先选择参数【L】，捕捉螺栓的右侧边线中点作为与动作关联的参数点，指定拉伸框架，如图 9-55 所示。用鼠标自右向左拖出一个框，然后指定要拉伸的对象，如图 9-56 所示。

　　提示　如果所选对象完全包含在拉伸框架中，系统将调用移动动作。

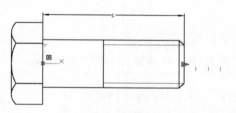

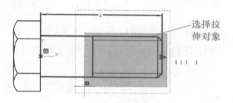

选择拉伸对象

图 9-55　选择拉伸参数点指定拉伸框架　　　　图 9-56　选择对象

5）结束对象选择，在合适的位置单击鼠标左键放置动作标签，如图 9-57 所示。

6）关闭【块编辑器】窗口，保存块定义。

7）在图样文件中插入刚建立的动态块进行测试。选择插入的块，块上会出现拉伸夹点，如图 9-58 所示。单击鼠标左键选择块对象并拖动鼠标，会发现螺栓的长短随之改变。

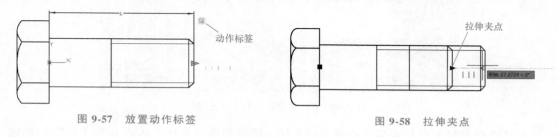

动作标签

拉伸夹点

图 9-57　放置动作标签　　　　图 9-58　拉伸夹点

9.4　外部参照技术

外部参照是指把已有的图形文件插入到当前图形中，但外部参照不同于块。块与外部参照的主要区别是：一旦插入了某个块，此块就成为当前图形的一部分，可在当前图形中进行编辑，而且，修改原块对当前图形不会产生影响。而以外部参照方式将某一图形文件插入到另一图形文件（此文件称为主图形文件）中后，被插入的图形文件的信息并不直接加入到主图形文件中，主图形文件中只是记录参照的关系，对主图形文件的操作不会改变外部参照图形文件的内容。当打开有外部参照的图形文件时，系统会自动地把各外部参照图形文件重新调入内存并在当前图形中显示出来，且使该文件保持最新的版本。

外部参照功能不但可以利用一组子图形构造复杂的主图形，而且允许单独对这些子图形做各种修改。作为外部参照的源图形发生变化时，重新打开主图形文件后，主图形内的外部参照图形也会发生相应的变化。

功能区【插入】选项卡的【参照】面板集成了外部参照功能，如图 9-59 所示，可在该面板中单击按钮来调用相应的命令。

9.4.1　插入外部参照

插入外部参照是指将外部图形文件以外部参照的形式插入到当前图形中，可以使用【选择参照文件】对话框选择要插入的外部参照文件，打开该对话框的方法有如下几种。

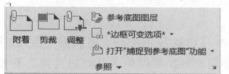

图 9-59　【参照】面板

菜单栏：【插入】→【DWG 参照】命令。

功能区：【插入】选项卡→【参照】面板→【附着】按钮。

选择任何一种方式调用命令均可打开【选择参照文件】对话框，如图 9-60 所示。

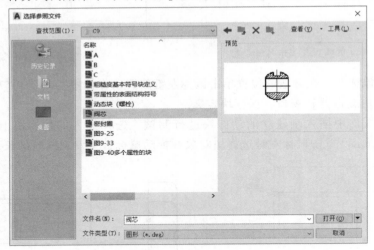

图 9-60　【选择参照文件】对话框

　　在【选择参照文件】对话框中选择需要插入的外部参照文件，然后单击【打开】按钮，系统弹出【附着外部参照】对话框，如图 9-61 所示，常用选项功能介绍如下。

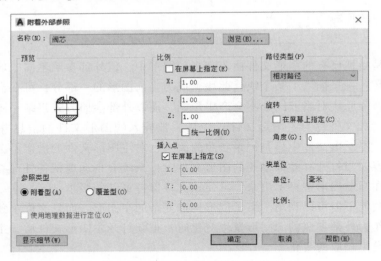

图 9-61　【附着外部参照】对话框

1.【名称】下拉列表

【名称】下拉列表显示需要插入的外部参照文件的名称。若要选择未在列表显示的其他参照文件，可以单击右侧的【浏览】按钮，重新打开【选择参照文件】对话框选择需要的外部参照文件。

2.【参照类型】选项组

外部参照支持嵌套参照，即如果文件 B 参照了文件 C，然后文件 A 参照了文件 B，可如此层层嵌套。外部参照有【附着型】和【覆盖型】两种类型，区别如下。

（1）【附着型】参照类型　选择【附着型】的外部参照嵌套，则参照结果会显示为多层嵌套附着状态。例如，文件 B 以【附着型】参照类型参照了文件 C，然后文件 A 参照了文件 B，则结果如图 9-62 所示。可以看到图形 A 中嵌套了图形 B 和图形 C。需要注意的是，图 9-62 所示结果与文件 A 参照文件 B 的参照类型无关。

（2）【覆盖型】参照类型　选择【覆盖型】的外部参照嵌套，则参照结果不显示其嵌套附着状态。例如，文件 B 以【覆盖型】参照类型参照了文件 C，然后文件 A 参照了文件 B，则结果如图 9-63 所示。只能看到图形 A 中嵌套了图形 B，而不能看到图形 B 中嵌套了图形 C。

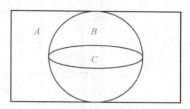

图 9-62 【附着型】参照类型

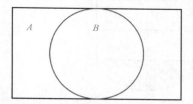

图 9-63 【覆盖型】参照类型

> 提示　若要修改参照类型，则可以对文件 B 采用【外部参照】选项板（图 9-67），在【详细信息】选项组进行设置。

3. 【比例】选项组

【比例】选项组用于确定插入外部参照图形时的缩放比例。可以直接在【X】【Y】【Z】文本框中输入三个方向的缩放比例。若勾选【在屏幕上指定】复选框，则可以在绘图区域直接指定三个方向的缩放比例。若勾选【统一比例】复选框，则可以同时指定三个方向的缩放比例。

4. 【插入点】选项组

【插入点】选项组用于确定外部参照图形的插入点。可以直接在【X】【Y】【Z】文本框中输入插入点的坐标。若勾选【在屏幕上指定】复选框，则可以在绘图区域直接指定插入点。

5. 【路径类型】下拉列表

【路径类型】下拉列表用于指定外部参照文件的保存路径是【完整路径】或【相对路径】，还是【无】路径。默认【路径类型】为【相对路径】。

6. 【旋转】选项组

【旋转】选项组用于确定外部参照图形插入时的旋转角度，可以直接在【角度】文本框中输入参照图形需要旋转的角度。若勾选【在屏幕上指定】复选框，则可以在绘图区域直接指定参照图形需要旋转的角度。

设置完毕后单击【确定】按钮，就可以按照插入块的方法插入外部参照。

【例 9-7】　以图 9-64 所示阀芯为源图形，图 9-65 所示密封圈为主图形，将源图形文件以外部参照方式插入主图形文件中。

1）打开密封圈主图形文件，单击功能区【插入】选项卡【参照】面板上的【附着】

按钮，在弹出的【选择参照文件】对话框中选择【阀芯】文件，如图 9-60 所示。

2）系统弹出【附着外部参照】对话框，如图 9-61 所示，单击【确定】按钮，绘图区域的参照文件图形会跟随鼠标指针移动。需要注意的是，系统默认的鼠标指针跟随点是源图形的坐标原点，要改变该点，可以在源图形文件中（通过在命令窗口输入）"base"命令来调整。

3）按照插入块的方法放置外部参照图形，结果如图 9-66 所示。

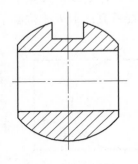

图 9-64　外部参照源图形

图 9-65　主图形

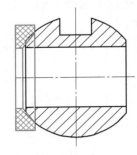

图 9-66　插入外部参照结果

9.4.2　外部参照管理

若一张图样中插入了外部参照，则可以采用【外部参照】选项板查看外部参照的【参照名】【状态】【大小】【类型】【日期】【保存路径】等信息，或者对外部参照进行附着、拆离、卸载、重载、绑定等操作。打开【外部参照】选项板的方法有如下几种。

菜单栏：【工具】→【选项板】→【外部参照】命令。

功能区：【插入】选项卡→【参照】面板→【外部参照】按钮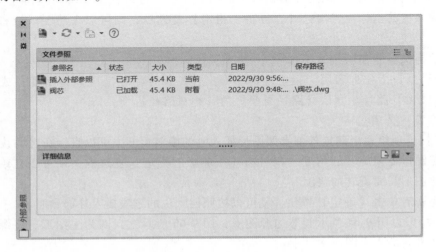。

选择任何一种方式调用命令均可打开【外部参照】选项板，如图 9-67 所示。该选项板常用选项的含义介绍如下。

图 9-67　【外部参照】选项板

1. 【文件参照】列表

【参照名】列：显示当前图形文件中外部参照图形文件的名称。

【状态】列：显示外部参照的状态，可能的状态有【已加载】【卸载】【未参照】【未找到】【未融入】【已孤立】【标记为卸载】【重载】等。

【大小】列：显示各参照文件的大小，如果外部参照的状态为【卸载】【未找到】【未融入】，则不显示其大小。

【类型】列：显示各参照文件的参照类型，除了【当前】类型，还有【附加型】和【覆盖型】。

【日期】列：显示关联的外部参照图形文件的最后修改日期。如果外部参照的状态为【卸载】【未找到】【未融入】，则不显示此日期。

【保存路径】列：显示参照文件的存储路径。

2. 按钮

单击 按钮可打开【选择参照文件】对话框，可从中选择要参照的文件，操作方法同9.4.1小节插入外部参照。

3. 【详细信息】选项组

【详细信息】选项组显示选择的外部参照文件的详细信息，修改外部参照文件的参照类型时，可以在此进行操作。

4. 和 按钮

单击这两个按钮或者按<F3>和<F4>键，可实现列表形式和树状图形式的切换。图9-68所示是树状图形式显示的【文件参照】列表，可根据信息查看需求和操作习惯在这两种显示方式之间进行切换。

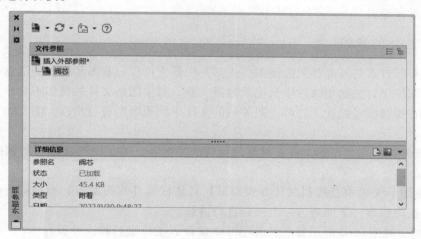

图9-68 树状图形式显示的【文件参照】列表

5. 空白区域右键快捷菜单

在【文件参照】列表的空白区域单击鼠标右键，在弹出的快捷菜单中选择【附着DWG】选项，可以在弹出的【选择参照文件】对话框中选择要插入的外部参照文件。

6. 拆离

在【文件参照】列表中选择一个外部参照后，在其上单击鼠标右键，在弹出的快捷菜单中选择【拆离】选项。该选项的作用是从当前图形文件中移去不再需要的外部参照。利用该选项删除外部参照，与利用【删除】命令在绘图区域删除一个参照对象不同。利用【删除】命令在绘图区域删除的仅仅是外部参照的一个引用实例，但 AutoCAD 系统文件图形数据库中的外部参照关系并没有删除。而【拆离】选项不仅删除绘图区域的所有外部参照实例，而且彻底删除图形数据库中的外部引用关系。

7. 卸载

在【文件参照】列表中选择一个外部参照后，在其上单击鼠标右键，在弹出的快捷菜单中选择【卸载】选项。该选项的作用是从当前图形中卸载不需要的外部参照，但卸载后仍保留外部参照文件的路径。这时【状态】列显示所参照文件的状态是【已卸载】。当希望再次参照该外部文件时，对其选择右键快捷菜单中的【重载】选项，即可实现重新装载。

8. 绑定

在【文件参照】列表中选择一个外部参照后，在其上单击鼠标右键，在弹出的快捷菜单中选择【绑定】选项，打开【绑定外部参照/DGN 参考底图】对话框，如图 9-69 所示。

若选择【绑定类型】为【绑定】，则所选的外部参照及其依赖符号（如块、标注样式、文字样式、图层和线型等）成为当前图形的一部分。

图 9-69　【绑定外部参照/DGN 参考底图】对话框

9. 打开

在【文件参照】列表中选择一个外部参照后，在其上单击鼠标右键，在弹出的快捷菜单中选择【打开】选项，在弹出的对话框中打开所选外部参照进行编辑。

9.4.3　修改外部参照

以外部参照方式将外部参照源图形插入到主图形文件后，源图形文件的信息并不直接加入到主图形文件中，主图形文件中只记录参照关系，对主图形文件的操作不会改变源图形文件的内容。若要对已经创建了外部参照关系的文件中的源图形进行修改，则有如下两种修改方法。

1）打开外部参照源图形文件，对其进行修改并保存，则主图形文件中的源图形对象就会自动更新。

2）在主图形文件中直接利用【参照编辑】对话框和【参照编辑】面板进行修改，这种方式也称为在位修改，下面通过一个例题进行讲解。

【例 9-8】　对图 9-62 所示参照嵌套图形中文件 B 的圆进行修改并保存。

1）单击功能区【插入】选项卡【参照】面板上的【编辑参照】按钮，根据提示双击文件 B 的圆完成参照对象选择，系统弹出【参照编辑】对话框，如图 9-70 所示。

2）在【参照编辑】对话框【参照名】列表中选择【B】，其他不做修改，单击【确定】按钮，对话框消失，功能区出现【编辑参照】面板，如图 9-71 所示。可以看到绘图区域中除了所选的文件 B 的圆显示为蓝色可编辑状态，其他图形为灰色不可编辑状态，如图 9-72 所示。需要注意的是一次只能在位编辑一个参照。

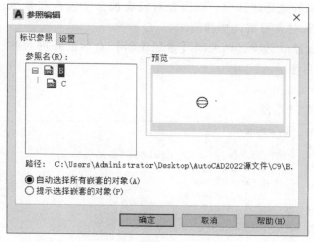

图 9-70 【参照编辑】对话框

图 9-71 【编辑参照】面板

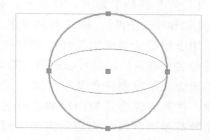

图 9-72 文件 B 圆显示为
蓝色可编辑状态

3）编辑工作集。当前显示为蓝色可编辑状态的图形自动形成一个工作集，只有工作集中的图形可编辑，默认情况下，所有其他对象都将被锁定和灰显。若要将已有图形中的灰色不可编辑对象添加到工作集中，可单击【编辑参照】面板中的【添加到工作集】按钮，原有的非参照对象也可以添加到选择集中；若要删除当前选择集中的部分图形对象，可单击【编辑参照】面板中的【从工作集中删除】按钮。

4）编辑工作集中的图形对象。可以调用【修改】命令对工作集中的图形对象进行修改，也可以调用绘图命令绘制新的图形对象，新绘制的图形对象会自动添加到工作集中。

5）保存修改或放弃修改。修改完成后，单击【保存修改】按钮退出编辑参照状态，同时，所有修改均会保存到外部参照的源图形文件中，即所做修改均会保存到文件 B 中。如果要放弃修改，可以单击【放弃修改】按钮，系统会弹出 AutoCAD 警告提示框，单击【确定】按钮，放弃对参照的修改同时退出编辑状态。

> 提示　在保存修改时，从工作集中删除的图形对象将不再具有参照关系，而是返回到主图形中成为主图形的一部分，而添加到工作集中的图形对象将不再属于主图形，而是被添加到有参照关系的对象工作集中。若要对参照源图形进行较大修改，最好打开源图形文件进行修改，因为在位修改的改动量较大时，当前图形文件的大小会明显增加。

如图 9-70 所示【参照编辑】对话框中的选项可根据具体需求进行设置，各选项功能说明如下。

1.【标识参照】选项卡

【参照名】列表框：显示可编辑的外部参照源图形文件名称。

【预览】窗口：显示外部参照源图形的预览效果。

【路径】文本框：显示所选外部参照源图形文件的位置。若所选外部参照源图形是一个块，则不显示其路径。

【自动选择所有嵌套的对象】单选项：若选择此选项，则嵌套对象会被自动包含在参照编辑任务中，即在进行外部参照编辑时嵌套对象可被选择和编辑。

【提示选择嵌套的对象】单选项：若选择此选项，则关闭【参照编辑】对话框并进入参照编辑状态，系统会提示是否选择特定的对象。

2. 【设置】选项卡

【设置】选项卡如图9-73所示，有三个复选框。

【创建唯一图层、样式和块名】复选框：用于控制从参照中选择的对象的图层和符号名是唯一的还是可修改的。若勾选，则系统会在图层和符号名前添加"＄＃＄"前缀，将其创建为新的图层和符号名，与绑定外部参照时修改它们的方法类似；不勾选，则参照关系中的图层和符号名与外部参照源图形文件中的图层和符号名保持一致。

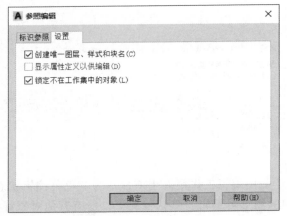

图9-73　【设置】选项卡

【显示属性定义以供编辑】复选框：用于控制在进行参照编辑时是否提取和显示块参照中所有可变的属性定义。此选项对外部参照和没有属性定义的块参照不起作用。

【锁定不在工作集中的对象】复选框：若勾选，则锁定所有不在工作集中的对象，从而避免在进行参照编辑时意外地选择和编辑主图形中的对象。

9.4.4　依赖外部参照的对象命名

典型外部参照定义除包括图形对象（如直线或圆弧）外，还包括块、标注样式、图层、线型和文字样式等依赖外部参照的定义。创建【附着型】外部参照时，AutoCAD通过在图形名称前添加外部参照图形源文件名称和竖线符号"｜"来区分依赖外部参照源图形文件的图形的名称和当前图形中的名称。例如，如果某个依赖外部参照源图形文件的对象是名称为"stair"的外部参照图形源文件中名为"STEEL"的图层，则它在【图层特性管理器】选项板（图5-2）中将以名称"STAIR｜STEEL"列出。

如果外部参照源图形文件被修改，则依赖外部参照源图形文件的对象的定义也将随之变化。例如，如果外部参照源图形文件"stair"名称被修改为"stair01"，则该参照图形的图层名也会相应更改为"STAIR01｜STEEL"。如果图层"STEEL"从外部参照源图形中被清除，则参照对象"STAIR｜STEEL"甚至会消失。这就是AutoCAD不允许用户直接使用依赖外部参照源图形文件的图层或其他命名对象的原因。例如，不能插入依赖外部参照源图形文件的块，或者将依赖外部参照源图形文件的图层设置为当前图层并在其中创建新对象。

要避免这种对依赖外部参照源图形文件的命名对象的限制，可以利用【外部参照绑定】对话框将其绑定到当前图形，使其成为当前图形的永久部分。打开该对话框的方法有如下几种。

菜单栏：【修改】→【对象】→【外部参照】→【绑定】命令。

命令窗口：输入"xbind"或缩写"xb"，按空格键或按<Enter>键确认。

选择任何一种方式调用命令均可打开【外部参照绑定】对话框，如图9-74所示。

【例9-9】 绑定外部参照定义。

1）选择任何一种方式调用【绑定】命令后，均可打开如图9-74所示的【外部参照绑定】对话框。

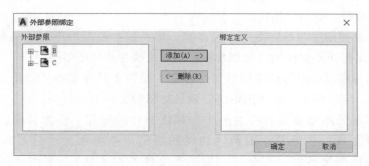

图9-74 【外部参照绑定】对话框

2）对话框左侧【外部参照】列表框显示当前图形中已创建的所有外部参照的列表。

3）单击某外部参照对象前面的展开图标➕，或者直接双击该参照对象名称，可以展开该外部参照对象文件包含的块、文本样式、标注样式、图层、线型等的树状图，如图9-75所示。

4）选择需要绑定的属性（如【C|轮廓线】），单击【添加】按钮，将该属性添加到右侧的【绑定定义】列表框中，该属性的信息就被绑定到当前图形文件内部。若要删除某个已经绑定的属性，首先选择该属性，然后单击【删除】按钮，就可以将该属性从【绑定定义】列表框中删除。

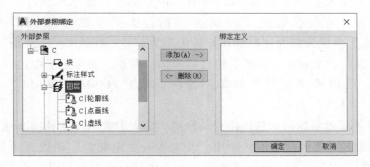

图9-75 【外部参照绑定】对话框的树状图

5）完成上述设置后，单击【确定】按钮，完成绑定操作。

通过绑定将依赖外部参照源图形文件的命名对象合并到当前图形文件中后，可以像使用当前图形文件自身的命名对象一样对其进行使用。绑定依赖外部参照源图形文件的命名对象后，AutoCAD从每个对象名称中删除竖线符号"|"，并使用由数字（通常为零）分隔的两个美元符号（$$）替换它。例如，参照图层名称"C|轮廓线"将变为"C0轮廓线"，这时可以将"C0轮廓线"修改为其他名称。

9.4.5 外部参照绑定

插入外部参照的操作和插入块很相似，插入后都表现为一个整体，但其实两者有明显的区别，参照仅仅是插入了一个链接，而没有真正将图形插入到当前图形。参照依赖于源图形文件的存在而存在，如果找不到源图形文件，参照就无法显示。所以对包含外部参照的最终图形文件进行存储时，有两种选择。

（1）将外部参照图形与最终图形一起存储　将外部参照源图形文件与最终图形文件一起交付，外部参照源图形文件的任何修改都将继续反映在最终图形中。

（2）将外部参照源图形与最终图形文件绑定　要防止对外部参照源图形文件的修改影响最终图形文件，应将外部参照源图形绑定到最终图形文件上。

将一个外部参照图形对象转变为一个外部块文件的过程，称为绑定。绑定以后，外部参照图形对象变成一个外部块对象，相关的图形信息将永久性地写入当前图形文件内部，形成当前图形文件的一部分（与源图形文件不再关联），下面通过一个例题进行讲解。

【例 9-10】　将外部参照图形绑定到当前图形文件。

1）在【外部参照】选项板（图 9-67）的【文件参照】列表框中选择一个外部参照，在其上单击鼠标右键，在弹出的快捷菜单中选择【绑定】选项，弹出的【绑定外部参照/DGN 参考底图】对话框如图 9-69 所示。

2）在【绑定外部参照/DGN 参考底图】对话框中，选择下列选项之一。

【绑定】：将外部参照图形对象转换为块参照，绑定方式将改变外部参照的定义表名称。依赖外部参照图形源文件的命名对象的命名语法从"块名｜定义名"变为"块名 $ n $ 定义名"。在这种情况下，将为绑定到当前图形文件中的所有外部参照相关定义表创建唯一的命名对象。例如，如果有一个名为"FLOOR1"的外部参照图形源文件，它包含一个名为"WALL"的图层，那么在绑定了外部参照后，依赖外部参照图形源文件的图层"FLOOR1｜WALL"将变为名为"FLOOR1 $ 0 $ WALL"的本地定义图层。如果已经存在同名的本地命名对象，$ n $ 中的数字将自动增加。例如，如果图形中已经存在"FLOOR1 $ 0 $ WALL"，依赖外部参照图形源文件的图层"FLOOR1｜WALL"将被重命名为"FLOOR1 $ 1 $ WALL"。

【插入】：将外部参照图形对象转换为块参照，插入方式不改变外部参照的定义表名称。依赖外部参照的命名对象的命名不再采用"块名 $ n $ 定义名"语法，而是从名称中去掉外部参照图形源文件名称。对于插入的图形，如果内部命名对象与绑定的依赖外部参照源图形文件的命名对象具有相同的名称，符号表中不会增加新的名称，绑定的依赖外部参照源图形文件的命名对象采用本地定义的命名对象的特性。例如，如果有一个名为"FLOOR1"的外部参照，它包含一个名为"WALL"的图层，在选择【插入】选项绑定后，依赖外部参照源图形文件的图层"FLOOR1｜WALL"将变为内部定义的图层"WALL"。

3）单击【确定】按钮关闭【绑定外部参照/DGN 参考底图】对话框。

> 提示　外部参照一经绑定，将从【外部参照】选项板的【文件参照】列表框中消失。

9.4.6 更新外部参照

可以随时使用【外部参照】选项板中的 ⟳ 按钮对所有参照进行重载，以确保使用最新版本。另外打开图形文件时，AutoCAD 会自动重载每个依赖外部参照源图形文件的图形对象使反映最新版本。

默认情况下，如果外部参照源图形文件发生更改，则状态栏【外部参照】按钮 ⌂ 上将显示一个提示气泡，如图 9-76 所示。提示气泡将列出最多三个发生更改的外部参照源图形文件的名称，并且在信息可用时，还将列出外部参照源图形文件修改者的姓名。

单击提示气泡中的参照名会打开比较窗口，窗口上方工具条 ⚙ 外部参照比较 💡 ⇐ ⇒ ✔ 提供比较功能。也可以单击带感叹号的【外部参照】按钮 ⌂，打开【外部参照】选项板，进行更新。注意发生更改的参照会显示【需要重载】状态，如图 9-77 所示。选择某个参照，在其上单击鼠标右键，在弹出的快捷菜单中选择【重载】选项，这样参照就可以更新了，这时状态栏中【外部参照】按钮 ⌂ 上的感叹号消失。

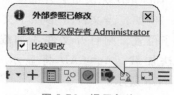

图 9-76　提示气泡

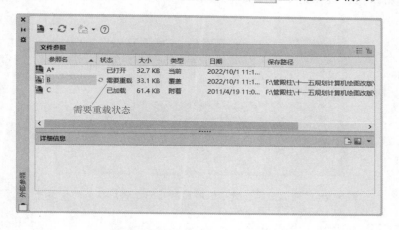

图 9-77　【外部参照】选项板中显示【需要重载】状态的参照

9.4.7 外部参照剪裁

外部参照创建好后，外部参照源图形文件的全部图形将插入到当前图形文件中。有时可能不希望显示全部外部参照图形，而只希望显示其中的一部分。AutoCAD 提供的外部参照剪裁功能可以为外部参照对象建立一个封闭的边界，位于边界以内的参照对象将显示出来，而边界之外的参照对象则不会被显示。看上去外部参照对象如同沿着边界被剪裁过一样。

在实际应用中，外部参照的剪裁功能可以用于在一张图样上绘制局部放大图，只需将总体布局图以外部参照的形式插入当前图形，并选用较大的显示比例，然后为该参照设置剪裁边界。

调用外部参照剪裁功能的方法有如下几种。

菜单栏：【修改】→【剪裁】→【外部参照】命令。

功能区：【参照】面板→【剪裁】按钮。

命令窗口：输入"xclip"或缩写"xc"，按空格键或按<Enter>键确认。

9.4.8　寻回丢失的外部参照文件

AutoCAD 存储了用于创建外部参照的图形对象的路径。每次打开有外部参照关系的文件时，AutoCAD 都会检查该图形对象参照的路径以确定外部参照图形文件的名称和位置。

如果外部参照源图形文件的名称或位置有所更改，则 AutoCAD 无法重载外部参照图形。

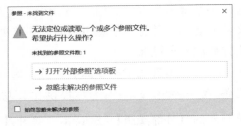

例如，当文件 A 参照了文件 B 时，文件 B 改变了位置，则打开文件 A 加载图形时，外部参照无法加载，AutoCAD 将显示一条错误信息，如图 9-78 所示。

图 9-78　错误信息提示

这时可以单击选择【打开"外部参照"选项板】选项，弹出的【外部参照】选项板显示【B】处于【未找到】状态，如图 9-79 所示。可以在参照名上单击鼠标右键，在弹出的快捷菜单中选项【选择新路径】选项重新定位文件。

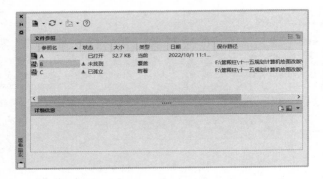

图 9-79　【外部参照】选项板中显示【未找到】状态的参照

> 提示　避免出现这些错误的一种方法是，将创建了【附着型】外部参照的文件传递给其他人时，确保传递了所有的参照图形文件。

9.4.9　外部参照技术小结

1）外部参照技术可以用一组子图构造复杂的主图。由于外部参照的子图与主图之间保持一种"链接"关系，子图的数据还保留在各自的图形文件中。因此，使用外部参照的主图并不显著增加图形文件的大小，从而节省了存储空间。

2）每次打开带有外部参照的图形文件时，有参照关系的图形对象反映出外部参照图形文件的最新版本。对外部参照图形文件的任何修改一旦被保存，当前图形文件就会在状态栏弹出提示气泡，并且重载后马上反映出外部参照图形的变化，因此，可以实时地了解到项目组其他成员的最新进展。

3）有外部参照关系的图形对象被视为一个整体，可以对其进行移动、复制、旋转等编辑操作。对于当前图形文件中的参照图形，可以直接（不必回到源图形文件）对其进行编辑，保存修改后，源图形文件也会自动更新，这就是在位编辑外部参照。

4）在一个图形文件中可以引用多个外部参照图形，反之，一个图形文件也可以同时在多个图形文件中被作为外部参照引用。

思考与练习

1. 概念题

1）利用什么命令可以把块分解为独立的对象？

2）合理定义块的插入点有什么好处？

3）怎样建立有属性的块？

4）怎样编辑块的属性？

5）怎样建立一个外部块？当插入一个文件时，它的插入点是怎样配置的？利用什么命令来定义一个文件的插入点？

6）怎样理解图层与块的关系？

7）外部参照与块有什么区别？

8）怎样应用各种命令控制外部参照？

2. 绘图练习

绘制如图 9-80 所示的拨叉零件图。

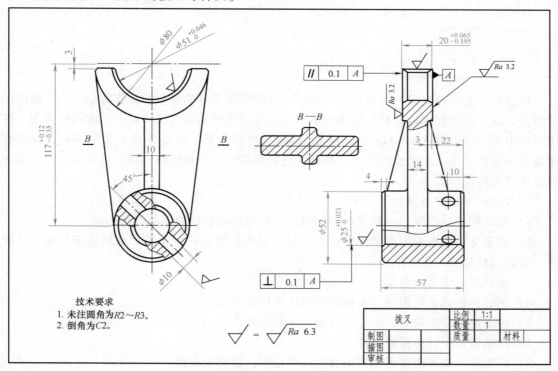

图 9-80 习题 2 图

AutoCAD — □ × →

第10章

高效绘图工具

【本章重点】
- 设计中心
- 工具选项板
- CAD 标准
- 样板文件

10.1 设计中心

设计中心是一种直观、高效、与 Windows 资源管理器界面类似的工作控制中心。通过设计中心，既可以管理本地计算机的图形资源，又可以管理局域网或互联网上的图形资源。使用设计中心，可以将 AutoCAD 文件中块、图层、外部参照、标注样式、文字样式、线型和布局等内容直接插入到当前图形中，从而实现资源共享，简化绘图过程，提高多文档、多人情景下的协同设计效率。

一般使用设计中心做如下工作。

1）浏览用户计算机、网络驱动器和网页上的图形内容，如图形或符号库。

2）在定义表中查看图形文件中命名对象（如块和图层）的定义，然后将定义插入、附着、复制和粘贴到当前图形中。

3）更新或重定义块定义。

4）创建链接到常用图形、文件夹和网址的快捷方式。

5）向图形中添加内容，如外部参照、块和填充。

6）在新窗口中打开图形文件。

7）将图形、块和图案填充拖动到设计中心中，以便于访问。

8）可以在打开的图形文件之间复制和粘贴内容，如图层定义、布局和文字样式。

10.1.1 【设计中心】选项板界面

打开【设计中心】选项板有如下几种方式。

菜单栏：【工具】→【选项板】→【设计中心】命令。

功能区：【视图】选项卡→【选项板】面板→【设计中心】按钮 ▦ 。

选择任何一种方式调用命令均可打开【设计中心】选项板，如图 10-1 所示。【设计中心】选项板有【文件夹】【打开的图形】【历史记录】三个选项卡。

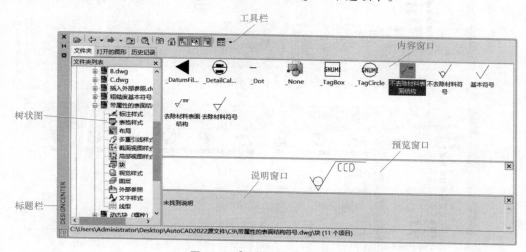

图 10-1 【设计中心】选项板

【文件夹】选项卡：以树状图显示计算机、网络驱动器和网页上的图形内容。

【打开的图形】选项卡：显示当前已打开图形的列表。单击某个图形文件，然后单击【文件夹列表】窗口中的一个定义表，可以将图形文件的内容加载到内容窗口中。

【历史记录】选项卡：显示在设计中心中打开过的文件列表。双击列表中的某个图形文件，可以在【文件夹】选项卡的树状图中定位此图形文件，并将其内容加载到内容窗口中。

工具栏：顶部的工具栏提供若干选项和操作。

10.1.2 查看设计中心的对象

查看设计中心的对象主要在【文件夹】选项卡中完成。该选项卡主要分为两部分，左侧的【文件夹列表】窗口以树状图显示图形内容的源，右侧的内容窗口显示当前所选图形内容的具体组成部分。

1. 查看文件夹中的图形文件

单击展开【设计中心】选项板的【文件夹】选项卡，在左侧的【文件夹列表】窗口中单击某个文件夹，则该文件夹中的图形文件将显示在右侧的内容窗口中。在内容窗口中单击选择某个文件，预览窗口将显示该文件中图形的缩略图，如图 10-2 所示。

2. 查看图形文件的组成部分

在【文件夹列表】窗口中双击某个文件，内容窗口将显示该文件的标注样式、表格样式、布局、块、图层、外部参照、文字样式和线型等组成部分，如图 10-3 所示。

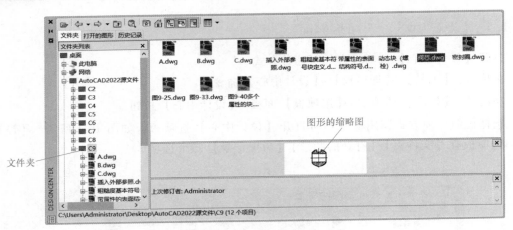

图 10-2　查看文件夹中的图形文件

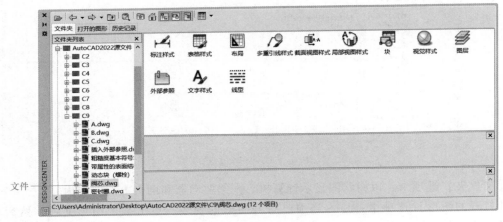

图 10-3　查看图形文件的组成部分

3. 查看具体图形对象

在【文件夹列表】窗口中展开某个图形文件的定义表，双击某个图形文件的组成部分，内容窗口将显示该组成部分包含的具体图形对象，如图 10-4 所示。

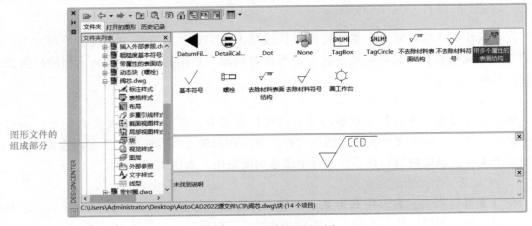

图 10-4　查看具体图形对象

10.1.3 调用设计中心的对象

从设计中心调用对象主要有如下三种方式。

1）在内容窗口中的对象名上单击鼠标右键，在弹出的快捷菜单中选择打开、插入或添加的相应选项。

2）将某个对象拖动到某个图形文件的绘图区域，按照默认设置将其插入。

3）双击对象实现自动添加，或者打开相应的对话框（或列表）进行添加操作。

1. 打开图形文件

要打开设计中心中的某个文件，在内容窗口中的文件名上单击鼠标右键，在弹出的快捷菜单中选择【在应用程序窗口中打开】选项即可，如图 10-5 所示。

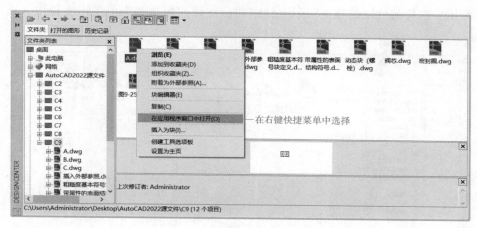

图 10-5 打开图形文件

2. 插入图形对象

要将设计中心中的某个图形对象插入当前图形文件，在内容窗口中的图形对象上单击鼠标右键，在弹出的快捷菜单中选择插入的相应选项即可。例如，要插入如图 10-4 所示块，在内容窗口中该图形对象上单击鼠标右键，在弹出的快捷菜单中选择【插入块】选项即可，如图 10-6 所示。

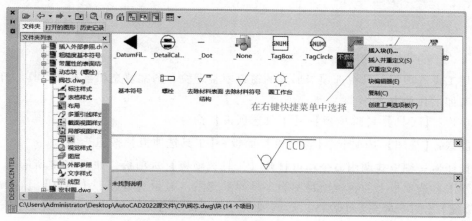

图 10-6 插入图形对象

通过设计中心插入块可以决定是否更新当前图形中的块定义，块定义的源文件可以是图形文件或符号库图形文件中的嵌套块。在内容窗口中的块或图形文件上单击鼠标右键，在弹出的快捷菜单中选择【仅重定义】或【插入并重定义】选项，便可以更新选定的块定义。注意体会此功能与外部参照功能的不同，当采用外部参照并更改块定义的源文件时，包含此块的图形的块定义并不会自动更新。

3. 采用具体对象定义

当图形文件中包含标注样式、表格样式、图层、文字样式等组成部分时，它们的具体对象定义也可以添加到当前图形文件中。在内容窗口中的具体标注样式名称上单击鼠标右键，在弹出的快捷菜单中选择添加的相应选项即可。例如，要将图 10-3 所示标注样式中的【GB-5】样式添加到当前图形中，则在弹出的快捷菜单中选择【添加标注样式】选项即可，如图 10-7 所示。这样就可以把其他图形文件中的标注样式添加到当前图形文件中，而不需要重新定义。

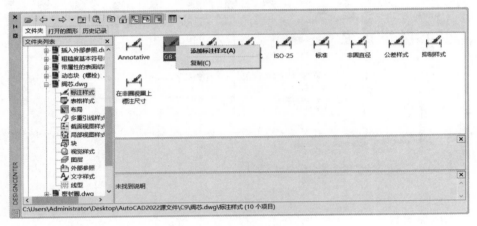

图 10-7　采用具体对象定义

10.2　工具选项板

10.2.1　插入工具

使用工具选项板，可在选项卡形式的窗口中整理块、图案填充和自定义工具。打开工具选项板有如下几种方式。

菜单栏：【工具】→【选项板】→【工具选项板】命令。

功能区：【视图】选项卡→【选项板】面板→【工具选项板】按钮。

选择任何一种方式调用命令均可打开【工具选项板】选项板，如图 10-8 所示。

位于工具选项板上的各种项目称为工具，系统默认显示【建模】【约束】【注释】【建筑】【机械】【图案填充】【表格】等选项卡，相应提供各类工具。需要向图形中添加工具时，可以直接将其从工具选项板拖动至图形中。

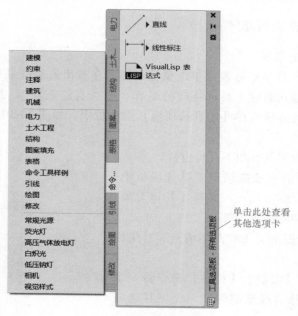

图 10-8 【工具选项板】选项板

10.2.2 编辑工具特性

利用【工具特性】对话框，可对所要插入的工具的特性进行编辑，编辑工具特性的步骤如下。

1）在工具选项板上用鼠标右键单击某个工具，然后在弹出的快捷菜单中选择【特性】选项，系统弹出【工具特性】对话框，如图 10-9 所示。

2）在【工具特性】对话框中，可上下滚动查看所有工具特性，单击特性列表中的字段，可输入新的值或重新选择特性选项。

【插入】（或【图案】）列表：列出插入块（或图案填充）的相应特性，可在此处设置插入时的缩放比例、旋转和角度等。

【常规】列表：列出当前工具的原有特性，编辑修改后的当前工具特性将替换原特性。例如，可更改图层、颜色和线型等属性。

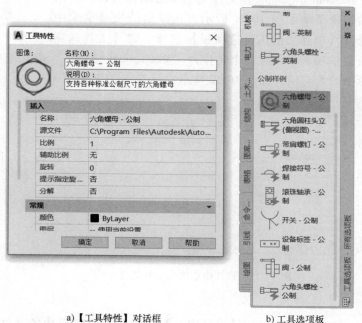

a) 【工具特性】对话框   b) 工具选项板

图 10-9 【工具特性】对话框及工具选项板

10.2.3 自定义工具选项板

1. 创建空的工具选项板

在【工具选项板】选项板标签上单击鼠标右键，在弹出的快捷菜单中选择【新建选项板】选项，根据提示输入新建工具选项板的名称，如"我的工具"，然后按<Enter>键。这样新建的工具选项板就会显示在【工具选项板】选项板中，如图10-10所示。

2. 添加工具

向工具选项板添加工具有如下几种方法。

1）将绘图区域中的对象拖动至工具选项板中，可添加的对象包括块、图案填充、表格、几何对象、尺寸标注、外部参照和光栅图像等。

2）将设计中心的图形、块和图案填充等对象拖动至工具选项板中。

3）使用【剪切】【复制】【粘贴】命令将一个工具选项板中的工具移动或复制到另一个工具选项板中。

3. 利用设计中心创建工具选项板

按照10.1节介绍的方法打开【设计中心】选项板，在【文件夹列表】窗口树状图中的文件夹、图形文件或块上单击鼠标右键，然后在弹出的快捷菜单中选择【创建块的工具选项板】选项，例如，在【Mechanical Sample】文件夹上单击鼠标右键，弹出的快捷菜单如图10-11所示。在弹出的快捷菜单中选择【创建块的工具选项板】选项，则【工具选项板】选项板会创建一个名称为"Mechanical Sample"的工具选项板，并包含所选文件夹或图形中的所有块，如图10-12所示。

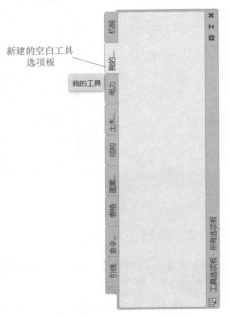

图 10-10 自定义的工具选项板

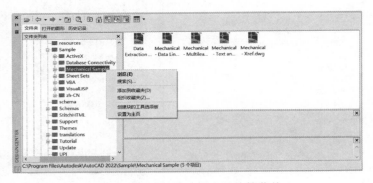

图 10-11 设计中心的右键快捷菜单

图 10-12 【Mechanical Sample】工具选项板

此外，也可以在【设计中心】选项板内容窗口中的文件或图形上单击鼠标右键，打开快捷菜单，如图10-5和图10-6所示，在其中选择【创建工具选项板】选项即可。

10.2.4 保存和导入工具选项板

可以将创建好的选项板保存为扩展名为"xtp"的工具选项板文件，也可以将相关的选项板组织在一起构成选项板组，并保存为扩展名为"xpg"的工具选项板组文件。

1. 保存工具选项板（组）文件

在【工具选项板】选项板的选项卡标签上单击鼠标右键，在弹出的快捷菜单中选择【自定义选项板】选项，系统弹出【自定义】对话框，如图10-13所示。

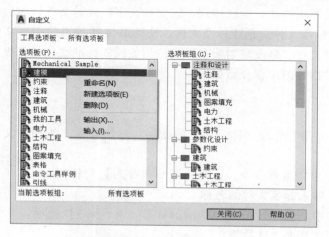

a)【选项板】列表框右键快捷菜单

b)【选项板组】列表框右键快捷菜单

图10-13 【自定义】对话框

【自定义】对话框左侧是【选项板】列表框，右侧是【选项板组】列表框，选择选项板或选项板组并单击鼠标右键，在弹出的快捷菜单中选择【输出】选项便可以输出选项板或选项板组，即保存相应的"xtp"或"xpg"文件。

2. 导入工具选项板（组）文件

在【自定义】对话框中选择选项板或选项板组并单击鼠标右键，在弹出的快捷菜单中选择【输入】选项，则可以导入外部的选项板或选项板组。

10.3 CAD 标准

本节讲述怎样定义标准、怎样检查图形是否与标准冲突、怎样修复标准冲突。

10.3.1 CAD 标准概述

为维护图形文件的一致性，可以创建标准文件以定义常用属性。标准是指为命名对象（如图层和文字样式）定义的一组常用特性。为了增强一致性，用户或用户的 CAD 管理员可以创建、应用和核查 AutoCAD 图形中的标准。因为标准可以帮助其他人理解图形，所以在多人创建同一个图形的协作环境下尤其有用。

1. 应用标准文件可检查的命名对象

可以为下列命名对象创建标准：图层、文字样式、线型、标注样式。

2. 标准文件

定义标准后，将它们保存为标准文件。然后，可以将标准文件与一个或多个图形文件关联起来。将标准文件与图形文件相关联后，应该定期检查该图形文件，以确保它遵循标准。

10.3.2　定义标准

要设置标准，可以先创建定义图层特性、标注样式、线型和文字样式的文件，然后将其保存为带有"dws"文件扩展名的标准文件。创建标准文件、使标准文件与当前图形文件相关联、从当前图形文件中删除标准文件、修改与当前图形文件相关联的标准文件优先级、指定检查图形文件时使用的标准文件插件的步骤介绍如下。

1. 创建标准文件的步骤

1）新建一个图形文件。

2）在新图形文件中，创建将要作为标准文件一部分的图层、标注样式、线型和文字样式等。

3）依次选择【文件】→【另存为】菜单命令，打开【图形另存为】对话框。

4）在【文件名】文本框中，输入标准文件的名称。

5）在【文件类型】下拉列表中，选择【AutoCAD 图形标准（＊.dws）】选项。

6）单击【保存】按钮完成创建标准文件的操作。

2. 使标准文件与当前图形文件相关联的步骤

1）打开一个要与标准文件关联的图形文件，然后依次选择【工具】→【CAD 标准】→【配置】菜单命令，或者单击功能区【管理】选项卡上的【CAD 标准】按钮，均可打开【配置标准】对话框，如图 10-14 所示。

图 10-14　【配置标准】对话框

2）在【配置标准】对话框的【标准】选项卡中，单击【添加标准文件】按钮，系统会弹出【选择标准文件】对话框。

3）在【选择标准文件】对话框中，找到并选择标准文件，单击【打开】按钮，则该文件出现在【配置标准】对话框的【标准】选项卡中，如图 10-15 所示。

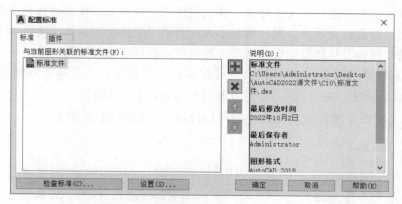

图 10-15　打开标准文件后【配置标准】对话框

4）如果要使其他标准文件与当前图形文件相关联，则可重复步骤 2）和步骤 3）。此步骤非必选步骤。

5）单击【确定】按钮完成使标准文件与当前图形文件相关联的操作。

3. 从当前图形文件中删除标准文件的步骤

1）依次选择【工具】→【CAD 标准】→【配置】菜单命令，或者单击功能区【管理】选项卡上的【CAD 标准】按钮，均可打开【配置标准】对话框。

2）在【与当前图形关联的标准文件】列表框中选择一个标准文件。

3）单击【删除标准文件】按钮。

4）如果要删除其他标准文件，则可重复步骤 2）和步骤 3）。此步骤非必选步骤。

5）单击【确定】按钮完成从当前图形文件中删除标准文件的操作。

4. 修改与当前图形文件相关联的标准文件优先级的步骤

根据工程的组织方式，可以决定是否创建多个工程特定标准文件并将它们与单个图形文件关联起来。检查图形文件时，不同标准文件的各设置之间可能发生冲突。例如，某个标准文件指定【WALL】图层为黄色，而另一个标准文件指定同名图层为红色。发生冲突时，第一个与图形文件关联的标准文件具有优先权。若有必要，可以按照如下步骤修改标准文件的优先级。

1）依次选择【工具】→【CAD 标准】→【配置】菜单命令，或者单击功能区【管理】选项卡上的【CAD 标准】按钮，均可打开【配置标准】对话框。

2）在【配置标准】对话框的【标准】选项卡的【与当前图形关联的标准文件】列表框中选择要更改其位置的标准文件。

3）单击【向上】按钮或【向下】按钮，将标准文件向上或向下移动到列表中的某个位置。

4）如果要更改列表中其他标准文件的位置，则可重复步骤 2）和步骤 3）。此步骤非必选步骤。

5）单击【确定】按钮完成修改与当前图形文件相关联的标准文件优先级的操作。

5. 指定检查图形文件时使用的标准文件插件的步骤

如果希望只使用指定的插件检查图形文件，则可以在定义标准文件时指定插件。例如，如果最近只对图形文件进行了文字修改，那么只使用图层和文字样式插件检查图形文件可以节省检查时间、提高检查效率。默认情况下，检查图形文件是否与标准文件冲突时将使用所有插件。可以按照如下步骤指定检查图形文件时使用的标准文件插件。

1）依次选择【工具】→【CAD标准】→【配置】菜单命令，或者单击功能区【管理】选项卡上的【CAD标准】按钮 ，均可打开【配置标准】对话框。

2）展开【配置标准】对话框的【插件】选项卡，如图10-16所示。

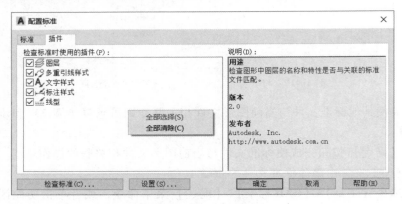

图10-16 【插件】选项卡

在【插件】选项卡中，至少勾选一个插入模块的复选框，以检查图形是否与标准冲突。若要选择所有插入模块，则可在【检查标准时使用的插件】列表框中单击鼠标右键，在弹出的快捷菜单中选择【全部选择】选项。若在快捷菜单中选择【全部清除】，则可以清除所有插件。

3）单击【确定】按钮完成指定检查图形文件时使用的标准文件插件的操作。

10.3.3 检查和修复标准冲突

将标准文件与图形文件相关联后，应该定期检查该图形文件，以确保它遵循标准。这在多人同时修改一个图形文件时尤为重要。例如，在一个具有多个次承包人的项目中，某个次承包人可能创建了新的但不符合所定义的标准文件标准的图层，在这种情况下，需要能够识别出非标准的图层然后对其进行修复。

1. 检查标准冲突

检查图形文件时，系统将根据与图形文件关联的标准文件检查每个指定类型的每个命名对象。例如，将利用一个或多个关联标准文件中的【图层】插件检查当前图形文件中的每个图层。

标准检查可以找出如下两种问题。

1）在被检查的图形文件中出现带有非标准名称的对象。例如，名为"WALL"的图层出现在图形文件中，但并未出现在任何相关标准文件中。

2）图形文件中的命名对象可以与标准文件中的某一名称相匹配，但它们的特性并不相同。例如，图形文件中【WALL】图层为黄色，而标准文件将【WALL】图层指定为红色。

2. 修复标准冲突

1）打开具有一个或多个关联标准文件的图形文件（以【关联标准文件.dwg】标准文

件为例，该文件关联了同目录下的【标准文件.dws】标准文件）。状态栏中显示【关联标准文件】图标 ，如果当前图形文件没有关联标准文件，状态栏中将显示【缺少标准文件】图标 。

> 提示　如果单击【缺少标准文件】图标 ，则在解决了缺少标准文件问题后，该位置图标自动变为【关联标准文件】图标 。

2）在关联了一个或多个标准文件的图形文件中，依次选择【工具】→【CAD 标准】→【检查】菜单命令，单击功能区【管理】选项卡【CAD 标准】面板上的【检查标准】按钮 ，或者在【配置标准】对话框中单击【检查标准】按钮，均可打开【检查标准】对话框，其中的【问题】列表框会显示检查出的第一个标准冲突的情况，如图 10-17 所示。

【检查标准】对话框各部功能介绍如下。

【替换为】列表框：用于显示【问题】列表框显示的标准冲突的建议修复方法。存在建议的修复方法时，标准对象前会显示选中图标 ✓，可单击【修复】按钮用此标准进行修复。不存在建议的修复方法时，标准对象前均无选中图标 ✓，且【修复】按钮不可用，此时可在【替换为】列表框中手动选择一个标准对象。

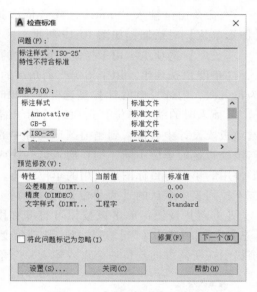

图 10-17 【检查标准】对话框

【下一个】按钮：手动修复一个标准冲突后，系统会自动显示下一个标准冲突，如果不修复当前标准冲突，则可以单击【下一个】按钮查看下一个标准冲突。

【将此问题标记为忽略】复选框：勾选该复选框，则系统标记该标准冲突并将其忽略，下次调用【标准检查】命令时，系统将不显示该冲突。

3）重复进行步骤 2），直至查看了所有标准冲突，最后系统弹出【检查标准-检查完成】对话框，如图 10-18 所示。单击【关闭】按钮完成标准检查和修复。

对于非标准名称对象，例如，假设图形文件包含非标准名称的【WALL】图层，利用【检查标准】对话框将该非标准名称替换为标准名称"ARCH-WALL"，单击【修复】按钮，则所有相关对象都将从【WALL】图层传输到【ARCH-WALL】图层，然后从图形文件中清除【WALL】图层。

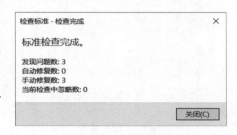

图 10-18 【检查标准-检查完成】对话框

10.4 建立样板图

AutoCAD 中提供了很多样板图，但因为与实际要求有出入，往往需要自定义样板。下面以建立一张 A3 幅面的样板图为例说明建立样板图的步骤。

10.4.1 设置绘图单位和幅面

启动 AutoCAD 后，单击【新建】按钮 打开【选择样板】对话框，选择采用默认设置的公制基础样板文件"acadiso.dwt"，单击【打开】按钮打开一个新文件，在此基础上创建样板文件。

1. 修改绘图单位

在命令窗口输入"units"，或者依次选择【格式】→【单位】菜单命令，均可以打开【图形单位】对话框，如图 10-19 所示。

【长度】选项组：用于指定测量单位的当前显示格式。

【角度】选项组：用于指定当前角度的格式和当前角度显示的精度。默认以逆时针方向为正方向，勾选【顺时针】复选框则以顺时针方向计算正的角度值。

【插入时的缩放单位】选项组【用于缩放插入内容的单位】下拉列表：用于控制从工具选项板或设计中心拖入到当前图形文件中的块的测量单位。如果块或图形创建时使用的单位与该处指定的单位不同，则在插入这些块或图形时对其进行比例缩放。插入比例是源块或图形使用的单位与目标图形使用的单位之比。如果插入块时不需要按指定单位缩放，则可选择该下拉列表中默认的【无单位】选项。

【方向】按钮：单击该按钮可打开如图 10-20 所示的【方向控制】对话框，可以选择【东】【北】【西】【南】选项指定基准角度的方向，也可以选择【其他】选项，然后根据系统提示在所需方向定位一个点或输入一个角度。一般保持默认即可。

图 10-19 【图形单位】对话框

图 10-20 【方向控制】对话框

2. 修改绘图边界

在命令窗口输入"limits",或者依次选择【格式】→【图形界限】菜单命令,命令窗口提示及操作如下。

命令:_limits

重新设置模型空间界限:

指定左下角点或[开(ON)/关(OFF)]<0.0000,0.0000>:↙//确定绘图界限的左下角点的位置

指定右上角点 <420.0000,297.0000>:↙　　　　　　//确定绘图界限右上角点的位置在(420,297)

利用【图形界限】命令的[开(ON)/关(OFF)]选项,可以打开或关闭边界检验功能。如果选择[开(ON)]选项启用边界检验功能,则只能在图形界限范围内绘图,若超出范围,则系统将拒绝调用命令或进行操作。如果选择[关(OFF)]选项关闭边界检验功能,则绘图不受图形界限的限制。

> 提示 可以打开栅格显示功能,然后在命令窗口依次输入"zoom"→"all"命令观察设置的绘图界限,这时整个绘图界限会完全显示在绘图区域中。

10.4.2 设置图层、文本样式、标注样式

可以把图层、文本样式和标注样式等保存在样板文件中,这样就不用重复设置了。具体设置方法介绍如下。

1. 设置图层

按照5.2节介绍的图层设置方法建立图层,具体设置见表10-1。

表10-1 图层设置

图层名称	图层线型	线宽/mm
轮廓线	Continuous	0.5
虚线	Hidden	0.25
点画线	Center	0.25
双点画线	Phantom	0.25
标注	Continuous	0.25
文本	Continuous	0.25
剖面线	Continuous	0.25
细实线	Continuous	0.25

2. 创建常用块

按照9.2节和9.3节介绍的块创建方法创建常用表面结构符号块,具体见表10-2。

表10-2 常用表面结构符号块

序号	符号	说　　明
1	√	基本图形符号,仅用于简化代号标注

（续）

序号	符号	说　明
2	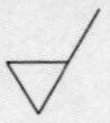	在基本图形符号上加一短横，表示指定表面是用去除材料的方法获得，如通过机械加工获得的表面
3		在基本图形符号上加一个圆圈，表示指定表面是用不去除材料的方法获得，如不经加工的铸造表面
4	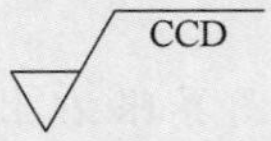 CCD	带一个参数的表面结构符号
5	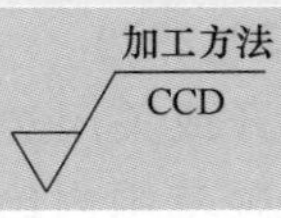 加工方法 CCD	带两个参数的表面结构符号

3. 设置文本样式

按照 7.1 节介绍的方法设置文本样式，具体见表 10-3。

表 10-3　文本样式

样式名称	字体	作　用
工程字（直体）	gbenor. shx 和 gbcbig. shx	用于文字输入或尺寸标注中的直体工程字输入
工程字（斜体）	gbeitc. shx 和 gbcbig. shx	用于文字输入或尺寸标注中的斜体工程字输入

4. 设置标注样式

按照 8.2 节和 8.3 节介绍的方法设置尺寸标注样式，具体见表 10-4（对照图 8-34）。

表 10-4　标注样式

样式名称	作　用
GB-5	基本样式，用于标注一般的尺寸
角度	【GB-5】标注样式的子样式，用于标注角度尺寸
非圆直径	用于标注非圆视图中的直径尺寸，带直径符号
抑制样式	用于标注有抑制（隐藏尺寸线和尺寸界线）的尺寸
公差样式	用于标注带尺寸公差的尺寸

5. 设置引线样式

按照 8.4.8 小节和 8.4.11 小节介绍的方法创建引线样式，见表 10-5。

表 10-5　引线样式

名称	作　用
基本引线	用于绘制纯引线
倒角样式	用于标注倒角尺寸
零件序号样式	用于标注装配图中的零件序号
水平竖直基准样式	用于标注水平或竖直的几何公差基准
倾斜基准样式	用于标注倾斜的几何公差基准

10.4.3　绘制边框、标题栏

调用【矩形】命令，并合理运用不同图层，绘制如图 10-21 所示的 A3 图框。

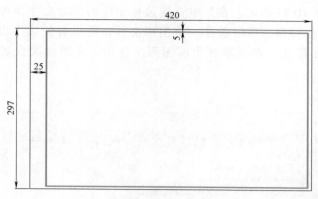

图 10-21　绘制边框

调用【直线】【矩形】【单行文字】等命令绘制标题栏，如图 10-22 所示。

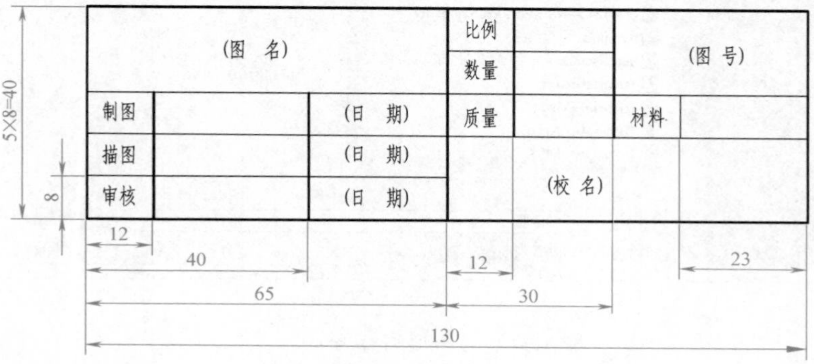

图 10-22　标题栏

不管机件尺寸有多大，均可按照 1∶1 的比例来进行绘制。在准备打印出图时，再调用【比例缩放】命令将图形放大或缩小，以适应图纸幅面大小。但是，标题栏和边框应是不与图形一起缩放的，所以要把标题栏和边框定义成块，直接在图纸空间插入。

10.4.4　建立样板文件

建立样板文件，就是对样板图文件进行保存，使其变成一个可以调用的文件，因此其保存方法与一般图形文件的保存方法一样，只是文件的扩展名不同。一般 AutoCAD 图形文件的扩展名是"dwg"，而样板图文件的扩展名为"dwt"。

调用【另存为】命令，在弹出的【图形另存为】对话框中将【文件类型】选择为【AutoCAD 图形样板（∗.dwt）】，在【文件名】文本框中输入样板文件的名称"A3 样板"，如图 10-23 所示。单击【保存】按钮会打开【样板选项】对话框，可以在【说明】文本框中输入对样板文件的描述，单击【确定】按钮，样板文件就会保存到【安装目录 \ Template】这个目录下。

10.4.5　调用样板图

如果希望以某样板文件为基础新建 AutoCAD 文档，则可调用【新建】命令打开【选择样板】对话框，如图 10-24 所示，在其中直接选择相应的样板文件即可。例如，选择【A3样板】，单击【打开】按钮，即可新建一个图形文件，可以看到如上设置的绘图环境、图层、文本样式和标注样式等均显示在当前图形文件中，无须再次设置，可大大提高工作效率。

图 10-23　【图形另存为】对话框

图 10-24　【选择样板】对话框

思考与练习

1. 概念题

1）怎样使用 AutoCAD 设计中心调用已有文件中的文本样式、标注样式、图层的设置、块等对象？

2）怎样使用工具选项板？怎样定义自己的工具选项板？

3）简述建立样板图的意义。怎样建立样板图？怎样调用样板图？

2. 绘图练习

绘制如图 10-25 所示零件图。

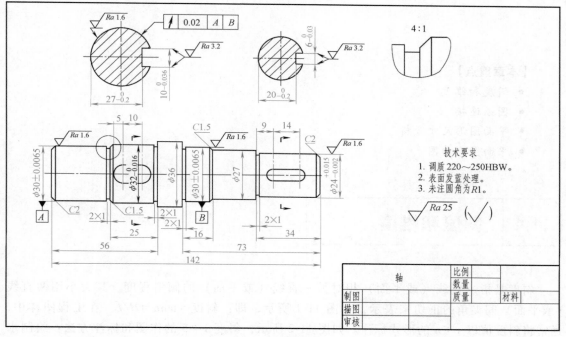

图 10-25　习题 2 图

 思政拓展：齿轮传动是机械设备中应用最广泛的机械传动方式之一，具有传动比准确、效率高、结构紧凑、工作可靠、寿命长的特点。扫描右侧二维码观看中国第一座 30 吨氧气顶吹转炉相关视频，分析其中齿轮传动的作用原理，试着绘制单个齿轮的零件图。

信物百年
中国第一座30吨
氧气顶吹转炉

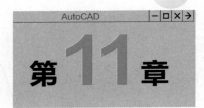

AutoCAD   ─ □ ✕ →

第**11**章

平面图形绘制

【本章重点】

- 斜度和锥度
- 圆弧连接
- 平面图形尺寸分析
- 平面图形作图

11.1   斜度和锥度

1. 斜度

斜度是指一直线（或平面）相对另一直线（或平面）的倾斜程度。其大小用两直线（或平面）间夹角的正切来表示，如图 11-1 所示，即：斜度 = $\tan\alpha = H/L$。在工程图样中，通常将斜度值以 $1:n$ 的形式标注。如图 11-2 所示，斜度 $1:5$ 的作图和标注方法：绘制水平线 AB，取五个单位长度长，过点 B 作 AB 的垂线 BC，取 BC 为一个单位长度，连接 AC 即得斜度为 $1:5$ 的直线。

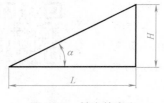

图 11-1   斜度的定义

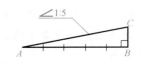

图 11-2   斜度的画法及标注

【例 11-1】   绘制如图 11-3 所示图形。

1）根据图 11-3 所示图形和尺寸，绘制除倾斜线以外的其他部分轮廓线，如图 11-4

所示。

2）过点 A 作水平线 AB，取六个单位长度长，过点 B 作 AB 的垂线 BC，取一个单位长度长，如图 11-5 所示。

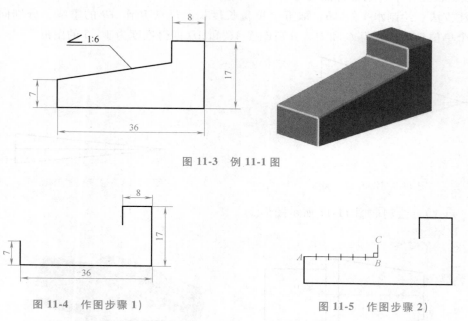

图 11-3　例 11-1 图

图 11-4　作图步骤 1）

图 11-5　作图步骤 2）

3）连接 AC 并延长，然后完成其他细节，如图 11-6 所示。

4）擦去多余图线，标注尺寸和斜度，完成图形，如图 11-7 所示。

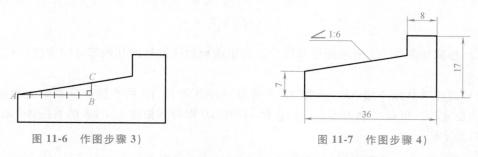

图 11-6　作图步骤 3）

图 11-7　作图步骤 4）

标注斜度符号时，斜度符号的倾斜方向应与所标注图形的倾斜方向一致，其标注方法如图 11-8 所示。

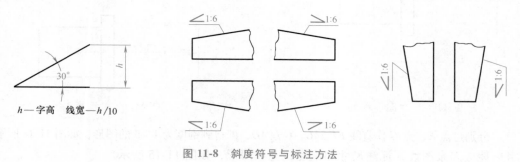

图 11-8　斜度符号与标注方法

2. 锥度

锥度是指正圆锥的底面圆直径与圆锥高度之比，如图 11-9 所示，即：锥度 = $2\tan\alpha$ = D/L。在工程图样中，通常将锥度值以 $1:n$ 的形式标注。如图 11-10 所示，锥度 $1:5$ 的作图和标注方法：绘制水平线 AB，取五个单位长度长，过点 B 作 AB 的垂线，分别向上和向下取半个单位长度长，得 C 和 D。分别连接 AC 和 AD 即得锥度为 $1:5$ 的图形。

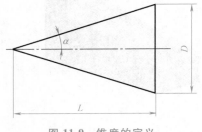

图 11-9　锥度的定义

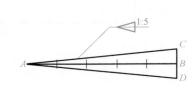

图 11-10　锥度的画法和标注

【例 11-2】　绘制如图 11-11 所示图形。

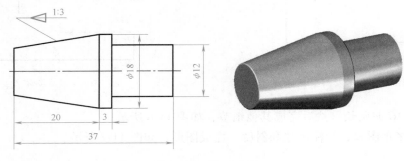

图 11-11　例 11-2 图

1）根据如图 11-11 所示图形和尺寸，绘制除倾斜线以外的其他部分轮廓线，如图 11-12 所示。

2）过点 A 作水平线 AB，并将 AB 三等分，过点 B 作 AB 的垂线，分别向上和向下取半个单位长度长，得点 C 和点 D。分别连接 AC 和 AD 即得到锥度为 $1:3$ 的直线 AC 和 AD，如图 11-13 所示。

图 11-12　作图步骤 1)

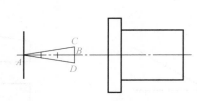

图 11-13　作图步骤 2)

3）分别过点 E、点 G 作直线 $EF//AC$、$GH//AD$，即得到锥度为 $1:3$ 的图形，如图 11-14 所示。

4）擦去多余图线，标注尺寸和锥度，完成图形，如图 11-15 所示。

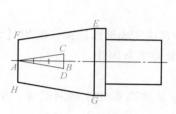

图 11-14　作图步骤 3)

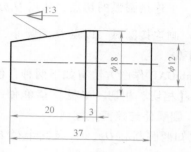

图 11-15　作图步骤 4)

标注锥度符号时，锥度符号的倾斜方向应与所标注图形的倾斜方向一致，其标注方法如图 11-16 所示。

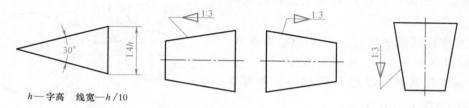

h—字高　线宽—h/10

图 11-16　锥度符号和标注方法

> 提示　若调用【多行文字】命令，则在【在位文字编辑器】窗口中，可以选择【gdt. shx】字体，这时可以用<Y>键输入锥度符号，使用<A>键输入斜度符号。

11.2　圆弧连接

在绘图时，经常需要用圆弧光滑连接已知直线或圆弧来完成图形，光滑连接也就是相切连接。为了保证相切，必须准确地作出连接圆弧的圆心和切点。

圆弧连接有如下三种情况。

1）用已知半径为 R 的圆弧连接两条已知直线。

2）用已知半径为 R 的圆弧连接两条已知圆弧，有外连接和内连接之分。

3）用已知半径为 R 的圆弧连接一条已知直线和一条已知圆弧。

1. 圆弧连接两条已知直线

已知直线Ⅰ、直线Ⅱ及连接圆弧的半径 R，求作两直线的连接圆弧，手工作图过程如图 11-17 所示。

1）求连接圆弧的圆心：分别作出与两条已知直线相距 R 的平行线，交点 O 即为连接圆弧圆心。

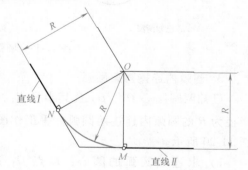

图 11-17　圆弧连接两条直线的画法

2）求连接圆弧的切点：从点 O 分别向两条已知直线作垂线，垂足 M、N 即为切点。

3）画连接圆弧：以点 O 为圆心、R 为半径在两切点 M、N 之间作圆弧，$\overset{\frown}{MN}$ 即得所求连接圆弧。

AutoCAD 作图方法有如下两种：使用【倒圆】命令直接完成圆弧连接；使用【绘图】→【圆】→【相切、相切、半径】菜单命令先绘制圆，然后修剪多余图线。

2. 圆弧外连接两条圆弧

已知两圆圆心 O_1、O_2 及其半径 R_1、R_2，用半径为 R 的圆弧外连接两圆弧。手工作图过程如图 11-18 所示。

1）求连接圆弧的圆心：以点 O_1 为圆心、R_1+R 为半径画圆弧，以点 O_2 为圆心、R_2+R 为半径画圆弧，两圆弧的交点 O 即为连接圆弧的圆心。

2）求连接圆弧的切点：连接 OO_1 得点 N，连接 OO_2 得点 M，点 N、M 即为切点。

3）画连接圆弧：以点 O 为圆心、R 为半径，画 $\overset{\frown}{MN}$，$\overset{\frown}{MN}$ 即为所求连接圆弧。

AutoCAD 作图方法有如下两种：使用【倒圆】命令直接完成圆弧连接；使用【绘图】→【圆】→【相切、相切、半径】菜单命令先绘制圆，然后修剪多余图线，如图 11-19 所示。

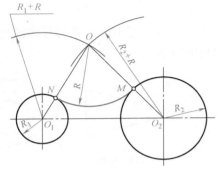

图 11-18　圆弧外连接两圆弧的画法

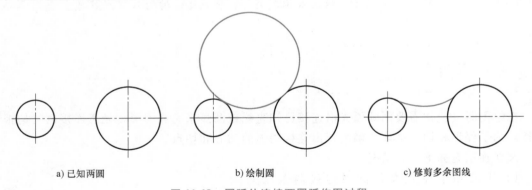

a) 已知两圆　　　　　　　　b) 绘制圆　　　　　　　　c) 修剪多余图线

图 11-19　圆弧外连接两圆弧作图过程

3. 圆弧内连接两条圆弧

已知两圆圆心 O_1、O_2 及其半径 R_1、R_2，用半径为 R 的圆弧内连接两圆弧。手工作图过程如图 11-20 所示。

1）求连接圆弧的圆心：以点 O_1 为圆心、$|R-R_1|$ 为半径画圆弧，以点 O_2 为圆心、$|R-R_2|$ 为半径画圆弧，两圆弧的交点即为连接圆弧的圆心。

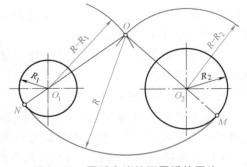

图 11-20　圆弧内连接两圆弧的画法

2）求连接圆弧的切点：连接 OO_1 得点 N，连接 OO_2 得点 M，点 M、N 即为切点。

3）画连接圆弧：以点 O 为圆心、R 为半径画 $\overset{\frown}{MN}$，$\overset{\frown}{MN}$ 即为所求的连接圆弧。

AutoCAD 作图方法：使用【绘图】→【圆】→【相切、相切、半径】菜单命令先绘制圆，然后修剪多余图线，如图 11-21 所示。

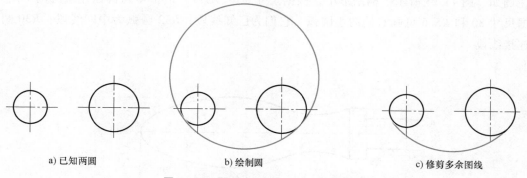

　　a) 已知两圆　　　　　　　　　b) 绘制圆　　　　　　　　c) 修剪多余图线

图 11-21　圆弧内连接两圆弧作图过程

11.3　平面图形的尺寸分析、线段分析和作图步骤

　　一个平面图形常由若干线段（直线或圆弧）连接而成，而线段都有各自的尺寸和位置关系，因此，需要对图形进行尺寸分析和线段分析，进行确定图形中哪些线段能够先画，哪些线段必须后画。

1. 平面图形的尺寸分析

平面图形的尺寸按其作用不同，可分为定形尺寸和定位尺寸两类。

1）定形尺寸：定形尺寸又称为大小尺寸，它是确定平面图形中各线段或线框形状大小的尺寸，如矩形的长度和宽度、圆及圆弧的直径或半径、角度的大小等。例如，图 11-22 所示的矩形结构的尺寸 40 和 5、同心圆的直径 $\phi12$ 和 $\phi20$、两个连接圆弧的半径 $R10$ 和 $R8$、斜线的倾斜角度 $60°$ 等均属于这类尺寸。

2）定位尺寸：定位尺寸是确定平面图形上各线段或线框间相对位置的尺寸。例如，图 11-22 所示确定左上方同心圆位置的高度方向上的尺寸 20 和宽度方向上的尺寸 3 均属于这类尺寸。

2. 平面图形的线段分析

平面图形中的线段根据其尺寸是否齐全和线段间的连接关系可分为已知线段、中间线段和连接线段三类。

1）已知线段：定形尺寸和定位尺寸齐全，作图时可以直接按尺寸画出的线段，称为已知线段。

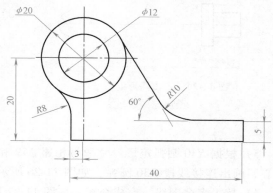

图 11-22　平面图形的尺寸分析

2）中间线段：具有定形尺寸，但定位尺寸不全，作图时需要根据与其相邻的一个线段的连接关系才能画出的线段，称为中间线段。

3）连接线段：只有定形尺寸，而无定位尺寸，作图时需要根据与其相邻的两个线段的连接关系才能画出的线段，称为连接线段。

例如，图 11-23 所示手柄图形中，根据尺寸 $\phi19$、$\phi11$、14 和 6 可画出左端的两个矩形，根据尺寸 80 和 $R5.5$ 可画右端的小圆弧，它们为已知线段；$R52$ 圆弧为中间线段；$R30$ 圆弧为连接线段。

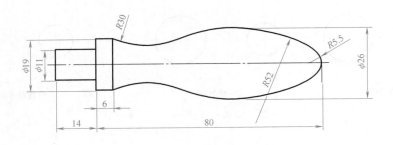

图 11-23　手柄

3. 平面图形的作图步骤

通过平面图形的尺寸分析和线段分析可知：绘制平面图形时，必须先画出各已知线段，再依次画出各中间线段，最后画出各连接线段。

现以图 11-23 所示手柄为例，在对其线段分析的基础上，具体作图步骤如下。

1）定出图形的基准线，画出已知线段，如图 11-24 所示。

2）根据 $R52$ 圆弧的定形尺寸和与相邻 $R5.5$ 圆弧的连接关系确定其圆心，画出中间线段 $R52$ 圆弧，如图 11-25 所示。

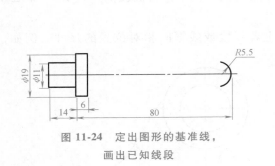

图 11-24　定出图形的基准线，
画出已知线段

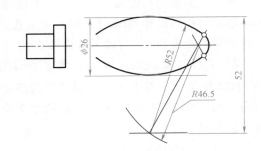

图 11-25　画出中间线段 $R52$ 圆弧

3）根据 $R30$ 圆弧定形尺寸和与相邻 $\phi19$ 和 6 确定的矩形、$R52$ 圆弧的连接关系确定其圆心，画出连接线段 $R30$ 圆弧，如图 11-26 所示。

4）擦去多余图线，完成全图，如图 11-27 所示。

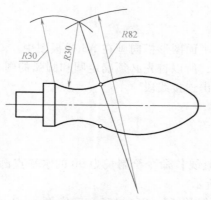

图 11-26　画出连接线段 *R*30 圆弧

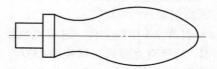

图 11-27　擦去多余图线，完成全图

11.4　平面图形绘制实例——挂轮架

1. 设计要求

　　设计挂轮架，将挂轮架的平面图形绘制在适当的样板中，并标注尺寸，如图 11-28 所示。

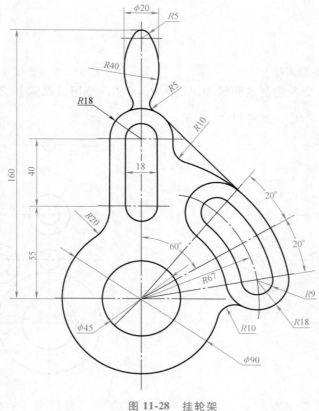

图 11-28　挂轮架

2. 分析问题

对于挂轮架，可以通过如下几个步骤来绘制。

1）根据挂轮架的尺寸，为清晰起见，将挂轮架平面图形横向画在 A3 样板图中。

2）因为挂轮架平面图形中圆和圆弧连接比较多，所以首先必须确定圆和圆弧的圆心。

3）先画出已知线段，再画出中间线段，最后画出连接线段。

4）以绘图基准作为尺寸基准，标注尺寸。

下面按照上述思路来制作图形。

3. 实例制作

1）打开 A3 样板文件，选择点画线层，使用【直线】命令绘制长为 90 的水平点画线及长为 210 的竖直点画线，确定圆心 O_1，如图 11-29 所示。

2）使用【偏移】命令分别将水平点画线向上偏移 55、95、155，确定圆心 O_2、O_3、O_4，如图 11-30 所示。

图 11-29　确定圆心 O_1

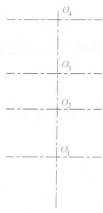

图 11-30　确定圆心 O_2、O_3、O_4

3）使用【直线】命令绘制点画线 O_1A、O_1B、O_1C，使用【圆弧】命令绘制 $R67$ 的圆弧 $\overset{\frown}{O_5O_6}$，确定圆心 O_5、O_6，如图 11-31 所示。

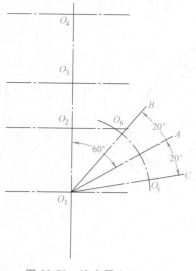

图 11-31　确定圆心 O_5、O_6

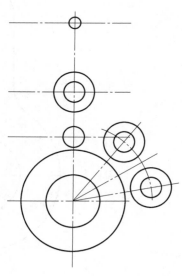

图 11-32　绘制圆

4）选择粗实线层，使用【圆】命令绘制以点 O_1 为圆心、$\phi45$ 和 $\phi90$ 为直径的圆，以点 O_2 为圆心、$\phi18$ 为直径的圆，以点 O_3 为圆心、$\phi18$ 和 $\phi36$ 为直径的圆，以点 O_4 为圆心、$\phi10$ 为直径的圆，以点 O_5 和点 O_6 为圆心、$\phi18$ 和 $\phi36$ 为直径的圆，如图 11-32 所示。

5）绘制圆弧，如图 11-33 所示。使用【修剪】命令修剪图线，如图 11-34 所示。

6）由点 O_3 处同心圆向下绘制 4 条竖直直线，如图 11-35 所示。使用【修剪】命令修剪图线，如图 11-36 所示。

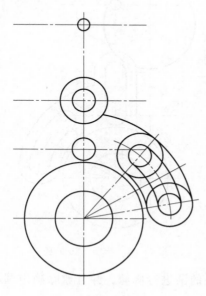

图 11-33　绘制圆弧

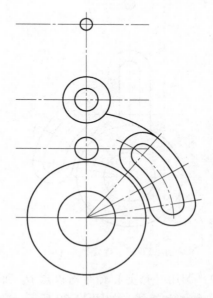

图 11-34　修剪圆弧连接中的多余图线

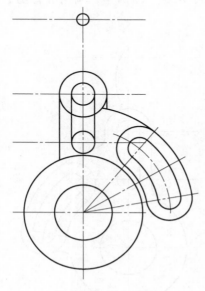

图 11-35　绘制直线

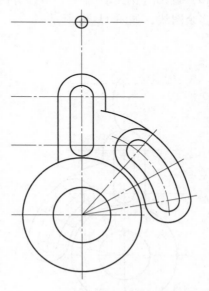

图 11-36　修剪绘制直线后的多余图线

7）选择点画线层，调用【圆】命令绘制以点 O_4 为圆心、$\phi70$ 为直径的圆。使用【偏移】命令将竖直的点画线向左偏移 30，偏移所得点画线与 $\phi70$ 圆相交，确定圆心 O_7，如图 11-37 所示。

8）选择粗实线层，调用【圆】命令绘制以点 O_7 为圆心、$\phi80$ 为直径的圆，如图 11-38 所示。

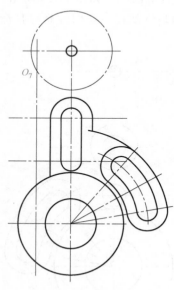

图 11-37　确定圆心 O_7

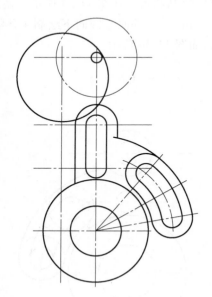

图 11-38　绘制 $\phi80$ 的圆

9）调用【修剪】命令对以点 O_4 和点 O_7 为圆心的圆进行修剪，并且删除确定圆心 O_7 的点画线圆和直线，如图 11-39 所示。

10）调用【圆角】命令（不修剪模式）绘制 $R10$、$R20$、$R5$ 圆角，调用【修剪】命令修剪多余图线，如图 11-40 所示。

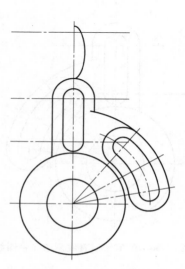

图 11-39　修剪多余的圆弧和直线

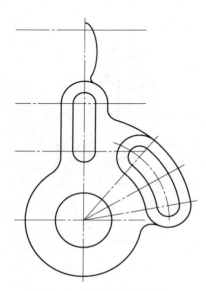

图 11-40　绘制圆角并修剪

11）调用【镜像】命令将上部的半个手柄进行镜像复制，如图 11-41 所示。

12）使用【延伸】命令调整点画线长度。调用【直线】命令绘制切线，如图 11-42 所示。

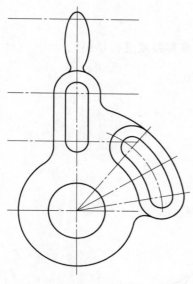

图 11-41　镜像手柄

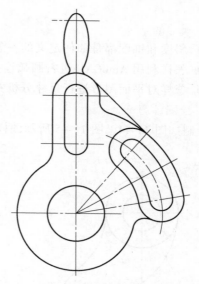

图 11-42　调整点画线长度并绘制切线

13）调用【旋转】命令将挂轮架平面图形旋转 90°，以适合 A3 图纸。选择尺寸线层，选用适当的标注样式标注尺寸，不再详述。将挂轮架平面图形和标注的尺寸进行适当调整后，完成最终设计，如图 11-43 所示。

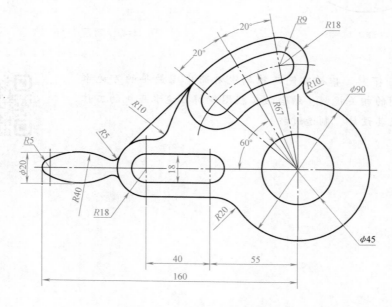

图 11-43　挂轮架设计图

思考与练习

1. 概念题

1）斜度和锥度都是如何定义的？怎样利用已知斜度和锥度进行作图？

2）怎样利用 AutoCAD 进行圆弧连接作图？

3）怎样对平面图形进行尺寸分析并作图？

2. 绘图练习

绘制如图 11-44、图 11-45 所示图样并标注尺寸。

1）   2）

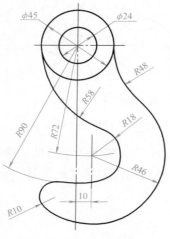

图 11-44　习题 2 1）图

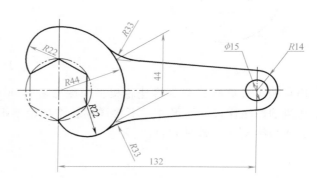

图 11-45　习题 2 2）图

思政拓展：扫描右侧二维码观看新中国最早的万吨水压机的工程图的相关视频，结合该工程图理解万吨水压机的工作原理、用途及其设计、制造过程。

信物百年
新中国最早的
万吨水压机

第12章

轴测图绘制

【本章重点】
- 轴测图基本知识
- 正等轴测图的画法
- 斜二等轴测图的画法
- 使用等轴测捕捉功能绘制正等轴测图
- 正等轴测图中圆和圆角的绘制
- 轴测图的标注

12.1　轴测图的基本知识

　　轴测图是在工程制图中广泛采用的一种表达三维图形的二维图样，可以同时反映长、宽、高三个方向的投影，因此具有直观性好、立体感强、可以直接度量等优点。轴测图是用平行投影法将立体连同确定其空间位置的直角坐标系沿不平行于任一坐标面的方向投射在单一投影面上所得到的具有立体感的投影图。根据投射方向和轴向伸缩系数的不同，轴测投影图分为不同类型，本章主要介绍正等轴测图和斜二等轴测图这两种常用轴测图的表达方法。

12.2　正等轴测图的画法

　　正等轴测图的空间直角坐标系的三个坐标轴与轴测投影面的倾角都为 $35°16'$，坐标轴的投影称为轴测轴，三个坐标轴的投影分别称为 O_1X_1、O_1Y_1、O_1Z_1 轴，轴测轴之间的夹角称为轴间角。正等轴测图的轴间角均为 $120°$，如图 12-1 所示。

轴测轴 O_1X_1、O_1Y_1、O_1Z_1 上的单位长度与相应直角坐标轴上单位长度的比值称为轴向伸缩系数。O_1X_1 轴的轴向伸缩系数为 p，O_1Y_1 轴的轴向伸缩系数为 q，O_1Z_1 轴的轴向伸缩系数为 r。正等轴测图的轴向伸缩系数 $p=q=r=1$。

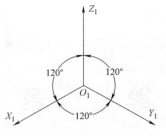

图 12-1　正等轴测图的轴间角

【例 12-1】　根据图 12-2 所示立体的三视图画出对应的正等轴测图。

1）单击功能区【默认】选项卡【绘图】面板上【直线】按钮 ✏ 调用【直线】命令，命令窗口提示及操作如下。

命令：_line

指定第一点：　　　　　　　　　　　//鼠标指针放置适当位置，单击鼠标左键，确定第一点

指定下一点或［放弃（U）］：@0,−30 ↙

指定下一点或［放弃（U）］：@100<30 ↙

指定下一点或［闭合（C）/放弃（U）］：@0,60 ↙

指定下一点或［闭合（C）/放弃（U）］：@60<210 ↙

指定下一点或［闭合（C）/放弃（U）］：c ↙　　//图形闭合，结束绘制，如图 12-3 所示

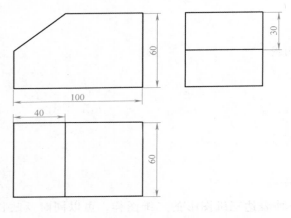

图 12-2　三视图

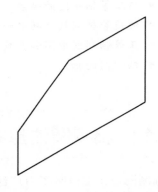

图 12-3　绘制立体前表面

2）按<Enter>键再次调用【直线】命令，命令窗口提示及操作如下。

命令：_line

指定第一点：　　　　　　　　　　　//自动捕捉右上角点，如图 12-4 所示，然后单击鼠标左键，确定第一点

指定下一点或［放弃（U）］：@60<150 ↙

指定下一点或［放弃（U）］：↙　　　//结束命令，如图 12-5 所示

3）单击功能区【默认】选项卡【修改】面板上【复制】按钮 ⧉ 复制直线，如图 12-6 所示。

4）调用【直线】命令连接各端点完成立体的正等轴测图，如图 12-7 所示。

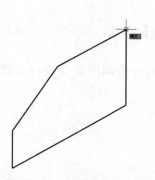

图 12-4　自动捕捉右上角点

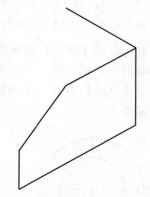

图 12-5　绘制 O_1Y_1 轴方向直线

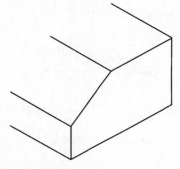

图 12-6　复制直线

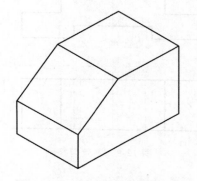

图 12-7　完成立体的正等轴测图

12.3　斜二等轴测图的画法

斜二等轴测图的 O_1X_1 轴与 O_1Z_1 轴之间的轴间角为 $90°$，O_1X_1 轴与 O_1Y_1 轴之间的轴间角为 $135°$，O_1Y_1 轴与 O_1Z_1 轴之间的轴间角为 $135°$，如图 12-8 所示。O_1X_1 轴和 O_1Z_1 轴的轴向伸缩系数为 $p=r=1$，O_1Y_1 轴的轴向伸缩系数为 $q=0.5$。

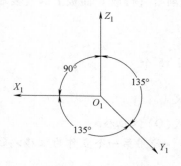

图 12-8　斜二等轴测图的轴间角

【例 12-2】 根据图 12-9 所示支架两视图绘制支架的斜二等轴测图。

1）绘制中心线，如图 12-10 所示。

2）单击功能区【默认】选项卡【绘图】面板上【圆】按钮 调用【绘圆】命令，绘出 $\phi50$、$R40$ 的两个同心圆，如图 12-11 所示。

3）使用【直线】命令、【偏移】命令和【修剪】命令绘制图形并进行修剪，得到如图 12-12 所示图形。

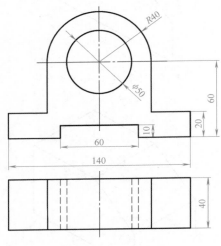

图 12-9　支架两视图

图 12-10　绘制中心线

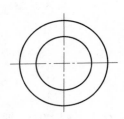

图 12-11　绘出 $\phi50$、$R40$ 的两个同心圆

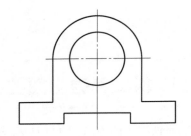

图 12-12　绘制并修剪图形

4）单击功能区【默认】选项卡【修改】面板上的【复制】按钮 调用【复制】命令，命令窗口提示及操作如下。

命令：_copy
选择对象：指定对角点：找到 15 个　　　　　　　　　　//框选全部图形
选择对象：
当前设置：　复制模式＝多个
指定基点或［位移（D）/模式（O）］＜位移＞：　　　　　//捕捉圆心作为基点
指定第二个点或［阵列（A）］＜使用第一个点作为位移＞：@ 20<135 ↙

　　　　　　　　　　　　　　　　　　　　　　　//结束命令，如图 12-13 所示

5）使用【直线】和【修剪】命令完成支架的斜二等轴测图，如图 12-14 所示。

图 12-13 复制对象

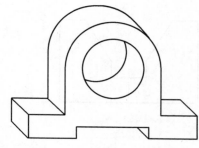

图 12-14 支架斜二等轴测图

12.4 使用等轴测捕捉功能绘制正等轴测图

在状态栏【栅格】显示按钮▦上单击鼠标右键，在弹出的快捷菜单中选择【网格设置】选项，系统弹出【草图设置】对话框并显示【捕捉和栅格】选项卡，在【捕捉类型】选项组中选择【等轴测捕捉】单选项，即可启用等轴测捕捉功能。

在轴测图中，一般情况下正六面体仅有三个面是可见面，如图 12-15 所示。

左视轴测平面：由 O_1Y_1 轴和 O_1Z_1 轴所决定的平面及平行面。

右视轴测平面：由 O_1X_1 轴和 O_1Z_1 轴所决定的平面及平行面。

顶视轴测平面：由 O_1X_1 轴和 O_1Y_1 轴所决定的平面及平行面。

在绘制轴测图时可进行轴测平面切换，按<Ctrl+E>组合键或<F5>键，或者在状态栏 ⊠▾ 下拉列表中选择相应的选项，都可在等轴测平面之间循环切换。鼠标指针将随切换到的轴测平面变换方向，见表 12-1。

表 12-1 鼠标指针说明

鼠标指针	说明
	选择左视轴测平面，由一对 90°和 150°的轴定义
	选择顶视轴测平面，由一对 30°和 150°的轴定义
	选择右视轴测平面，由一对 90°和 30°的轴定义

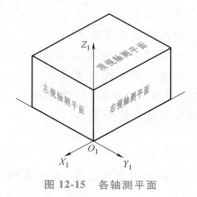

图 12-15 各轴测平面

【例 12-3】 根据图 12-16 所示立体的三视图和顶点标记，使用轴测投影绘制正等轴测图。

1）打开正交、栅格显示和栅格捕捉功能（默认捕捉间距为 10），按<F5>键切换鼠标指针到左视轴测平面。

2）单击【直线】按钮╱调用【直线】命令，命令窗口提示及操作如下。

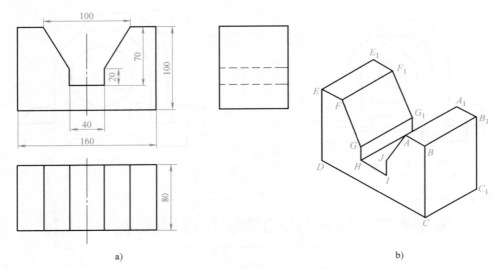

a)   b)

图 12-16 三视图和顶点标记

命令:_line

指定第一点: //鼠标指针移至适当位置,单击鼠标左键,确定点 A

指定下一点或[放弃(U)]:30↙   //鼠标指针移至点 A 右侧确定直线 AB 的方向,输入长度确定点 B

指定下一点或[放弃(U)]:100↙   //移动鼠标指针确定直线 BC 的方向,输入长度确定点 C

指定下一点或[闭合(C)/放弃(U)]:160↙   //移动鼠标指针确定直线 CD 的方向,输入长度确定点 D

指定下一点或[闭合(C)/放弃(U)]:100↙   //移动鼠标指针确定直线 DE 的方向,输入长度确定点 E

指定下一点或[闭合(C)/放弃(U)]:30↙   //移动鼠标指针确定直线 EF 的方向,输入长度确定点 F

指定下一点或[闭合(C)/放弃(U)]:↙   //结束命令,如图 12-17 所示

3）按<Enter>键再次调用【直线】命令,命令窗口提示及操作如下。

命令:_line

指定第一点: //确定点 G

指定下一点或[放弃(U)]:   //沿 O_1Z_1 轴向下量取 2 格,单击鼠标左键确定点 H

指定下一点或[放弃(U)]:   //沿 O_1Y_1 轴向右下量取 4 格,单击鼠标左键确定点 I

指定下一点或[闭合(C)/放弃(U)]:   //沿 O_1Z_1 轴向上量取 2 格,单击鼠标左键确定点 J

指定下一点或[闭合(C)/放弃(U)]:   //结束命令,如图 12-18 所示

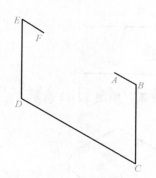

图 12-17 轮廓线 *ABCDEF*

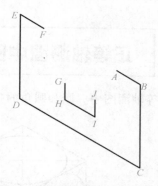

图 12-18 使用栅格捕捉功能绘制图线

4) 再次调用【直线】绘制直线 *FG* 和 *AJ*，如图 12-19 所示。

5) 按<F5>键切换到右视轴测平面。

6) 使用【直线】命令绘制直线 CC_1，命令窗口提示及操作如下。

命令：_line

指定第一点：　　　　　　　　//捕捉点 *C*，单击鼠标左键，确定点 *C* 为第一点

指定下一点或[放弃(U)]:80✓　//鼠标指针移至点 *C* 右侧确定直线 CC_1 方向，输入
　　　　　　　　　　　　　　　　长度绘出直线 CC_1，如图 12-20 所示

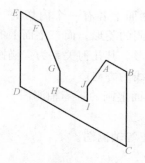

图 12-19 绘制直线 *FG* 和直线 *AJ*

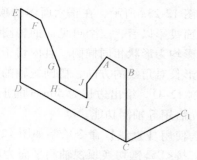

图 12-20 绘制直线 CC_1

7) 单击功能区【修改】面板上【复制】按钮 ，调用【复制】命令，复制直线 CC_1，如图 12-21 所示。

8) 使用【直线】和【修剪】命令完成正等轴测图，如图 12-22 所示。

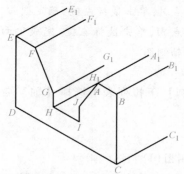

图 12-21 复制 CC_1 得到 O_1X_1 轴方向的直线

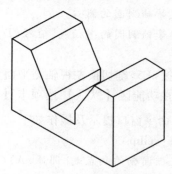

图 12-22 完成的正等轴测图

12.5 正等轴测图中圆和圆角的绘制

在正等轴测图中，圆和圆角的投影分别是椭圆和椭圆弧，如图 12-23 所示。

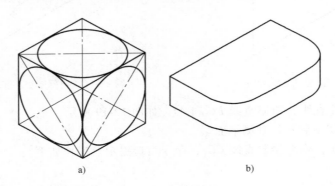

a)　　　　　　　　　　　　　　b)

图 12-23　正等轴测图中圆和圆角的投影

1. 圆的正等轴测投影

如图 12-23a 所示，在正六面体的顶面、左侧面和右侧面上各有一个内切圆，向正等轴测投影面投影以后，三个可见面的轴测投影为三个形状相同的菱形，而三个面上的圆的正等轴测投影均为形状相同椭圆，且内切于三个形状相同的菱形。其几何关系为：椭圆长轴的方向是菱形长对角线的方向，椭圆短轴的方向是菱形短对角线的方向。

【例 12-4】　绘出边长为 50mm 的正六面体和三个可见面上圆的正等轴测图。

1）启用等轴测功能。

2）使用【直线】命令绘制如图 12-24 所示正六面体正等轴测图。

3）按<F5>键切换顶视轴测平面为当前绘图面。

4）在功能区【默认】选项卡【绘图】面板【椭圆】下拉列表中选择【轴，端点】命令 ⌀，命令窗口提示及操作如下。

命令：_ellipse

指定椭圆轴的端点或［圆弧（A）/中心点（C）/等轴测图（I）］:i↙

指定等轴测圆的圆心：　　　　　　　　　//捕捉点 A，单击鼠标左键，确定圆心

指定等轴测圆的半径或［直径（D）］：　　　//捕捉点 M，单击鼠标左键，完成顶面上圆的
　　　　　　　　　　　　　　　　　　　　　　正等轴测图

5）按<F5>键切换左视轴测平面为当前绘图面。

6）在功能区【默认】选项卡【绘图】面板【椭圆】下拉列表中选择【轴，端点】命令 ⌀，命令窗口提示及操作如下。

命令：_ellipse

指定椭圆轴的端点或［圆弧（A）/中心点（C）/等轴测图（I）］:i↙

指定等轴测圆的圆心：　　　　　　　　　//捕捉点 B，单击鼠标左键，确定圆心

指定等轴测圆的半径或[直径(D)]:　　　//捕捉点 M,单击鼠标左键,完成左视轴测平
　　　　　　　　　　　　　　　　　　　　　　面上圆的正等轴测图

7）按<F5>键切换右视轴测平面为当前绘图面。

8）在功能区【默认】选项卡【绘图】面板上【椭圆】下拉列表中选择【轴,端点】
命令◯,命令窗口提示及操作如下。

命令:_ellipse

指定椭圆轴的端点或[圆弧(A)/中心点(C)/等轴测图(I)]:i✓

指定等轴测圆的圆心:　　　　　　　　//捕捉点 C,单击鼠标左键,确定圆心

指定等轴测圆的半径或[直径(D)]:　　　//捕捉点 N,单击鼠标左键,完成右视轴测平
　　　　　　　　　　　　　　　　　　　　面上圆的正等轴测图,完成的正等轴测图
　　　　　　　　　　　　　　　　　　　　如图 12-25 所示

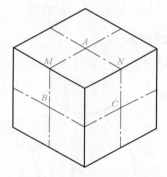

图 12-24　正六面体正等轴测图

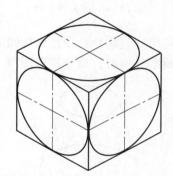

图 12-25　正六面体和三个可见
面上圆的正等轴测图

【例 12-5】　根据图 12-26 所示圆台两视图绘制正等轴测图。

1）启用等轴测功能,在命令窗口输入并设置系统变量 "PELLIPSE" 的值为1。

2）按<F5>键切换顶视轴测平面为当前绘图面。

3）在功能区【默认】选项卡【绘图】面板【椭圆】下拉列表中选择【轴,端点】命
令◯,命令窗口提示及操作如下。

命令:_ellipse

指定椭圆轴的端点或[圆弧(A)/中心点(C)/等轴测图(I)]:i✓

指定等轴测圆的圆心:　　　　　　//鼠标指针移至适当位置,单击鼠标左键,确定圆台顶圆圆心。

指定等轴测圆的半径或[直径(D)]:30✓

4）按<Enter>键再次调用【轴,端点命令绘制】椭圆,命令窗口提示及操作如下。

命令:_ellipse

指定椭圆轴的端点或[圆弧(A)/中心点(C)/等轴测图(I)]:i✓

指定等轴测圆的圆心:90✓　　　//使用对象追踪功能,从顶圆圆心向下追踪90获得底圆
　　　　　　　　　　　　　　　　　　圆心,如图 12-27 所示

指定等轴测圆的半径或[直径(D)]:50✓

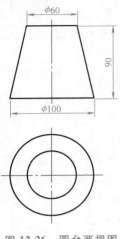

图 12-26　圆台两视图

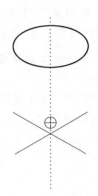

图 12-27　圆台底圆圆心

5）使用【直线】命令作两椭圆的共切线，如图 12-28 所示。

6）调用【修剪】命令修剪图形，如图 12-29 所示。

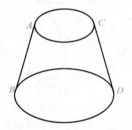

图 12-28　绘制转向轮廓线

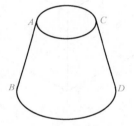

图 12-29　修剪底圆

2. 圆角的正等轴测投影

在平板物体上，由 1/4 圆弧组成的圆角轮廓，其轴测投影图为 1/4 椭圆弧组成的轮廓。

【例 12-6】　根据图 12-30 所示平板两视图绘制正等轴测图。

1）打开正交功能，按<F5>键切换顶视轴测面为当前绘图面。

2）使用【直线】命令绘出如图 12-31 所示平板顶面的正等轴测图。

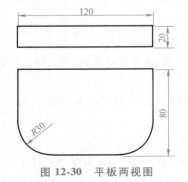

图 12-30　平板两视图

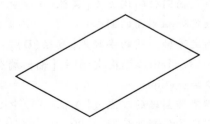

图 12-31　平板顶面的正等轴测图

3）利用【偏移】命令绘制辅助线，确定椭圆中心 o_1 和 o_2，如图 12-32 所示。

4）在功能区【默认】选项卡【绘图】面板【椭圆】下拉列表中选择【轴，端点】命令 ，命令窗口提示及操作如下。

命令:_ellipse

指定椭圆轴的端点或［圆弧(A)/中心点(C)/等轴测圆(I)］:i ↙

指定等轴测圆的圆心:　　　　　　　　　　　　//捕捉椭圆中心 o_1 或 o_2

指定等轴测圆的半径或［直径(D)］:30 ↙　　　//绘制出以 o_1 或 o_2 为中心的椭圆

重复如上命令操作，完成另一椭圆的绘制，如图 12-33 所示。

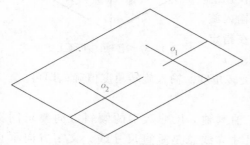

图 12-32　确定椭圆中心

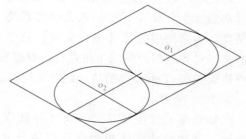

图 12-33　绘制椭圆

5）调用【修剪】命令对图形进行修剪，如图 12-34 所示。

6）单击功能区【默认】选项卡【修改】面板上【复制】按钮 调用【复制】命令，命令窗口提示及操作如下。

命令:_copy

选择对象:指定对角点:找到 6 个　　　　　　//框选全部图形

选择对象:

当前设置:　复制模式=多个

指定基点或［位移(D)/模式(O)］<位移>:　　//捕捉一点作为基点

指定第二个点或 <使用第一个点作为位移>:@0,20 ↙　//结束命令,结果如图 12-35 所示

7）使用【直线】命令和【修剪】命令完成平板的正等轴测图，如图 12-36 所示。

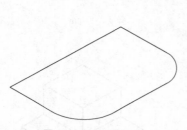

图 12-34　修剪结果

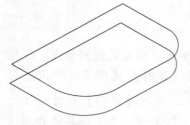

图 12-35　复制对象

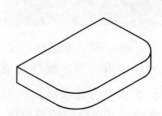

图 12-36　平板的正等轴测图

12.6　轴测图的标注

如果需要在轴测图中标注文字和尺寸，需要注意文字（行）的方向和轴测轴方向一致，

且文字的倾斜方向与另一轴测轴平行。

1. 文字标注

在轴测图上书写文字时有两个角度，即文字倾斜角度和文字旋转角度，如图 12-37 所示。

1）文字倾斜角度：由文字样式决定，故需要设置新的文字样式决定文字的倾斜角度。轴测图中文字的倾斜角度有两种：30°和−30°。

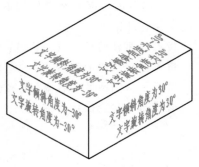

图 12-37　各轴测平面上的文字

2）文字旋转角度：在输入文本时确定。如果使用的是【单行文字】命令，在输入文字时系统会提示输入旋转角度。如果使用的是【多行文字】命令，需要在指定矩形文字对齐边框的第二个角点时，根据提示输入"r"，按空格键或按<Enter>键确认，此时系统提示输入旋转角度，输入旋转角度值确认即可。

2. 尺寸标注

在轴测图上标注尺寸时，尺寸界线应平行于轴测轴，尺寸数字的倾斜方向要求同文字标注。使用尺寸标注相关命令标注尺寸时，尺寸界线总是垂直尺寸线，文字方向垂直于尺寸线，所以在完成轴测图尺寸标注后，需要调整尺寸界线的倾斜角度和尺寸数字的倾斜角度。

轴测图上尺寸数字的倾斜角度见表 12-2，尺寸界线的倾斜角度见表 12-3。

表 12-2　轴测图上尺寸数字的倾斜角度

尺寸所在的轴测平面	左视	左视	右视	右视	顶视	顶视
尺寸线平行的轴测轴	O_1Y_1	O_1Z_1	O_1X_1	O_1Z_1	O_1X_1	O_1Y_1
尺寸数字倾斜角度	−30°	30°	30°	−30°	−30°	30°

表 12-3　轴测图上尺寸界线的倾斜角度

尺寸界线平行的轴测轴	O_1X_1	O_1Y_1	O_1Z_1
尺寸界线倾斜角度	30°	−30°	90°

一般情况下可通过定义文字样式设置其倾斜角度。在标注完尺寸后，单击展开功能区【注释】选项卡，单击【标注】面板中的【倾斜】按钮，调用【倾斜】尺寸标注命令修改尺寸界线的倾斜角度。下面通过一个实例具体介绍这种标注方法。

【例 12-7】　按图 12-38 所示效果和尺寸数值标注轴测图尺寸。

1）以【工程字】文字样式为基础样式设置两种文字样式，分别命名为"30"和"−30"，设置两种倾斜角度，分别命名为"30°"和"−30°"。

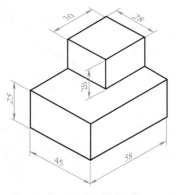

图 12-38　轴测图尺寸

2）以【GB-35】为基础样式设置两种尺寸标注样式，分别命名为“30”和“−30”，相应地设置两种尺寸标注样式的文字样式，分别命名为“30”和“−30”。

3）将【30】尺寸标注样式设置为当前标注样式，在功能区【注释】选项卡【标注】面板【尺寸标注】下拉列表中选择【对齐】选项 ↗，标注 25、28、58 三个尺寸，如图 12-39 所示。

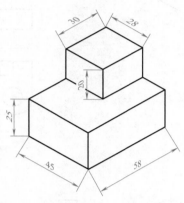

图 12-39　标注尺寸

4）将【−30】尺寸标注样式设置为当前标注样式，在功能区【注释】选项卡【标注】面板【尺寸标注】下拉列表中选择【对齐】选项 ↗，标注尺寸 20、30、45 三个尺寸，如图 12-39 所示。

5）在功能区【注释】选项卡【标注】面板中单击【倾斜】按钮 ⟋, 命令窗口提示及操作如下。

命令：_dimedit

输入标注编辑类型 ［默认（H）/新建（N）/旋转（R）/倾斜（O）］＜默认＞：_o

　　　　　　　　　　　　　　　　　//调用【倾斜】命令系统自动显示的提示

选择对象：找到 1 个　　　　　　　//选择尺寸 45

选择对象：　　　　　　　　　　　//选择尺寸 58

选择对象：↙　　　　　　　　　　//退出选择状态

输入倾斜角度（按＜Enter＞表示无）：90 ↙　　//定义尺寸界线倾斜角度为 90°

6）采用步骤 5）的方法修改尺寸 25 和尺寸 30 的倾斜角度为−30°，修改尺寸 28 和尺寸 20 的倾斜角度为 30°。

7）利用夹点编辑功能，移动尺寸或尺寸线的位置，使尺寸 45 和尺寸 58 在公共的尺寸界线上共点，移动尺寸 20 到合适的位置，最终结果如图 12-38 所示。

📝 思考与练习

1）按图 12-40 所示效果绘制正等轴测图。

2）根据图 12-41 所示三视图绘制对应的正等轴测图。

3）根据图 12-42 所示两视图绘制对应的斜二等轴测图。

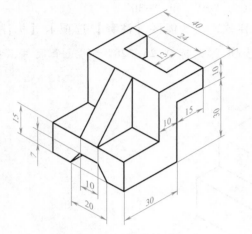

图 12-40 习题 1）图

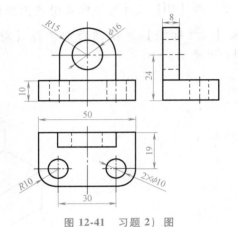

图 12-41 习题 2）图

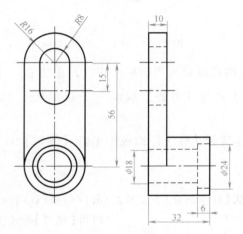

图 12-42 习题 3）图

第13章

布局与打印出图

【本章重点】

● 布局

● 注释性对象

● 打印

13.1 布局

13.1.1 布局与图纸空间

在默认情况下，AutoCAD 绘图区域显示的是【模型】选项卡，即模型空间，如图 13-1 所示。前面章节讲述的绘图、修改、标注等操作都是在模型空间完成的，模型空间是一个没有界限的三维空间，绘图者往往以实际尺寸，即按照 1：1 的比例绘制图形。

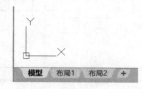

图 13-1 【模型】选项卡

单击展开绘图区域的【布局】选项卡可进入图纸空间，图纸空间是为打印出图而设置的。在模型空间中完成图形绘制后，如图 13-2 所示，往往需要将其输出到图纸上，此时可单击【布局 1】标签进入图纸空间，如图 13-3 所示。可以在图纸空间中设置打印设备、纸张、比例、视图布置等，也可以添加文字说明、标题栏和图纸边框等，还可以利用图纸空间预览图纸输出效果。

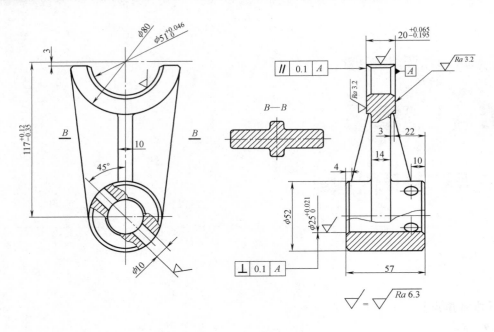

图 13-2　模型空间中的图形

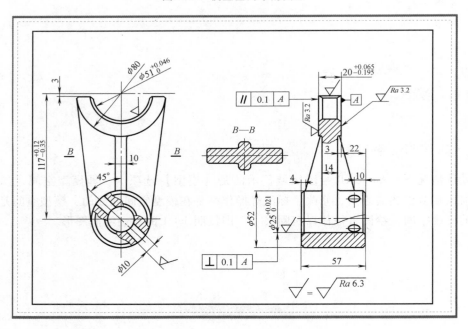

图 13-3　布局 1

　　图纸空间是对纸张的模拟，受所选幅面的限制，所以是有界限的，如图 13-3 所示虚线矩形框表示的是图纸的可打印区域。

　　在【布局】标签上单击鼠标右键，系统会弹出如图 13-4 所示快捷菜单。选择【页面设置管理器】选项，系统会弹出【页面设置管理器】对话框，该对话框主要用于进行打印前设置，具体将在 13.4 节介绍。

13.1.2　利用样板文件创建并保存布局

AutoCAD 的布局样板保存在拓展名为 ".dwg" 和 ".dwt" 的文件中，可以利用现有样板文件中的信息创建布局。AutoCAD 提供了众多布局样板，以便设计新布局时使用，绘图者也可以自定义布局样板。根据样板文件中的布局创建新布局时，新布局中将使用现有样板文件中的图纸空间、几何图形（如标题栏）及其页面设置。

1. 利用样板文件创建布局

利用样板文件创建布局的步骤介绍如下。

1）依次选择【插入】→【布局】→【来自样板的布局】菜单命令，或者在图 13-4 所示右键快捷菜单中选择【从样板】选项，均可打开【从文件选择样板】对话框，如图 13-5 所示，选择【A3 样板 .dwt】（该样板中只有一个名称为 "GB A3 布局" 的布局）。

图 13-4　快捷菜单

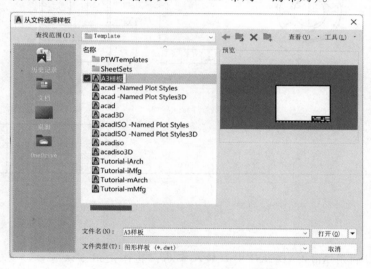

图 13-5　【从文件选择样板】对话框

2）在【从文件选择样板】对话框中定位和选择图形样板文件后，单击【打开】按钮可打开【插入布局】对话框，如图 13-6 所示。

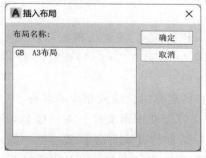

图 13-6　【插入布局】对话框

3）在【插入布局】对话框中选择需要插入的【GB A3 布局】，单击【确定】按钮就可以在当前图形文件中插入一个新的布局，如图 13-7 所示。

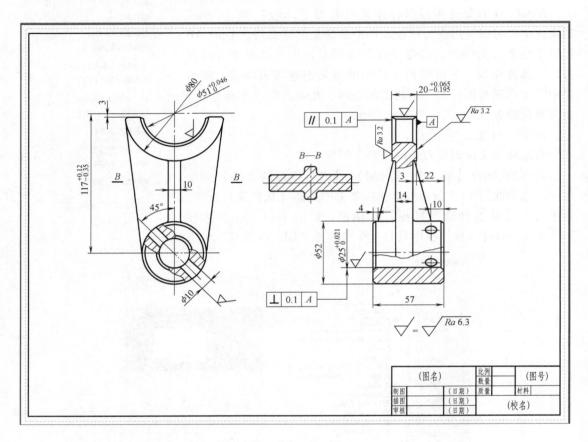

图 13-7　利用样板文件中的布局创建的新布局

> 提示　可以利用 AutoCAD 设计中心插入布局，具体使用方法可以参考 AutoCAD 设计中心内容。

2. 将布局保存为样板文件

所有的几何图形和布局设置都可以保存到拓展名为 ".dwt" 的样板文件中。将布局保存为样板文件的步骤介绍如下。

1）在命令窗口输入 "layout" 命令，系统出现提示："输入布局选项 [复制（C）/删除（D）/新建（N）/样板（T）/重命名（R）/另存为（SA）/设置（S）/?]<设置>:"，在此提示下输入 "sa" 选择 [另存为（SA）] 选项。

2）当系统询问要保存的布局名称时，输入相应的名称。

3）按<Enter>键，系统出现【创建图形文件】对话框，如图 13-8 所示。

4）在【创建图形文件】对话框的【文件名】文本框中输入文件的名称，单击【保存】按钮就可以把布局样板文件保存到指定目录中，以备需要时调用。

图 13-8 【创建图形文件】对话框

13.1.3 利用创建布局向导创建布局

除上述创建布局的方法外，AutoCAD 还提供了创建布局的向导，利用它同样可以创建出需要的布局。依次选择【工具】→【向导】→【创建布局】菜单命令，系统弹出【创建布局】对话框，即创建布局向导。

1）系统自动进入【开始】步骤，在【输入新布局的名称】文本框中输入布局的名称，如图 13-9 所示。

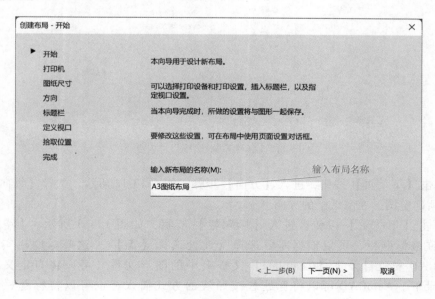

图 13-9 【创建布局-开始】步骤

2）单击【下一页】按钮，进入【打印机】步骤，如图 13-10 所示，可以在列表框中为新布局选择打印机。

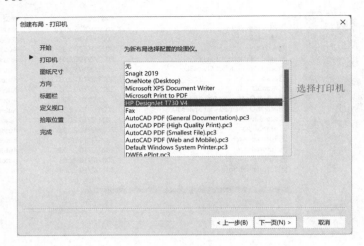

图 13-10　【创建布局-打印机】步骤

3）单击【下一页】按钮，进入【图纸尺寸】步骤，如图 13-11 所示，可以在下拉列表中选择图纸尺寸。

图 13-11　【创建布局-图纸尺寸】步骤

4）单击【下一页】按钮，进入【方向】步骤，如图 13-12 所示，选择【纵向】或【横向】单选项确定图形在图纸上的方向。

5）单击【下一页】按钮，进入【标题栏】步骤，如图 13-13 所示，【路径】列表框中列出许多标题栏，可以根据需要选择（此处选择【无】）。这些标题栏实际上是保存在 AutoCAD 安装目录下【Template】文件夹中的图形文件。可以将自定义标题栏保存到该目录下。AutoCAD 可以将标题栏按照块的方式插入，也可以将标题栏作为外部参照附着。

图 13-12　【创建布局-方向】步骤

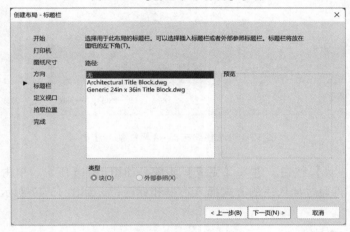

图 13-13　【创建布局-标题栏】步骤

6）单击【下一页】按钮，进入【定义视口】步骤，如图 13-14 所示，根据需要选择向

图 13-14　【创建布局-定义视口】步骤

布局中添加视口的个数，确定视口比例。

7）单击【下一页】按钮，进入【拾取位置】步骤，如图 13-15 所示，根据需要确定视口在图纸中的位置，可以单击【选择位置】按钮在图纸上指定视口位置。如果直接单击【下一页】按钮，则系统会将视口充满整个图纸。

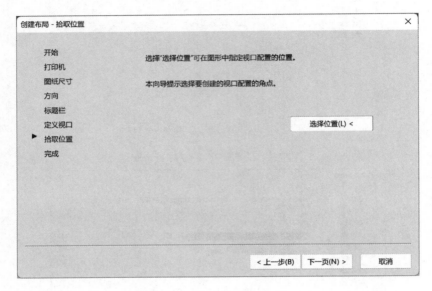

图 13-15 【创建布局-拾取位置】步骤

8）单击【下一页】按钮，进入【完成】步骤，如图 13-16 所示，单击【完成】按钮即可完成布局创建，再通过插入块的方式插入边框和标题栏，如图 13-17 所示。

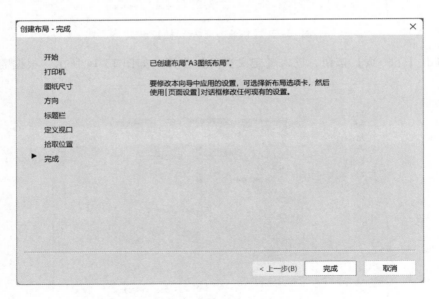

图 13-16 【创建布局-完成】步骤

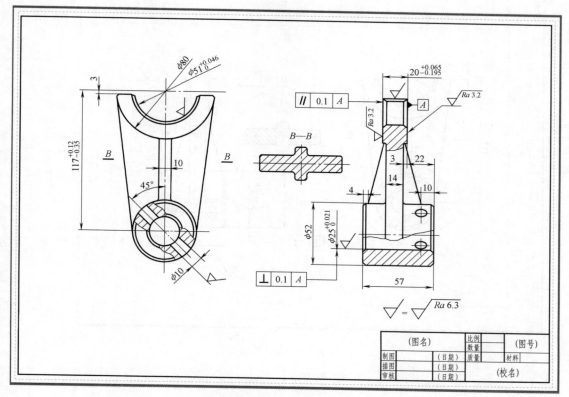

图 13-17　新建的布局

13.2 │ 视口

　　视口是显示模型空间的视图的对象。在每个布局上，可以创建一个或多个视口，并可缩放并放置它们。每个视口类似于一个按某一比例和指定方向来显示模型视图的观察窗口。

　　在【布局】选项卡中，可以将视口当作图纸空间的图形对象，可以利用夹点编辑功能改变其大小和位置，如图 13-18 所示。

13.2.1　视口的模型空间

　　刚进入布局时，系统默认显示的是图纸空间。可以在视口中双击鼠标左键进入模型空间，如图 13-19 所示。

　　要从布局视口的模型空间重新进入图纸空间，可双击显示为模型空间的视口外的任一点。

　　当在布局视口的模型空间中进行操作时，则当前视口中的所有视图都是被激活的。在当前的模型空间视口进行编辑时，所有的布局视口和模型空间均会反映编辑的结果。注意当前模型空间视口的边框线是较粗的实线，在当前视口中鼠标指针的形状是十字线，在视口外是一个箭头。通过这个特点，可以分辨当前视口。

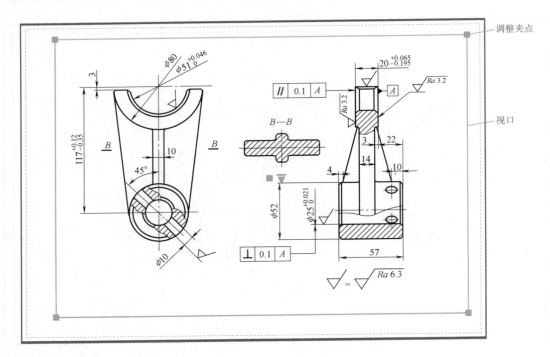

图 13-18　视口的夹点

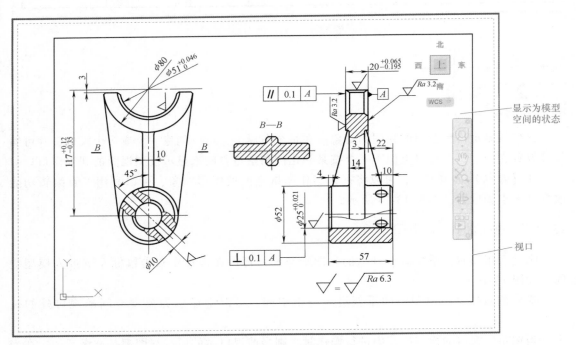

图 13-19　视口的模型空间

　　另外应注意，大多数的显示命令（如"zoom""pan"等）仅影响当前视口（模型空间），故可利用这个特点在不同的视口中显示图形的不同部分。

在布局中，如果在图纸空间状态下调用缩放、绘图、修改等命令，则仅仅是在布局上绘图，而不会改动模型本身。这种修改在布局出图时会被打印出来，但是对模型本身没有影响。例如，在图纸空间状态下输入一些文本后，单击绘图区域左下角【模型】选项卡切换到模型空间，会发现输入的文本并没有加入到模型中。利用这个特性，可以为同一个模型创建多个图纸布局和打印方案。

13.2.2　删除、创建和调整视口

要删除视口，可以直接单击视口边界，然后按<Delete>键进行删除。要改变视口的大小，可以选择视口边界，这时在矩形边界的四个角点出现夹点，选择夹点并拖动鼠标就可以改变视口的大小，如图13-20所示。要改变视口的位置，可以把鼠标指针放在视口边界上，按下鼠标左键并拖动鼠标就可以改变视口的位置。

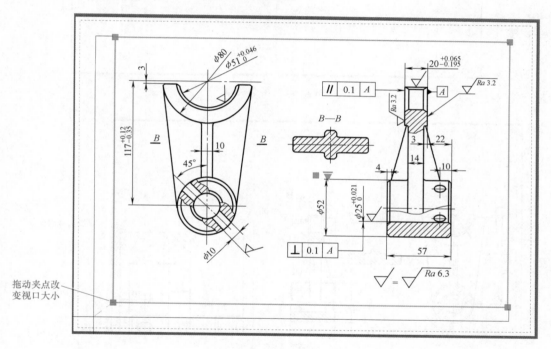

图 13-20　改变视口的大小

由于系统默认显示一个视口，如果需要多个视口，则可以自己创建。下面以建立两个视口为例说明视口的创建步骤。

1）依次选择【视图】→【视口】→【两个视口】菜单命令。

2）系统询问视口排列方式，直接按<Enter>键。

3）在系统提示"指定第一个角点或［布满（F）］<布满>:"时，直接按<Enter>键，如图13-21所示。

4）进入左侧视口的模型空间，可以改变图形的位置和大小，然后调整视口的大小。这样做可以用一个视口显示整幅图形，用另一个视口显示图形的某一个局部，如图13-22所示。

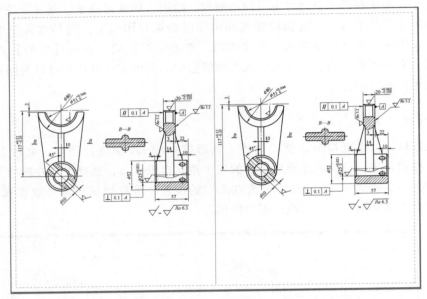

图 13-21 两个视口

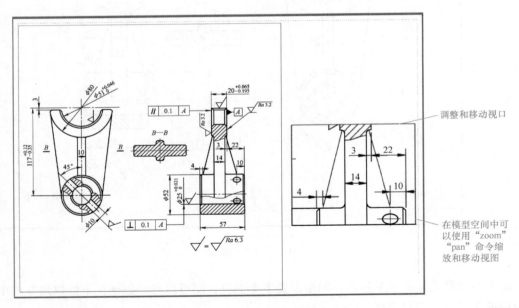

图 13-22 视口编辑

13.2.3 控制视口中的图形对象显示

1. 冻结图层

可以利用【图层特性管理器】选项板在一个视口中冻结某个图层，使处于该图层的图形对象不显示，而且这样不会影响其他视口。在图 13-22 所示右侧视口中双击鼠标进入模型空间，然后利用【图层特性管理器】选项板冻结【标注层】，如图 13-23 所示。单击【标注层】行的视口冻结图标按钮，使其变为，这时右侧视口中的标注消失，但这并不影响其他视口的显示，如图 13-24 所示。

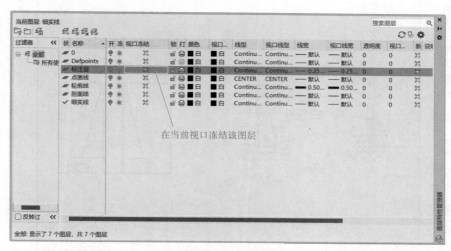

图 13-23　【图层特性管理器】选项板

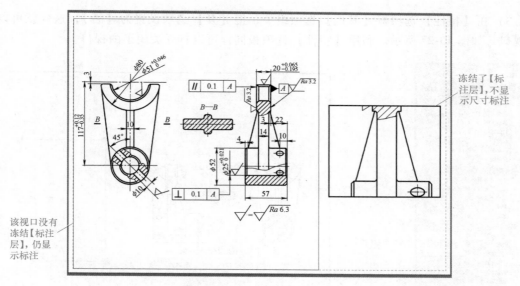

图 13-24　冻结某个图层

如果不需要打印视口的边框，可以把视口边框单独放置在一个图层中，然后冻结此图层，如图 13-25 所示。

2. 打开和关闭视口

重新生成每一个视口时，视口数量太多会影响系统性能，此时可以通过关闭一些视口或限制视口数量来节省时间。另外，如果不希望打印某个视口，也可以将它关闭。可以使用【特性】选项板打开和关闭视口，操作步骤介绍如下。

1）在布局中选择要打开和关闭的视口，例如，选择图 13-25 所示的右侧视口。

2）在视口上单击鼠标右键，在弹出的快捷菜单中选择【特性】选项，打开【特性】选项板，如图 13-26 所示。

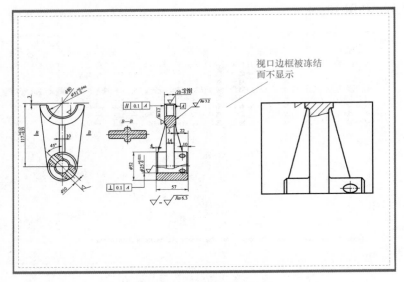

图 13-25　不显示视口边框

3）在【特性】选项板【其他】选项组中，把【开】选项设置为【否】，这样就可以关闭视口，如图 13-27 所示。利用【特性】选项板同样可以打开关闭了的视口。

图 13-26　【特性】选项板

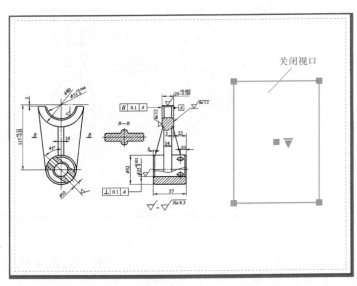

图 13-27　关闭视口

13.2.4　设置图纸空间的比例

设置比例是出图过程中的一个重要步骤，在任何一张正规图样的标题栏中，都有比例一栏需要填写。该比例是指图样中图形与其实物相应要素的线性尺寸之比。

利用 AutoCAD 进行计算机绘图与传统的在图纸上进行手工绘图相比，在设置比例方面有很大的不同。传统图纸手工绘图的比例需要在开始绘图时就确定，绘制出的是经过比例换算的图形。而利用 AutoCAD 进行计算机绘图时，在模型空间中始终按照 1∶1 比例的实际尺寸绘制出图形。在出图时，才按照比例将模型缩放到布局的图纸空间中，然后打印。

如果要查看当前布局的比例，可以在视口内双击鼠标进入模型空间，在状态栏显示的比例就是图纸空间相对于模型空间的比例。因为在模型空间中是按照 1∶1 比例进行绘图的，而在图纸空间中是按照 1∶1 打印的，因此图纸空间相对于模型空间的比例，就是图样中图形与其实物相应要素的线性尺寸之比，也就是标题栏中所填写的比例。单击状态栏【视口】比例按钮  即可修改这个比例，如图 13-28 所示。

图 13-28 状态栏
【视口】比例按钮

> 提示　只有布局处于模型空间状态，状态栏中显示的数值才是正确的比例。

13.2.5　相对于图纸空间视口的尺寸缩放

如图 13-29 所示，左、右两个视口中尺寸标注文字大小不一致，这是因为两个视口中的图形是同一图形按不同的比例在图纸空间形成的。要使尺寸标注文字高度与整个图形相匹配，则需要对左、右两个视口分别进行设置，不妨设原图形的尺寸标注样式为【GB-5】标注样式，左视口的比例是 1∶2，具体设置方法介绍如下。

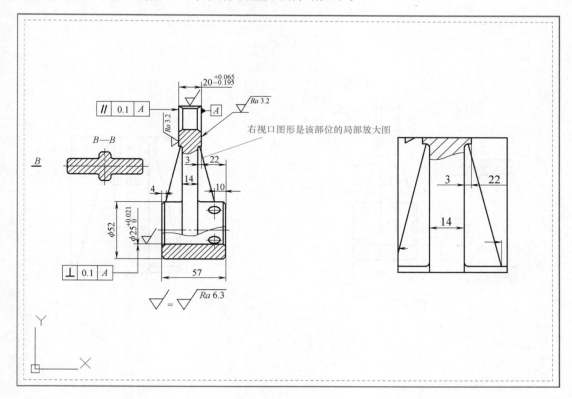

图 13-29　尺寸标注文字大小不一致

1. 左视口的尺寸标注设置

左视口比例是 1 : 2，也就是将模型空间的图形缩小为原图形的一半，同时标注文字也缩小为原来的一半，文字高度显示为 2.5mm，因此需要将缩小显示了的文字进行放大显示。可以在【标注样式】对话框的【调整】选项卡中设置【标注特征比例】为【使用全局比例】，且值设置为 2，如图 13-30 所示，设置后的文字高度会显示为 5mm。

2. 右视口的尺寸标注设置

右视口显示的图形是左视口图形的局部放大图，未按左视口设置比例，因此尺寸标注文字高度显示不同于左视口，可以按照如下步骤进行设置。

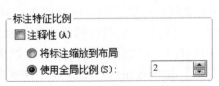

图 13-30　左视口的尺寸标注设置

1）首先冻结右视口中的【标注层】，然后定义一个用于存放该视口中尺寸标注的图层，如【局部放大图标注】图层，并且在左视口中冻结该图层，在右视口中将该图层置为当前层。

2）建立一个新的标注样式，如【局部放大图标注】标注样式，在【标注样式】对话框的【调整】选项卡中设置【标注特征比例】为【将标注缩放到布局】，这样在图纸空间中尺寸标注显示的文字高度就是标注样式所设置的文字高度了。

3）然后在右视口中，在【局部放大图标注】图层使用【局部放大图标注】标注样式标注尺寸，这样左、右视口中尺寸标注显示的文字高度的就一致了，如图 13-31 所示。

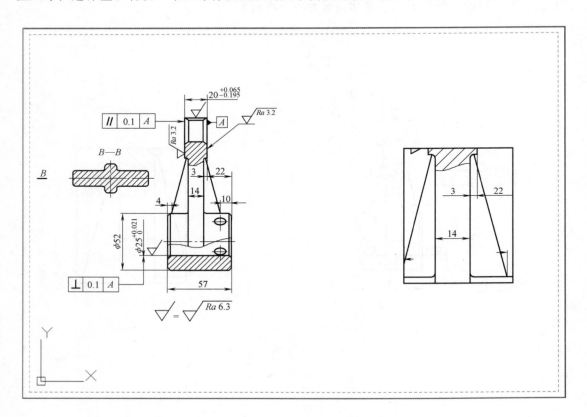

图 13-31　右视口的尺寸标注设置结果

提示 选择【将标注缩放到布局】选项调整尺寸标注几何要素，能使在布局视口内标注尺寸时，由系统根据布局视口与图纸幅面之间的比例自动调整所标注的几何要素大小，且能反映被标注几何要素的真实尺寸，是一种有效的尺寸标注方法。

13.2.6 创建非矩形视口

可以将在图纸空间中绘制的对象转换为视口，这样可以创建非矩形的、具有不规则边界的新视口。可以在命令行窗口输入"mview"命令并根据提示选择相应选项来完成非矩形视口的创建，命令行窗口提示如下。

命令：mview

指定视口的角点或［开(ON)/关(OFF)/布满(F)/着色打印(S)/锁定(L)/新建(NE)/命名(NA)/对象(O)/多边形(P)/恢复(R)/图层(LA)/2/3/4］<布满>：

［对象（O）］和［多边形（P）］选项有助于定义形状不规则的视口，将在图纸空间中绘制的对象转换为视口，即可创建具有不规则边界的新视口。

［对象（O）］选项：选择该选项，可以选择图形对象，并将其转换为视口。

［多边形（P）］选项：选择该选项，可以定义不规则边界的多段线为视口边界。指定的多段线可以包含弧线或直线段，它们可以自交，但必须包含至少 3 个顶点。完成视口创建之后，所指定的多段线将与这个视口关联起来。

如图 13-32 所示，在图纸空间绘制一个圆，然后在命令行窗口依次输入"mview"→"o"选择［对象（O）］选项，或者依次选择【视图】→【视口】→【对象】菜单命令，然后在系统提示下选择要形成视口的圆，就会形成一个圆形视口。可以绘制其他形状的图形来形成非矩形视口，还可以根据需要调整图形比例和位置，也可以依次选择【视图】→【视口】→【边界】菜单命令，然后根据提示调整视口形状。

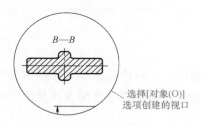

图 13-32　圆形视口

对图 13-17 所示布局，可以在命令行窗口依次输入"mview"→"p"选择［多边形（P）］选项，或者依次选择【视图】→【视口】→【多边形视口】菜单命令，然后在系统提示下指定多个点来创建不规则视口，如图 13-33 所示。

提示 【多边形视口】命令的命令行窗口的提示内容与【多段线】命令相同。

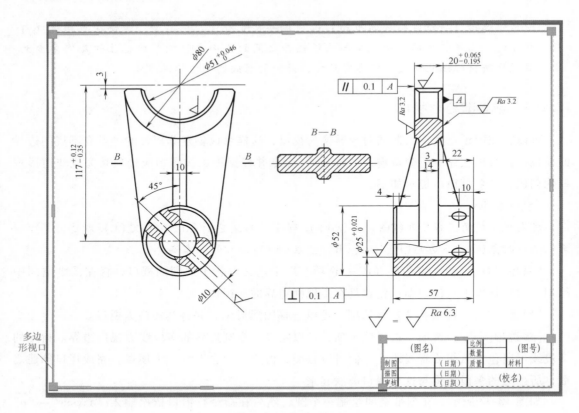

图 13-33　多边形视口

13.3　注释性对象在布局打印的使用

13.3.1　注释性对象

将注释性对象添加到图形中时，可以启用这些对象的注释性特性，进而使注释性对象根据当前设置的注释比例进行缩放，并自动以正确的大小显示。以下对象具有注释性特性，因此属于注释性对象。

1. 尺寸标注

可以建立注释性标注样式。在【标注样式管理器】对话框（图 8-2）中选择一种样式作为基础样式，单击【新建】按钮可打开【创建新标注样式】对话框（图 8-3），勾选【注释性】复选框，其他操作与第 8 章讲的非注释性尺寸标注样式创建相同。用注释性标注样式标注的尺寸都带有注释性。也可以对已创建的非注释性尺寸标注样式设置启用其注释特性，可以选择一个已创建的尺寸标注，打开【特性】选项板，修改【注释性】为【是】即可。

2. 几何公差

可以先标注几何公差，然后使用【特性】选项板，修改【注释性】为【是】。

3. 块

单击功能区【默认】选项卡【块】面板（图 9-1）的【创建】按钮，打开【块定义】对话框（图 9-3），勾选【注释性】复选框，其他操作与第 9 章讲的非注释性块创建相同。插入图形的注释性块参照都具有注释性。对于已经定义并插入的块，可以单击【块】面板上的【编辑】按钮打开【编辑块定义】对话框（图 9-47），选择要编辑的块定义，单击【确定】按钮打开【块编辑器】窗口，在块上单击鼠标右键，在弹出的快捷菜单中选择【特性】选项打开【特性】选项板，修改【注释性】为【是】。

4. 块的属性

单击功能区【默认】选项卡【块】面板（图 9-1）的【定义属性】按钮，打开【属性定义】对话框（图 9-26），勾选【注释性】复选框，其他操作与第 9 章讲的非注释性带属性的块创建相同。

5. 引线和多重引线

对于引线，可以先绘制引线，然后使用【特性】选项板，修改【注释性】为【是】即可。对于多重引线，在【多重引线样式管理器】对话框中单击【新建】按钮，系统弹出【修改多重引线样式】对话框，在【引线结构】选项卡（图 8-51）中勾选【注释性】复选框，其他操作与第 8 章讲的多重引线样式的创建相同。

6. 文字

在【文字样式】对话框（图 7-1a）中勾选【注释性】复选框，其他操作与第 7 章讲的非注释性文字创建相同，用注释性文字样式书写的文字都带有注释性。对于已创建的非注释性文字，可以选择文字，打开【特性】选项板（图 7-17），修改【注释性】为【是】即可。

7. 填充

创建图案填充时，在【图案填充和渐变色】对话框（图 6-52）中勾选【注释性】复选框。对于已创建的非注释性填充，可以选择填充对象，打开【特性】选项板，修改【注释性】为【是】即可。

13.3.2 布局中注释性对象的显示

在规范的工程图样中，尺寸标注、几何公差、表面结构符号等块、引线和多重引线、文字、填充的剖面线等均应该有统一的标准。在模型空间中一般使用 1：1 的比例绘图，因此向图形中插入这些注释性对象时，它们的注释性比例也是 1：1。而如果在布局中有多个不同比例的视口（例如图 13-29 所示情况），为了让注释性对象在不同比例的视口中按标准大小显示，需要将这些对象的注释性比例设置为与视口比例相同。

选择注释性对象后单击鼠标右键，在弹出的快捷菜单中选择【特性】选项，在打开的【特性】选项板中单击【注释性比例】行，单击出现的按钮可打开【注释对象比例】对话框，如图 13-34 所示，单击【添加】按钮添加所需的比例。例如，若要使比例为 1：2 的视口中的文字正确显示，则应为注释性文字添加一个与视口比例相同的 1：2 的注释性比例。

若要给所有的注释性对象添加相同的注释性比例，可以在状态栏上单击激活【自动缩放】按钮，然后在【注释比例】下拉列表 1:1 中选择已添加的注释比例，则每次选择的注释比例会自动添加给所有注释性对象，布局视口便会正确显示具有相同注释比例的注释性对象。

对于图 13-2 所示模型空间中的图形，选择尺寸标注、几何公差、表面结构符号等块、引线和多重引线、文字、填充的剖面线等对象，启用其注释性功能使其成为注释性对象，并添加 1:1 和 2:1 两个注释比例。接着进入图纸空间，按 1:1 和 2:1 的比例形成两个视口，则视口中的注释性对象都按照正确的比例显示了，如图 13-35 所示。

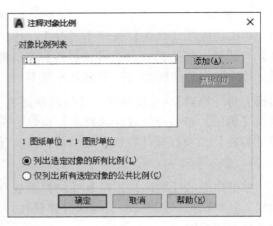

图 13-34 【注释对象比例】对话框

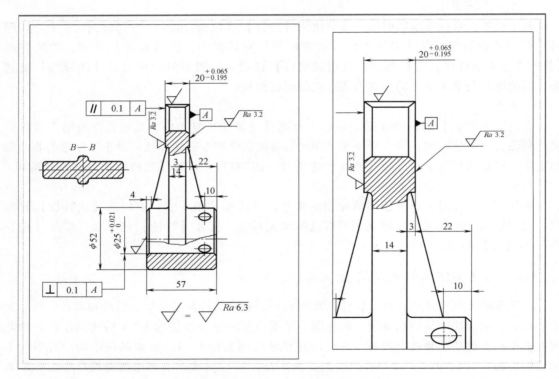

图 13-35 注释性对象的布局显示

13.4 打印

13.4.1 打印页面设置

在图 13-4 所示快捷菜单中选择【页面设置管理器】选项，系统会弹出【页面设置管理器】对话框，如图 13-36 所示。

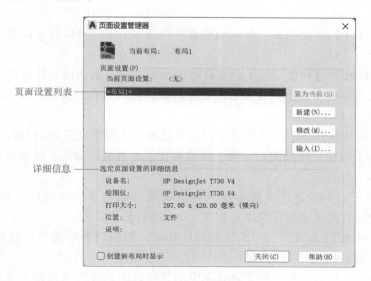

图 13-36　【页面设置管理器】对话框

　　如果要修改页面设置，在【页面设置】列表框中选择需要进行页面设置的布局名称，然后单击【修改】按钮，系统会弹出【页面设置】对话框，如图 13-37 所示。

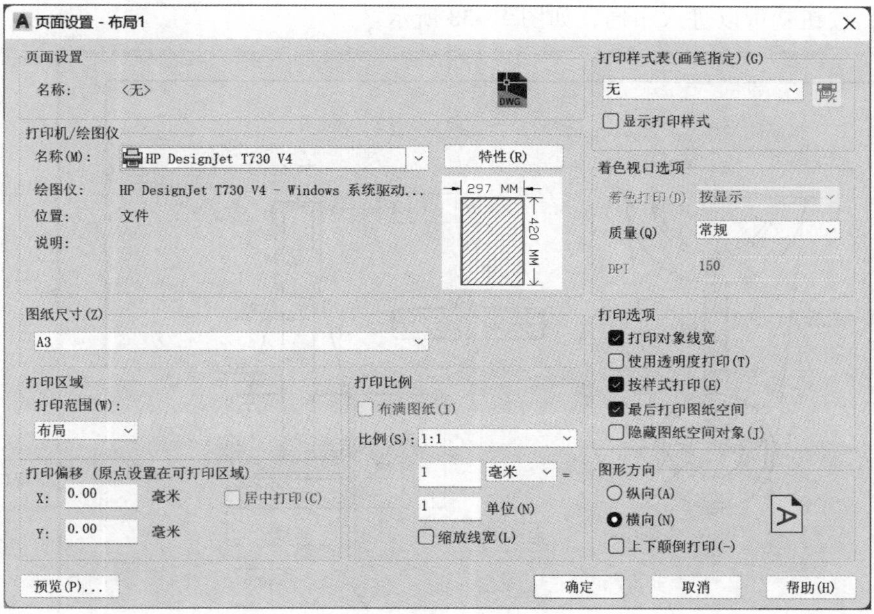

图 13-37　【页面设置】对话框

　　（1）【打印样式表】选项组　可以从下拉列表中选择要采用的打印样式，如果要按照实体的特性设置进行打印，可选择【无】。

（2）【打印机/绘图仪】选项组 用于选择打印机并进行相关设置，将在13.4.2小节具体介绍。

（3）【图纸尺寸】下拉列表 显示当前采用的纸张大小，可以从下拉列表中选择合适的纸张，这里选择【A3】。

（4）【打印区域】选项组 用于设置打印的范围，保持默认设置即可打印布局。打印布局时，打印指定尺寸的图纸上符合页边距设置的范围内的所有对象，打印原点从布局的（0，0）点算起。

（5）【打印偏移】选项组 用于指定打印区域相对于图纸左下角的偏移量。布局中，指定打印区域的左下角位于图纸的左下角。可输入正值或负值以偏离打印原点。图纸中的打印值以英寸或毫米为单位。

在默认情况下，AutoCAD将打印原点定位在图纸的左下角，可以通过改变【X：】和【Y：】文本框中的数值来指定打印原点在X、Y方向的偏移量。

（6）【打印比例】选项组 用于设置打印比例，控制图形单位对于打印单位的相对尺寸。打印布局时默认的比例为1：1。

（7）【图形方向】选项组 用于选择图纸的打印方向，各选项含义介绍如下。

【纵向】单选项：定位并打印图形，使图纸的短边作为图形页面的顶部。

【横向】单选项：定位并打印图形，使图纸的长边作为图形页面的顶部。

【上下颠倒打印】复选框：上下颠倒地定位图形方向并打印图形。

在【页面设置】对话框中单击【确定】按钮回到【页面设置管理器】对话框，然后单击【关闭】按钮就可以进入布局，如图13-38所示。

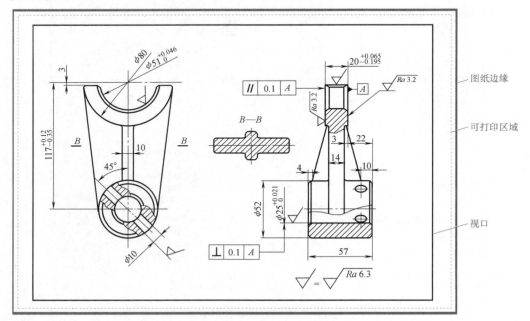

图 13-38 布局

在布局中有三个矩形框，最外面的矩形框代表在页面设置中所指定图纸尺寸的图纸边缘，虚线矩形框代表的是图纸的可打印区域，最里面的矩形框即为视口。

13.4.2 选择打印设备

在【页面设置】对话框的【打印机/绘图仪】选项组，从【名称】下拉列表中选择要使用的打印机，如选用【HP DesignJet T730 V4】。在Windows下安装的系统打印机可直接选用，还可以用【绘图仪管理器】对话框来安装新的打印机。选择好打印机后单击【特性】按钮，系统弹出【绘图仪配置编辑器】对话框，如图 13-39所示。该对话框也可通过依次选择【应用程序菜单】→【打印】→【管理绘图仪】菜单命令来打开。

在【设备和文档设置】选项卡的列表框中选择【自定义特性】选项后，在【访问自定义对话框】选项组出现【自定义特性】按钮，单击此按钮，系统会弹出【HP DesignJet T730 V4打印首选项】对话框，如图 13-40 所示。在【HP DesignJet T730 V4 打印首选项】对话框中，可以设置打印文档的方向、纸张来源、边距布局、颜色模式等，设置完成后单击【确定】按钮。

图 13-39 【绘图仪配置编辑器】对话框

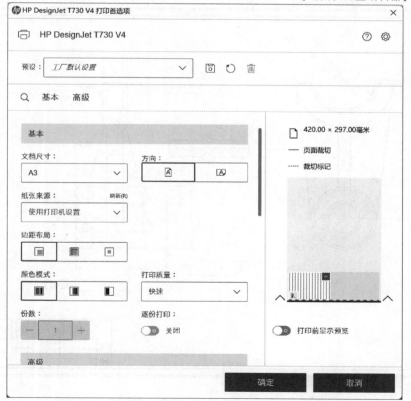

图 13-40 【HP DesignJet T730 V4 打印首选项】对话框

提示　如果系统安装的打印机不支持彩色转黑白（无灰度级）功能，则在出黑白图时可能有的图线不清晰，这是因为这些图线采用了较浅的色彩，如黄色。因此如果只能选用此打印机，则应修改这类较浅颜色的图线为较深的色彩，如黑色、深青色等。

　　完成打印设置后回到【绘图仪配置编辑器】对话框，单击【确定】按钮，系统会弹出【修改打印机配置文件】对话框，系统提示产生了一个配置文件，默认保存在 AutoCAD 安装目录下的【plotters】文件夹中，如图 13-41 所示。单击【确定】按钮，保存对系统打印机设置的修改。

图 13-41　【修改打印机配置文件】对话框

　　完成之后的布局如图 13-42 所示。上述工作完成后，就可以打印布局了。

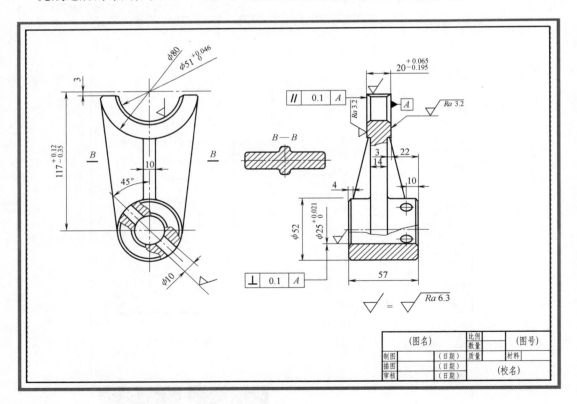

图 13-42　布局图

13.4.3 打印步骤

按照前述各节介绍的方法创建布局，完成视口调整、注释性对象的特性设置、打印设置后，可按照如下步骤打印布局文件。

1）进入要打印的布局，单击快速访问工具栏上的【打印】按钮 🖶，或者依次选择【文件】→【打印】菜单命令，系统弹出【打印】对话框，如图 13-43 所示。此对话框内容同【页面设置】对话框，查看各项内容是否合适，若合适则无须改动。

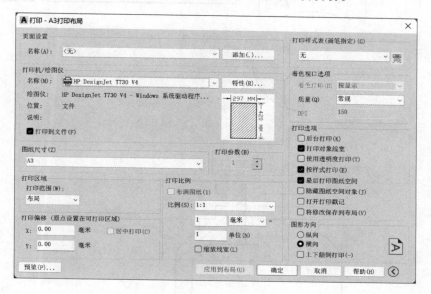

图 13-43 【打印】对话框

2）单击【打印】对话框左下角的【预览】按钮查看布局文件的打印预览，观察打印预览可以了解图形是否打印完整、是否偏移等情况。

3）在预览状态下单击鼠标右键，在弹出的快捷菜单中选择【退出】选项，返回【打印】对话框，可对不满意的部分做相关调整，再查看预览，如此重复直到满意为止。

4）预览效果满意后，单击【确定】按钮即可进行打印。

思考与练习

1. 概念题

1）页面设置包含哪些内容？

2）怎样调整图样在图纸上的位置？

3）在布局中打印时，怎样控制视口的比例？

2. 绘图练习

完整绘制下列零件图，并分别打印在一张 A3 图纸上。

1)

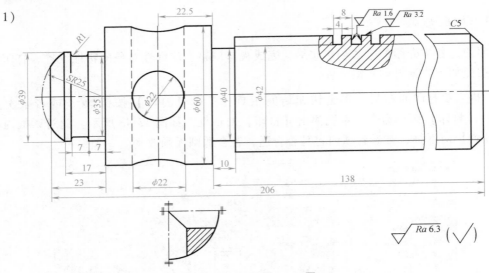

图 13-44　习题 2 1）图

2)

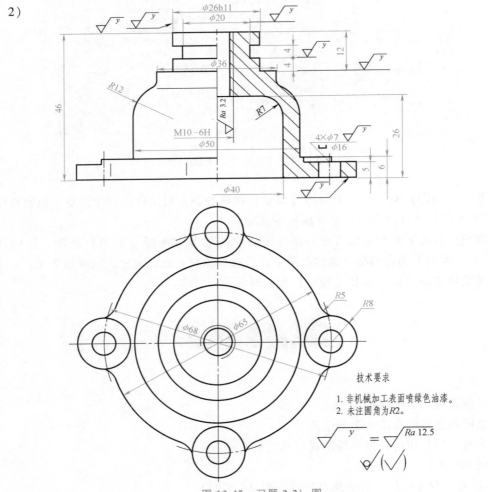

技术要求

1. 非机械加工表面喷绿色油漆。
2. 未注圆角为R2。

图 13-45　习题 2 2）图

AutoCAD − □ × →

第14章

三维实体造型

【本章重点】
- 三维环境基础知识
- 三维建模方法
- 三维实体编辑
- 由三维模型生成二维视图

14.1 | 三维建模基础知识

14.1.1 三维建模类型

前面章节介绍的二维图形的绘制及编辑等方法和技能基本上能满足绘制平面图形的需要。日常绘制的图形大多数是三维物体的二维投影图，这种图形广泛应用于机械制造、建筑工程等领域。但这种方式存在缺陷，不能观察产品的实际设计效果。为此，AutoCAD 提供了三维图形功能。AutoCAD 支持线框模型、表面模型和实体模型三种三维模型，每种模型均有自己的创建和编辑方法。

1）线框模型：描述的是三维对象的框架，它仅由描述对象的点、直线和曲线构成，不含描述表面的信息。可以将二维图形放置在三维空间中的任意位置来生成线框模型，也可以使用 AutoCAD 提供的三维线框对象或三维坐标来创建三维模型。而最常用的方法是利用【直线】命令，输入三维坐标点来创建三维线框模型。

2）表面模型：比线框模型复杂得多，它不仅定义三维对象的边，而且定义三维对象的表面。表面模型由表面围成，所生成的表面不透明。AutoCAD 表面模型使用多边形网格定义对象的表面，由于网格之间是平面多边形，因此使用多边形网格只能近似地模拟曲面。

3）实体模型：描述对象所包含的整个空间，是信息最完整且二义性最小的一种三维模

269

型。实体模型在构造和编辑上较线框模型和表面模型复杂。实体模型可以具有质量、体积、重心等物理特性，可以为数控加工、有限元分析等提供数据。实体模型也以线框的形式显示，除非进行消隐、着色或渲染处理。

本章主要介绍创建和编辑三维实体模型的方法。

14.1.2　三维建模界面

前面章节介绍的二维图形绘制和编辑方法等均是在【草图与注释】工作空间进行的，在快速访问工具栏单击展开【切换工作空间】下拉列表，如图 14-1 所示，选择【三维建模】选项即可进入三维建模工作空间。

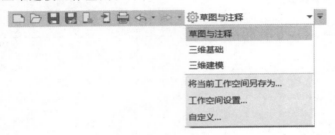

图 14-1　【切换工作空间】下拉列表

新建图形使用【acadiso3D.dwt】样板文件，且在选择了【三维建模】工作空间后，整个工作界面成为专用于三维建模的环境，如图 14-2 所示。可以看到功能区显示了众多三维建模相关功能的按钮、面板和选项卡。

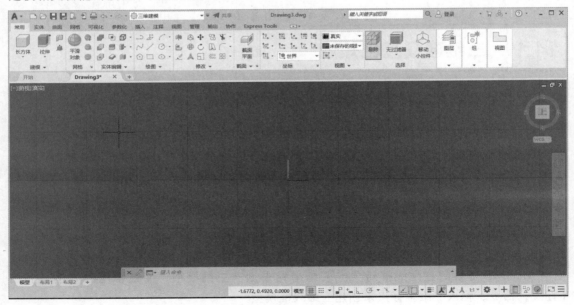

图 14-2　三维建模工作界面

14.1.3　三维建模坐标表示方法

在 AutoCAD 中有世界坐标系（WCS）、用户坐标系（UCS）两个坐标系统，世界坐标系（WCS）是固定坐标系，用户坐标系（UCS）是可移动坐标系。两种坐标系中的点都可以采用笛卡儿坐标、圆柱坐标和球面坐标三种方法表示，不同坐标表示方法对比见表 14-1。

表 14-1　不同坐标表示方法对比

坐标	三维输入格式	示例	图例
笛卡儿坐标	x,y,z $\#x,y,z$ $@x,y,z$	例如，@ 3,6,5 表示：沿 X 轴正方向距上一测量点 3 个单位，沿 Y 轴正方向距上一测量点 6 个单位，沿 Z 轴正方向距上一测量点 5 个单位	
圆柱坐标	$x<$ 与 X 轴正方向之间的角度,z $\#x<$ 与 X 轴正方向之间的角度,z $@x<$ 与 X 轴正方向之间的角度,z	例如，@ 5<30,6 表示：沿 X 轴正方向距上一测量点 5 个单位，与 X 轴正方向成 30°角，沿 Z 轴正方向移动 6 个单位的位置	
球面坐标	$x<$ 与 X 轴正方向之间的角度 $<$ 与 XY 平面所成的角度 $\#x<$ 与 X 轴正方向之间的角度 $<$ 与 XY 平面之间的角度 $@x<$ 与 X 轴正方向之间的角度 $<$ 与 XY 平面之间的角度	例如，坐标 8<30<30 表示：距当前 UCS 原点 8 个单位，在 XY 平面中与 X 轴正方向成 30°角，与 XY 平面夹角为 30°	

　　提示　按<F12>键可以启用动态输入功能，若采用绝对坐标，则需要输入"#"号前缀；若采用相对坐标，则需要输入"@"符号前缀。关闭动态输入功能时，应使用常规输入格式。

14.1.4 三维建模用户坐标系

在三维环境中，用户坐标系（UCS）是可移动的笛卡儿坐标系，用于建立 XY 工作平面、水平方向和竖直方向、旋转轴及其他所需的几何参照。在指定点、输入坐标和使用辅助绘图功能（如正交模式和栅格）时，可以更改 UCS 的原点和方向，以便于进行操作。

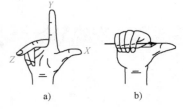

图 14-3 UCS 方向

1）在三维坐标系中，如果已知 X 轴和 Y 轴的方向，将右手手背靠近屏幕放置，大拇指指向 X 轴的正方向。如图 14-3a 所示，伸出食指和中指，食指指向 Y 轴的正方向，中指指向 Z 轴的正方向。转动手腕即可模拟 X 轴、Y 轴和 Z 轴随着 UCS 的改变而旋转的变化。

2）使用右手定则还可以确定三维空间中绕坐标轴旋转的默认正方向：将右手拇指指向某个轴的正方向，卷曲余下四指，右手四指所指示的方向即该轴的正旋转方向，如图 14-3b 所示。

AutoCAD 通常是基于当前坐标系的 XY 平面进行绘图的，这个 XY 平面称为构造平面。在三维环境下绘图需要基于不同的平面，因此，应把当前坐标系的 XY 平面变换到需要绘图的平面上，也就是需要创建新的用户坐标系。

1. 设置 UCS

创建 UCS 可以理解为变换 UCS，可以根据需要，定义、保存和恢复任意多个 UCS。创建 UCS 的命令可以通过如下三种方式选取。

菜单栏：【工具】→【新建 UCS】子菜单。

功能区：【常用】选项卡→【坐标】面板。

命令窗口：ucs。

下面以图 14-4 所示【坐标】面板为例讲述用户坐标系的建立。

图 14-4 【坐标】面板

【旋转轴 X】按钮、【旋转轴 Y】按钮、【旋转轴 Z】按钮：分别用于绕 X、Y、Z 轴旋转 UCS。

【平行于屏幕】按钮、【平行于面】按钮、【平行于对象】按钮：分别用于将 UCS 的 XY 平面与屏幕、三维实体上的面、选定对象对齐。

【UCS 图标特性】按钮：用于更改 UCS 图标外观。

【UCS】特性：设置当前 UCS 的原点和方向。

【列表】按钮：列出、重命名或恢复先前定义的 UCS。

【世界坐标系】按钮：将当前 UCS 设置为世界坐标系。

【撤销 UCS】按钮：恢复上一个 UCS。

【原点】按钮：通过移动原点定义新的 UCS。

【Z 轴对齐】按钮：将 UCS 与指定的 Z 轴正向对齐。

【3 点对齐】按钮 ：使用 3 个点定义新的 UCS。

2. 动态 UCS

单击状态栏上的【动态 UCS】按钮 启用动态 UCS 功能，可以在创建实体对象时使动态 UCS 的 *XY* 平面自动与实体模型上的平面临时对齐。实际操作中，先调用创建实体对象的命令，然后移动鼠标指针到要创建实体对象的平面，该平面会亮显，表示当前动态 UCS 对齐到该平面上，接下来可以在此平面上继续创建实体对象。

> 提示　动态 UCS 是临时的，并不真正将 UCS 切换到这个临时的动态 UCS 中，创建完实体对象后，UCS 还是回到创建该实体对象前的状态。

3. 平面视图

可以在三维绘图时快速将视图切换为二维平面视图，从而加速截面图形的绘制。在命令窗口输入"plan"命令后，可以根据提示选择将当前视点更改为当前 UCS 的平面视图、以前保存的 UCS 或 WCS。

> 提示　"plan"命令会更改观察方向并关闭透视和剪裁，但不会更改当前的 UCS。在启动"plan"命令后输入或显示的任何坐标仍然是相对于当前 UCS 的。

14.1.5　三维模型视图方向

创建三维模型要在三维空间中绘图，不但要变换坐标系，还要不断变换三维模型的显示方位，这样才能使三维建模更加方便。

1. 标准视图

在功能区【可视化】选项卡【命名视图】面板上，如图 14-5 所示，【视图】下拉列表中有工程图的六个标准视图方向，还有四个轴测方向。可切换采用不同的视图来观察图形，也可以使用 ViewCube 快速切换视图方向，如图 14-6 所示。

2. 动态观察视图

利用 AutoCAD 的动态观察功能，可以动态、交互、直观地观察三维模型。单击功能区【视图】选项卡【视口工具】面板上的【导航栏】按钮如图 14-7a 所示，可以打开导航栏，如图 14-7b 所示，单击其中的 按钮可以动态观察模型。

图 14-5　【命名视图】面板

图 14-6　ViewCube

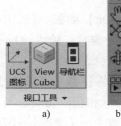

a)　　　　b)

图 14-7　【视口工具】
面板和导航栏

科普之窗
中国创造：天鲲号

14.2 三维建模方法

三维实体模型可以由基本实体命令创建，也可以由两维平面图形生成复杂三维实体模型。

14.2.1 基本实体建模

基本实体包括长方体、球体、圆柱体、圆锥体、楔体、棱锥体、圆环体和多段体，依次如图 14-8a~h 所示。

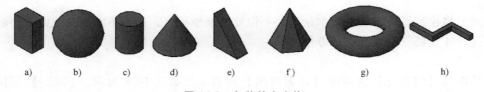

a)　　　b)　　　c)　　　d)　　　e)　　　f)　　　g)　　　h)

图 14-8　各种基本实体

1. 长方体

创建实体长方体，始终将长方体的底面与当前 UCS 的 XY 平面（工作平面）平行。【长方体】命令可以指定两个角点来创建，也可以指定长、宽、高的长度来创建，还可以创建指定中心点的长方体或立方体。根据命令窗口提示选择使用［立方体］或［长度］选项时，可以在指定长度时指定长方体在 XY 平面中的旋转角度。

菜单栏：【绘图】→【建模】→【长方体】命令。

功能区：【常用】选项卡→【建模】面板→【长方体】按钮 📦 长方体，或者【实体】选项卡→【图元】面板→【长方体】按钮 📦 长方体。

命令窗口：输入"box"并按空格键或按<Enter>键确认。

2. 球体

【球体】命令可以通过指定球心和半径或直径的方式来创建球体，也可以选择［三点］［两点］［相切、相切、半径］三种方式中的一种来创建。

菜单栏：【绘图】→【建模】→【球体】命令。

功能区：【常用】选项卡→【建模】面板→【球体】按钮 ⬤ 球体，或者【实体】选项卡→

【图元】面板→【球体】按钮◯球体。

　　命令窗口：输入"sphere"并按空格键或按<Enter>键确认。

　　3. 圆柱体

　　【圆柱体】命令可以创建以圆或椭圆为底面的圆柱体或椭圆柱体，类似【圆】命令，有多种方式指定底面圆或椭圆，确定底面后再确定圆柱体或椭圆柱体的高度和方向即可。

　　菜单栏：【绘图】→【建模】→【圆柱体】命令。

　　功能区：【常用】选项卡→【建模】面板→【圆柱体】按钮▯圆柱体，或者【实体】选项卡→【图元】面板→【圆柱体】按钮▯圆柱体。

　　命令窗口：输入"cylinder"并按空格键或按<Enter>键确认。

　　4. 圆锥体

　　【圆锥体】命令可创建以圆或椭圆为底面的锥体或台体，根据提示创建底面形状、指定高度，选择一点为顶点则创建锥体，创建顶面圆或椭圆则创建台体。

　　菜单栏：【绘图】→【建模】→【圆锥体】命令。

　　功能区：【常用】选项卡→【建模】面板→【圆锥体】按钮◭圆锥体，或者【实体】选项卡→【图元】面板→【圆锥体】按钮◭圆锥体。

　　命令窗口：输入"cone"并按空格键或按<Enter>键确认。

　　5. 楔体

　　楔体是一个五面体，楔体的底面是绘制在与当前 UCS 的 XY 平面平行的平面上的四边形，而斜面正对其第一角点，楔体的高度与 Z 轴平行。

　　菜单栏：【绘图】→【建模】→【楔体】命令。

　　功能区：【常用】选项卡→【建模】面板→【楔体】按钮◣楔体，或者【实体】选项卡→【图元】面板→【楔体】按钮◣楔体。

　　命令窗口：输入"wedge"并按空格键或按<Enter>键确认。

　　6. 棱锥体

　　【棱锥体】命令可以创建侧面数为 3～32 的棱锥体或棱锥台，根据提示创建底面形状、指定高度，选择一点为顶点则创建棱锥体，创建与底边相似的顶面则创建棱锥台。

　　菜单栏：【绘图】→【建模】→【棱锥体】命令。

　　功能区：【常用】选项卡→【建模】面板→【棱锥体】按钮◭棱锥体，或者【实体】选项卡→【图元】面板→【棱锥体】按钮◭棱锥体。

　　命令窗口：输入"pyramid"并按空格键或按<Enter>键确认。

　　7. 圆环体

　　【圆环体】命令主要由两个半径值定义圆环体，一个是圆环体的横截面圆半径，另一个是从圆环体中心到圆环体的横截面圆心的距离，即圆环半径。若横截面圆半径比圆环半径的绝对值大，圆环就会自交，自交的圆环没有中心孔。

　　菜单栏：【绘图】→【建模】→【圆环体】命令。

　　功能区：【常用】选项卡→【建模】面板→【圆环体】按钮◎圆环体，或者【实体】选项卡→【图元】面板→【圆环体】按钮 ⊙ 圆环体。

命令窗口：输入"torus"并按空格键或按<Enter>键确认。

8. 多段体

【多段体】命令用于创建矩形轮廓截面的实体，也可以将现有直线、二维多段线、圆弧或圆转换为具有矩形轮廓截面的实体，类似建筑墙体。

菜单栏：【绘图】→【建模】→【多段体】命令。

功能区：【常用】选项卡→【建模】面板→【多段体】按钮 □ 多段体，或者【实体】选项卡→【图元】面板→【多段体】按钮 □ 多段体。

命令窗口：输入"polysolid"并按空格键或按<Enter>键确认。

14.2.2 复杂实体建模

复杂实体可以通过先创建复杂平面形状，再进行拉伸、旋转、扫掠、放样的方式来创建，所生成的实体也可以相应称为拉伸体、旋转体、扫掠体、放样体。

1. 拉伸体

【拉伸】命令可以沿指定的路径、方向或倾斜角等拉伸指定的闭合轮廓来创建拉伸体，拉伸体始于所选轮廓所在的平面，止于路径端点处，如图14-9所示。因此，【拉伸】命令无法拉伸具有相交或自交线段的多段线、包含在块内的对象。对直线或圆弧构成的轮廓，可以使用【边界】命令将它们转换为一个多段线对象或面域。按住<Ctrl>键可以选择一个或多个面同时进行拉伸。

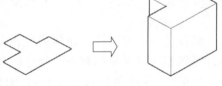

图 14-9 拉伸

菜单栏：【绘图】→【建模】→【拉伸】命令。

功能区：【常用】选项卡→【建模】面板→【拉伸】按钮 ■，或者【实体】选项卡→【实体】面板→【拉伸】按钮 ■ 拉伸。

命令窗口：输入"extrude"并按空格键或按<Enter>键确认。

2. 旋转体

【旋转】命令可以绕指定的轴旋转指定的闭合轮廓来形成旋转体，如图14-10所示。旋转轮廓必须完全在旋转轴的一侧。

菜单栏：【绘图】→【建模】→【旋转】命令。

功能区：【常用】选项卡→【建模】面板→【旋转】按钮 ● 旋转，或者【实体】选项卡→【实体】面板→【旋转】按钮 ● 旋转。

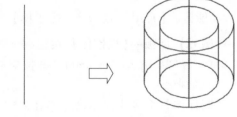

图 14-10 旋转

命令窗口：输入"revolve"并按空格键或按<Enter>键确认。

3. 扫掠体

【扫掠】命令可以使开放或闭合的平面曲线（轮廓）沿开放或闭合的二维或三维路径生

长来创建实体或曲面，即扫掠体，如图 14-11 所示。如果闭合的曲线沿一条路径扫掠，则生成实体。扫掠与拉伸不同，沿路径扫掠轮廓时，轮廓将被移动并与路径垂直对齐，而拉伸则不会。

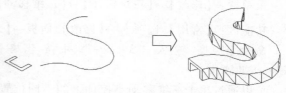

图 14-11　扫掠

菜单栏：【绘图】→【建模】→【扫掠】命令。

功能区：【常用】选项卡→【建模】面板→【扫掠】按钮 ，或者【实体】选项卡→【实体】面板→【扫掠】按钮 。

命令窗口：输入"sweep"并按空格键或按<Enter>键确认。

4. 放样体

【放样】命令通过对一组曲线（两条或两条以上截面曲线）进行放样（绘制实体或曲面）来创建三维实体或曲面，如图 14-12 所示。截面定义了所生成实体的轮廓或曲面的形状，截面曲线或直线可以是开放的（如圆弧），也可以是闭合的（如圆）。如果对一组闭合的截面曲线进行放样，则生成实体。如果对一组开放的截面曲线进行放样，则生成曲面。

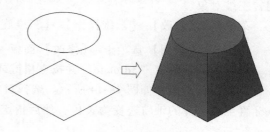

图 14-12　放样

菜单栏：【绘图】→【建模】→【放样】命令。

功能区：【常用】选项卡→【建模】面板→【放样】按钮 放样，或者【实体】选项卡→【实体】面板→【放样】按钮 放样。

命令窗口：输入"loft"并按空格键或按<Enter>键确认。

> 提示　放样的截面曲线必须全部开放或全部闭合，不能使用既包含开放曲线又包含闭合曲线的选择集。指定放样操作的路径可以更好地控制放样实体或曲面的形状，路径曲线最好始于第一个截面所在的平面，止于最后一个截面所在的平面。

14.3　三维实体编辑

在三维模型构建过程中，往往需要修改对象的大小、形状和位置以更好地实现设计意图，这就需要运用实体对象编辑命令。

14.3.1　三维实体位置控制

1. 三维移动

在三维视图中，可以调用【三维移动】命令显示三维移动小控件，利用三维移动小控件可以方便地在指定方向上按指定距离移动三维对象。

菜单栏：【修改】→【三维操作】→【三维移动】命令。

功能区：【常用】选项卡→【修改】面板→【三维移动】按钮。

命令窗口：输入"3dmove"并按空格键或按<Enter>键确认。

可以通过单击三维移动小控件上的不同位置来实现如下两种类型的约束移动。

1）沿轴移动：单击轴以将移动约束到该轴上，如图14-13a所示。

2）沿平面移动：单击轴之间的区域以将移动约束到该平面上，如图14-13b所示。

a) 沿轴移动　　　　b) 沿平面移动

图 14-13　约束移动

2. 三维旋转

在三维视图中，可以调用【三维旋转】命令显示三维旋转小控件，进而方便地绕基点旋转三维对象。

菜单栏：【修改】→【三维操作】→【三维旋转】命令。

功能区：【常用】选项卡→【修改】面板→【三维旋转】按钮。

命令窗口：输入"3drotate"并按空格键或按<Enter>键确认。

三维旋转小控件如图14-14所示。选择对象后，在三维旋转小控件上指定旋转轴，移动鼠标直至要选择的轴轨迹变为黄色，然后指定所要旋转的角度。

3. 三维对齐

在三维视图中，【三维对齐】命令可以通过移动、旋转或倾斜对象使一个对象与另一个对象对齐。使用【三维对齐】命令时，可以指定至多三个点以定义源平面，然后指定至多三个点以定义目标平面。该命令可以用于动态UCS（DUCS）中，如果目标是现有实体对象上的平面，则可以通过打开动态UCS来使用单个点定义目标平面。

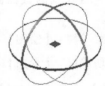

图 14-14　三维旋转小控件

菜单栏：【修改】→【三维操作】→【三维对齐】命令。

功能区：【常用】选项卡→【修改】面板→【三维对齐】按钮。

命令窗口：输入"3dalign"并按空格键或按<Enter>键确认。

4. 三维阵列

在三维视图中，【三维阵列】命令可以在三维空间中创建对象的矩形阵列或环形阵列，如图14-15所示。创建阵列时，除了指定列数（X方向）和行数（Y方向）以外，还要指定层数（Z方向）。

菜单栏：【修改】→【三维操作】→【三维阵列】命令。

功能区：【常用】选项卡→【修改】面板→【矩形】阵列按钮、【环形】阵列按钮或【路径】阵列按钮。

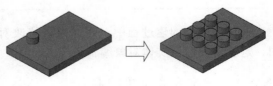

图 14-15　矩形阵列

命令窗口：输入"3darray"并按空格键或按<Enter>键确认。

5. 三维缩放

在三维视图中，可以调用【三维缩放】命令显示三维移动小控件，以方便地调整三维对象的大小，如图 14-16 所示。

菜单栏：【修改】→【三维操作】→【三维缩放】命令。

功能区：【常用】选项卡→【修改】面板→【三维缩放】按钮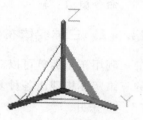。

命令窗口：输入"3dscale"并按空格键或按<Enter>键确认。

图 14-16 三维缩放小控件

6. 三维镜像

在三维视图中，可以调用【三维镜像】命令来镜像复制指定的三维实体对象，如图 14-17 所示。

菜单栏：【修改】→【三维操作】→【三维镜像】命令。

功能区：【常用】选项卡→【修改】面板→【三维镜像】按钮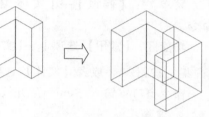。

命令窗口：输入"mirror3d"并按空格键或按<Enter>键确认。

图 14-17 三维镜像

镜像平面可以是以下平面。

1）通过指定点且与当前 UCS 的 *XY*、*YZ* 或 *XZ* 平面平行的平面。

2）由三个指定点定义的平面。

3）*Z* 轴确定的平面，即根据平面上的一个点和平面法线上的一个点定义的平面。

7. 实体圆角

在三维视图中，可以调用【圆角边】命令为指定的三维实体生成圆角，如图 14-18 所示。可以指定圆角半径，然后选择要生成圆角的边，从而生成相切的圆角边。

菜单栏：【修改】→【实体编辑】→【圆角边】命令。

功能区：【实体】选项卡→【实体编辑】面板→【圆角边】按钮。

命令窗口：输入"filletedge"并按空格键或按<Enter>键确认。

8. 实体倒角

在三维视图中，可以调用【倒角边】命令为指定的三维实体的相邻面创建倒角，如图 14-19 所示。

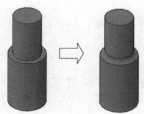

图 14-18 实体圆角

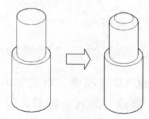

图 14-19 倒角

菜单栏：【修改】→【实体编辑】→【倒角边】命令。

功能区：【实体】选项卡→【实体编辑】面板→【倒角边】按钮。

命令窗口：输入"chamferedge"并按空格键或按<Enter>键确认。

14.3.2　三维实体布尔运算

利用布尔运算可以对三维实体进行相应的求并、求差、求交等几何运算，从而运用简单的三维实体构建出各种复杂的三维实体。

1. 求并

【并集】命令可以合并两个或两个以上实体（或面域），使它们成为一个复合对象，如图 14-20 所示。在运算过程中，如果选择的实体之间不接触或重叠，仍然会被合并成一个整体。

菜单栏：【修改】→【实体编辑】→【并集】命令。

功能区：【常用】选项卡→【实体编辑】面板→

图 14-20　求并

【并集】按钮，或者【实体】选项卡→【布尔值】面板→【并集】按钮。

命令窗口：输入"union"并按空格键或按<Enter>键确认。

2. 求差

【差集】命令可以从一组实体中删除该实体与另一组实体的公共区域，如图 14-21 所示。

菜单栏：【修改】→【实体编辑】→【差集】命令。

功能区：【常用】选项卡→【实体编辑】面板→【并集】

按钮，或者【实体】选项卡→【布尔值】面板→【差集】

按钮。

图 14-21　求差

命令窗口：输入"subtract"并按空格键或按<Enter>键确认。

3. 求交

【交集】命令可以对两个或两个以上重叠实体的公共部分创建复合实体，即删除非重叠部分并利用公共部分创建复合实体，如图 14-22 所示。

菜单栏：【修改】→【实体编辑】→【交集】命令。

功能区：【常用】选项卡→【实体编辑】面板→【交集】

按钮，或者【实体】选项卡→【布尔值】面板→【交集】

按钮。

图 14-22　求交

命令窗口：输入"intersect"并按空格键或按<Enter>键确认。

14.3.3　三维实体面造型编辑

在 AutoCAD 建模中，对实体面同样可进行三维编辑操作，可以对实体面进行拉伸、移动、偏移、删除、旋转、倾斜、复制和抽壳等操作。

1. 拉伸面

【拉伸面】命令可以按指定的长度或沿着指定的路径拉伸实体上的指定面。例如，要对如图 14-23 所示面 A 和面 B 拉伸 100，可以调用【拉伸面】命令，单击面 A 和面 B，然后在命令窗口输入高度"100"。

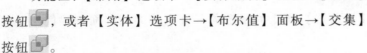

菜单栏：【修改】→【实体编辑】→【拉伸面】命令。

功能区：【常用】选项卡→【实体编辑】面板→【拉伸面】按钮，或者【实体】选项卡→【实体编辑】面板→【拉伸面】按钮。

2. 移动面

【移动面】命令可以按指定的距离移动实体上的指定面。例如，将面 A 沿 Z 轴正向移动100 的结果如图 14-24 所示。

菜单栏：【修改】→【实体编辑】→【移动面】命令。

功能区：【常用】选项卡→【实体编辑】面板→【移动面】按钮，或者【实体】选项卡→【实体编辑】面板→【移动面】按钮。

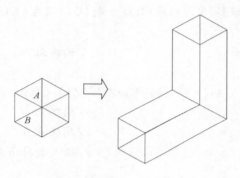

图 14-23 拉伸面

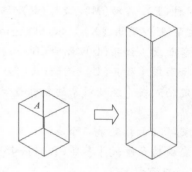

图 14-24 移动面

3. 偏移面

【偏移面】命令可以等距离地偏移实体上的指定面。例如，要将如图 14-24 所示面 A 向外偏移 100，可以调用【偏移面】命令，单击面 A，然后在命令窗口输入偏移的距离"100"。

菜单栏：【修改】→【实体编辑】→【偏移面】命令。

功能区：【常用】选项卡→【实体编辑】面板→【偏移面】按钮，或者【实体】选项卡→【实体编辑】面板→【偏移面】按钮。

4. 删除面

【删除面】命令可以删除实体上的指定面。例如，要删除如图 14-25 所示实体上的面 A，可以调用【删除面】命令，单击面 A 后按<Enter>键。

菜单栏：【修改】→【实体编辑】→【删除面】命令。

功能区：【常用】选项卡→【实体编辑】面板→【删除面】按钮，或者【实体】选项卡→【实体编辑】面板→【删除面】按钮。

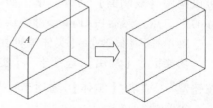

图 14-25 删除面

5. 旋转面

【旋转面】命令可以绕指定轴旋转实体上的指定面。

菜单栏：【修改】→【实体编辑】→【旋转面】命令。

功能区：【常用】选项卡→【实体编辑】面板→
【旋转面】按钮，或者【实体】选项卡→【实体
编辑】面板→【旋转面】按钮。

例如，要将如图 14-26 所示长方体上面 *A* 绕 *Z*
轴旋转 45°，先将 UCS 调整到指定位置，然后调用
【旋转面】命令，命令窗口提示及操作如下。

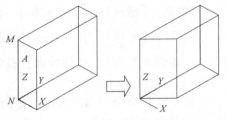

图 14-26　旋转面

命令：_solidedit

实体编辑自动检查：　SOLIDCHECK = 1

输入实体编辑选项 ［面(F)/边(E)/体(B)/放弃(U)/退出(X)］<退出>:_face

输入面编辑选项

［拉伸(E)/移动(M)/旋转(R)/偏移(O)/倾斜(T)/删除(D)/复制(C)/颜色(L)/材质(A)/放弃(U)/退出 (X)］<退出>:_rotate

选择面或［放弃(U)/删除(R)］:找到一个面　　　　　　　//选择面 *A*

选择面或［放弃(U)/删除(R)/全部(ALL)］:

指定轴点或［经过对象的轴(A)/视图(V)/X 轴(X)/Y 轴(Y)/Z 轴(Z)］<两点>:

//捕捉点 *M*

在旋转轴上指定第二个点：　　　　　　　　　　　　　//捕捉点 *N*

指定旋转角度或［参照(R)］:-45↙　　　　　　　　　//输入旋转角度

6. 倾斜面

【倾斜面】命令可以将实体面倾斜一个指定角度。该命令的作用与【旋转面】命令较为类似，不再赘述。

菜单栏：【修改】→【实体编辑】→【倾斜面】命令。

功能区：【常用】选项卡→【实体编辑】面板→【倾斜面】按钮，或者【实体】选项卡→【实体编辑】面板→【倾斜面】按钮。

7. 复制面

【复制面】命令可以复制实体上的指定面。例如，要复制如图 14-27 所示实体上的面 *A*，可以调用【复制面】命令，单击面 *A*，再指定位移的基点和位移的第二点，然后按<Enter>键确认。

菜单栏：【修改】→【实体编辑】→【复制面】命令。

功能区：【常用】选项卡→【实体编辑】面板→【复制面】

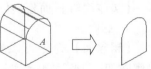

图 14-27　复制面

按钮，或者【实体】选项卡→【实体编辑】面板→【复制面】按钮。

8. 抽壳

【抽壳】命令可以用指定的厚度创建一个薄层进而形成空壳，可以为所有面指定一个固定的薄层厚度。

菜单栏：【修改】→【实体编辑】→【抽壳】命令。

功能区：【常用】选项卡→【实体编辑】面板→【抽壳】按钮，或者【实体】选项

卡→【实体编辑】面板→【抽壳】按钮 。

例如，要将如图 14-28 所示长方体挖切为空壳，可以调用【抽壳】命令，命令窗口提示及操作如下。

选择三维实体：   //选择长方体

删除面或［放弃(U)/添加(A)/全部(ALL)］：   //如果要开口,可选择要生成开口的面,
                                         如果仅中空,则不需要选择

删除面或［放弃(U)/添加(A)/全部(ALL)］：   //不再选择删除面则按<Enter>键到下一步

输入抽壳偏移距离：   //输入壳厚

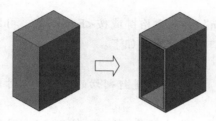

图 14-28   抽壳

14.3.4 三维实体的剖切、截面与干涉

1. 实体剖切

【剖切】命令可以用指定平面把三维实体剖开成两部分，可以选择保留其中一部分或全部保留。例如，将实体沿前后对称平面剖切的结果如图 14-29 所示。

菜单栏：【修改】→【三维操作】→【剖切】命令。

功能区：【常用】选项卡→【实体编辑】面板→【剖切】按钮 ，或者【实体】选项卡→【实体编辑】面板→【剖切】按钮 。

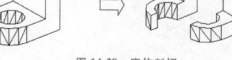

图 14-29   实体剖切

命令窗口：输入"slice"并按空格键或按<Enter>键确认。

调用该命令后，命令窗口提示及操作如下。

命令:_slice

选择要剖切的对象：   //选择要剖切的三维实体

选择要剖切的对象：   //不再进行选择则按<Enter>键结束选择

指定剖切面的起点或［平面对象(O)/曲面(S)/Z 轴(Z)/视图(V)/XY(XY)/YZ(YZ)/ZX(ZX)/三点(3)］<三点>：

该命令各选项含义说明如下。

［平面对象（O）］：以被选对象构成的平面作为剖切平面。

［曲面（S）］：以指定的曲面作为剖切平面。

［Z 轴（Z）］：指定两点来确定剖切平面的位置与法线方向，即选择与所要生成的剖切

平面垂直的两点。

［视图（V）］：表示剖切平面与当前视图平面平行且通过某一指定点。为保证剖切平面能够剖到三维实体，通常指定点为实体上的一点。

［XY（XY）/YZ（YZ）/ZX（ZX）］：表示剖切平面通过一个指定点且平行于 *XY* 平面、*YZ* 平面或 *ZX* 平面。

［三点（3）］：以三点确定剖切平面。

2. 截面

以一个截平面截切三维实体，截平面与实体表面产生的交线称为截交线，它是一个平面封闭线框。

在命令窗口输入"section"并按空格键或按<Enter>键，可以产生截平面与三维实体的截交线并建立面域，命令窗口提示及操作如下。

命令：section ↙

选择对象：   //选择要进行剖切的三维实体对象

选择对象：

指定截面上的第一个点，依照［对象（O）/Z 轴（Z）/视图（V）/XY（XY）/YZ（YZ）/ZX（ZX）/三点(3)］<三点>：

各选项的含义与【剖切】命令中的相同。不同于【剖切】命令将三维实体截切成两部分，【截面】命令只生成截平面截切三维实体后产生的断面，实体仍是完整的，如图 14-30 所示。【截面】命令只对实体模型生效，对线框模型和表面模型无效。

3. 截面平面

【截面平面】命令可以创建截面对象，可以通过该对象查看三维实体模型的内部细节，如图 14-31 所示。

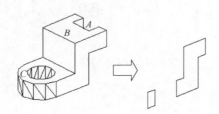

图 14-30 生成截面

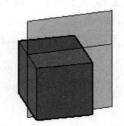

图 14-31 截面平面对象

菜单栏：【绘图】→【建模】→【截面平面】命令。

功能区：【常用】选项卡→【截面】面板→【截面平面】按钮 。

命令窗口：输入"sectionplane"并按空格键或按<Enter>键确认。

调用【截面平面】命令后命令窗口提示及操作如下。

命令：sectionplane ↙

选择面或任意点以定位截面线或［绘制截面(D')/正交（O）/类型（T）］：
      //此时可选择实体上的面或选择不在面上的任意点创建
      截面对象。此处指定一个点

指定通过点：   //指定创建截面对象的第二个点

该命令各选项含义说明如下。

［绘制截面（D）］：可以定义具有多个点的截面对象，以创建带有折弯的截面线。

［正交（O）］：可以将截面对象与相对于 UCS 的正交方向对齐。

［类型（T）］：可以在创建截面平面时，指定平面、切片、边界或体积作为参数。选择样式后，命令将恢复到第一个提示，且选定的类型将设置为默认。

4. 实体干涉

【干涉检查】命令用于查询两个实体之间是否产生干涉，即是否有共同属于两个实体的部分。如果存在干涉，则可根据需要确定是否要将公共部分生成新的实体。

菜单栏：【修改】→【三维操作】→【干涉检查】命令。

功能区：【实体】选项卡→【实体编辑】面板→【干涉】按钮 。

命令窗口：输入"interfere"并按空格键或<Enter>键确认。

14.3.5　三维建模与编辑实例

本小节创建一个实体零件，进一步熟悉实体创建和编辑方法，练习掌握创建三维实体时的坐标变换和尺寸标注方法。

根据图 14-32 所示轴测图和尺寸创建三维实体并进行尺寸标注，可按照如下步骤完成操作。

1. 创建三维实体

1）单击【常用】选项卡【视图】面板上的【东南等轴测】按钮，接着单击【常用】选项卡上的【长方体】按钮 ，创建角点分别为（0，0，0）和（8，62，30）的长方体，如图 14-33 所示。

2）单击【常用】选项卡【坐标】面板上的【原点】按钮 ，接着移动 UCS 到长方体一条边的中点处，然后单击【旋转轴 Y】按钮 ，将 UCS 绕 Y 轴旋转 90°，如图 14-34 所示。

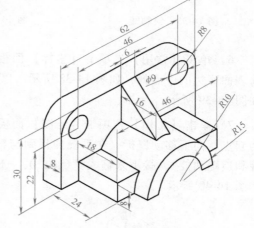

图 14-32　三维实体轴测图

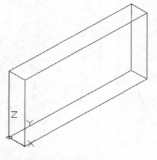

图 14-33　创建立板长方体

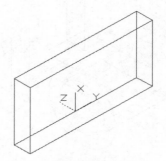

图 14-34　移动和旋转 UCS

3）在当前 UCS 下，以原点为圆心绘制半径为 10 和 15 的圆，以（22，-23，0）和（22，23，0）为圆心，分别绘制半径为 4.5 的圆，如图 14-35 所示。

4）单击【常用】选项卡【建模】面板上的【拉伸】按钮，拉伸长方体上方的两个小圆，拉伸长度均为-8。选中长方体下方的两个大圆，拉伸长度为-32，如图14-36所示。

5）单击【常用】选项卡【建模】面板上的【长方体】按钮，创建角点分别为（0，-23，-8）和（8，23，-26）的长方体，如图14-37所示。

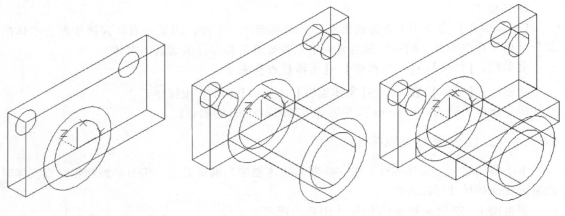

图14-35　绘制圆　　　　　　　图14-36　拉伸圆　　　　　　　图14-37　创建底板长方体

6）单击【常用】选项卡【坐标】面板上的【原点】按钮，移动UCS到立板长方体前表面底边的中点处，如图14-38所示。以当前UCS原点为圆心，绘制半径为15的辅助圆，如图14-39所示。

7）单击【常用】选项卡【绘图】面板上的【三维多段线】按钮，以（30，-3，0）为起点，向下移动鼠标，在系统捕捉到与辅助圆的交点后单击鼠标左键确认（注意启用捕捉和追踪功能），接下来输入"@0，0，-16"，按<Enter>键后再输入"c"来封闭多段线，如图14-40所示。

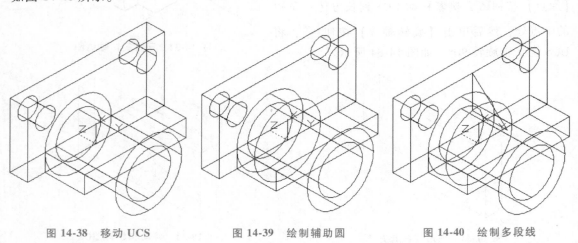

图14-38　移动UCS　　　　　　图14-39　绘制辅助圆　　　　　　图14-40　绘制多段线

8）单击【旋转轴X】按钮，将UCS绕X轴旋转90°，单击【常用】选项卡【建模】面板上的【拉伸】按钮，将多段线拉伸-6，如图14-41所示。

9）单击【实体】选项卡【实体编辑】面板上的【圆角边】按钮，设置圆角半径为8，对实体边创建圆角，如图 14-42 所示。

10）单击【实体】选项卡【实体编辑】面板上的【剖切】按钮，分别选中下方的两个圆柱体，按<Enter>键结束选择，使用三点法确定底板长方体底面上的三点，把底面作为剖切平面，然后选择保留上半部分进行剖切，如图 14-43 所示。

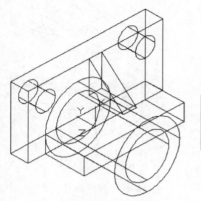

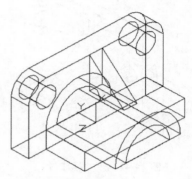

图 14-41　旋转 UCS 并拉伸多段线　　　图 14-42　创建圆角　　　图 14-43　剖切

11）单击【实体】选项卡【实体编辑】面板上的【并集】按钮，选中立板长方体、底板长方体、肋板、大半圆柱，将它们合并为一个实体，如图 14-44 所示。

12）单击【实体编辑】面板上的【差集】按钮，选择合并为一体的实体后按<Enter>键，再选择两个上部小圆柱和下部内侧小半圆柱，按<Enter>键，如图 14-45 所示。

13）选择【视图】→【消隐】菜单命令，三维图形如图 14-46 所示。

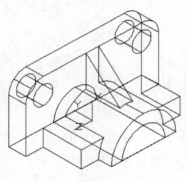

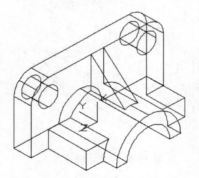

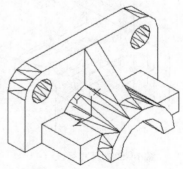

图 14-44　求并　　　　　图 14-45　求差　　　　　图 14-46　消隐显示的三维图形

2. 标注三维图形

在 AutoCAD 中，应用【注释】选项卡【标注】面板上的尺寸标注按钮，可以标注三维图形的尺寸。由于所有的尺寸标注均需在当前 UCS 的 XY 平面上进行，因此在标注三维图形不同部分的尺寸时需要不断地变换 UCS。

1）将 UCS 的 XY 平面与立板前表面对齐并适当移动，进行尺寸标注，如图 14-47 所示。

2）将 UCS 的 *XY* 平面与底板左表面对齐并适当移动，标注 8 和 18 两个尺寸，如图 14-48 所示。

3）将 UCS 的 *XY* 平面与立板左表面对齐并适当移动，标注尺寸 8 和 24，如图 14-49 所示。

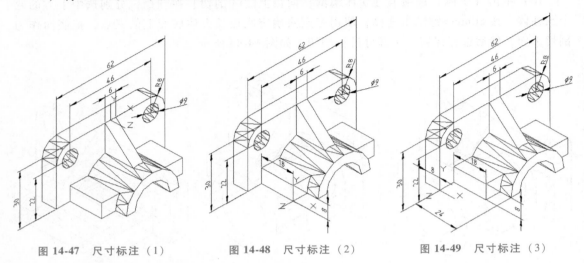

图 14-47　尺寸标注（1）　　　　图 14-48　尺寸标注（2）　　　　图 14-49　尺寸标注（3）

4）将 UCS 的 *XY* 平面与肋板左表面对齐并适当移动，标注尺寸 16，如图 14-50 所示。

5）将 UCS 的原点移动至前部半圆柱孔的圆心处，标注尺寸 R10 和 R15，如图 14-51 所示。

6）将 UCS 的原点移动至底板的左前下角点处，标注尺寸 46，如图 14-52 所示。

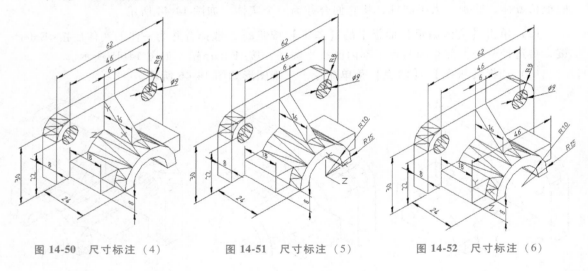

图 14-50　尺寸标注（4）　　　　图 14-51　尺寸标注（5）　　　　图 14-52　尺寸标注（6）

14.4 | 由三维模型生成二维视图

创建好三维实体模型后，若要将其转换成二维平面图形并生成三视图等，单击【常用】选项卡【建模】面板上的【实体视图】【实体图形】【实体轮廓】按钮均可实现这个功能。

【实体视图】按钮 ⬡：用正投影法由三维实体创建多面视图和截面视图。

【实体图形】按钮 ⬡：将截面视图生成二维轮廓并进行图案填充。

【实体轮廓】按钮 ⬡：创建三维实体图像的轮廓。

【例 14-1】 生成如图 14-52 所示模型的三视图。

1）移动 UCS 使其处于图 14-53 所示位置和状态。

2）单击展开绘图区域的【布局 1】选项卡，单击选中视口的细实线边框，按<Delete>键删除。

3）单击【常用】选项卡【建模】面板上的【实体视图】按钮 ⬡，命令窗口提示及操作如下。

命令：_solview

输入选项 [UCS(U)/正交(O)/辅助(A)/截面(S)]：u↙　　//按 UCS 创建视口

输入选项 [命名(N)/世界(W)/？/当前(C)] <当前>：↙

输入视图比例 <1>：↙　　　　　　　　　　　　//确定视图比例为 1:1

指定视图中心：　　　　　　　　　　　　　　　//在适当的位置指定视图
　　　　　　　　　　　　　　　　　　　　　　中心位置

指定视图中心 <指定视口>：　　　　　　　　　//调整位置后按<Enter>键

指定视口的第一个角点：　　　　　　　　　　　//在视图左上角拾取一点

指定视口的对角点：　　　　　　　　　　　　　//在视图右下角拾取一点

输入视图名：zhushitu↙　　　　　　　　　　 //输入视图名称

输入选项 [UCS(U)/正交(O)/辅助(A)/截面(S)]：*取消*　　//按<Esc>键取消

操作结果如图 14-54 所示。

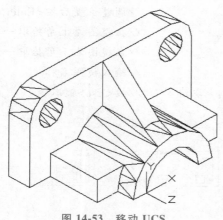

图 14-53　移动 UCS

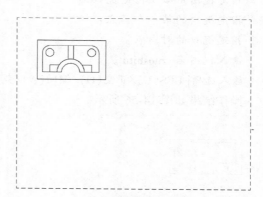

图 14-54　主视图

4）再次单击【常用】选项卡【建模】面板上的【实体视图】按钮 ⬡，命令窗口提示及操作如下。

命令：_solview

输入选项 [UCS(U)/正交(O)/辅助(A)/截面(S)]：o↙　　//指定正交视图

指定视口要投影的那一侧：　　　　　　　　//在主视图边框的上边线单
　　　　　　　　　　　　　　　　　　　　　击鼠标左键

指定视图中心：　　　　　　　　　　　　　//在适当的位置指定视图中
　　　　　　　　　　　　　　　　　　　　　心位置

指定视图中心 <指定视口>：　　　　　　　//调整位置后按<Enter>键
指定视口的第一个角点：　　　　　　　　　//在视图左上角拾取一点
指定视口的对角点：　　　　　　　　　　　//在视图右下角拾取一点
输入视图名：fushitu ↙　　　　　　　　　//输入视图名称
输入选项［UCS(U)/正交(O)/辅助(A)/截面(S)］：*取消* //按<Esc>键取消
操作结果如图 14-55 所示。

5）在主视图上双击鼠标左键激活模型空间，单击【常用】选项卡【建模】面板上的
【实体视图】按钮，命令窗口提示及操作如下。

命令：_solview
输入选项［UCS(U)/正交(O)/辅助(A)/截面(S)］：s ↙　//创建截面图
指定剪切平面的第一个点：　　　　　　　　//拾取点 A(开启对象捕捉
　　　　　　　　　　　　　　　　　　　　　功能捕捉中点)
指定剪切平面的第二个点：　　　　　　　　//拾取点 B(开启对象捕捉
　　　　　　　　　　　　　　　　　　　　　功能捕捉圆心)
指定要从哪侧查看：　　　　　　　　　　　//拾取点 C
输入视图比例 <1>：↙　　　　　　　　　 //确定视图比例
指定视图中心：　　　　　　　　　　　　　//在适当位置指定视图中
　　　　　　　　　　　　　　　　　　　　　心位置
指定视图中心 <指定视口>：　　　　　　　//调整位置后按<Enter>键
指定视口的第一个角点：　　　　　　　　　//在视图左上角拾取一点
指定视口的对角点：　　　　　　　　　　　//在视图右下角拾取一点
输入视图名：zuoshitu ↙　　　　　　　　 //输入视图名称
输入选项［UCS(U)/正交(O)/辅助(A)/截面(S)］：*取消* //按<Esc>键取消
操作结果如图 14-56 所示。

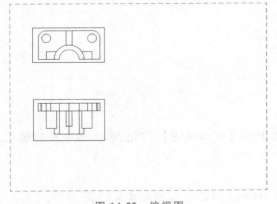

图 14-55　俯视图

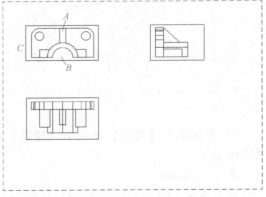

图 14-56　左视图

6）单击【常用】选项卡【建模】面板上的【实体图形】按钮，选择左视图，结果如图 14-57 所示。

7）看到左视图中生成的剖面线不符合要求，双击激活剖视图所在的视口，双击剖面区域激活【图案填充创建】选项卡，修改填充，结果如图 14-58 所示。

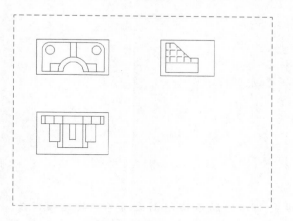

图 14-57 【实体图形】命令的结果　　　　　　　　　图 14-58 修改剖面线的结果

8）打开【图层特性管理器】选项板，冻结【0】层和【VPORTS】层，修改【fushitu-HID】层的线型为【HIDDEN】，修改【zhushitu-VIS】【fushitu-VIS】【zuoshitu-VIS】三层的线宽为 0.5，结果如图 14-59 所示。

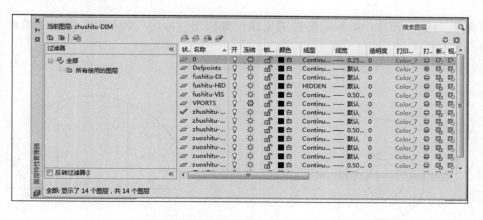

图 14-59 【图层特性管理器】选项板

提示　【图层特性管理器】选项板中自动形成了一些图层，例如，【fushitu-VIS】层代表主视图中的可见轮廓线所在层，【fushitu-HID】层代表主视图中的不可见轮廓线所在层。

9）得到的平面视图如图 14-60 所示。

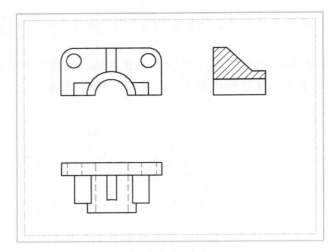

图 14-60 平面视图

提示 按剖视图中的规定画法，按照纵向剖切的肋不绘制剖面符号，故还须修改图 14-60 所示剖视图，此处省略。

思考与练习

根据图 14-61～图 14-64 所示两视图创建三维模型、标注模型尺寸，并由三维模型生成三视图。

1） 2）

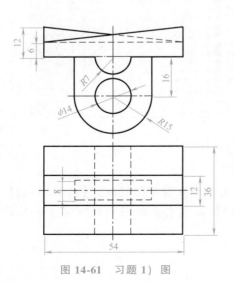

图 14-61 习题 1) 图

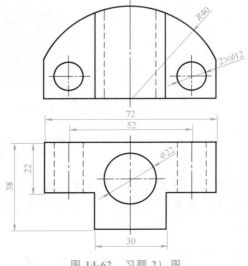

图 14-62 习题 2) 图

3)

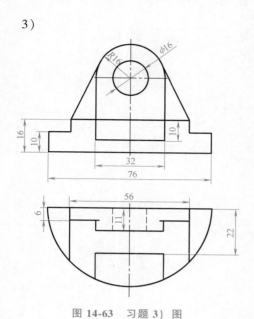

4)

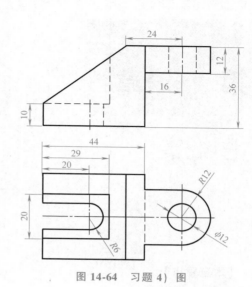

图 14-63 习题 3）图   图 14-64 习题 4）图

思政拓展：六棱钢钎是主体为六棱柱的一种常用建筑工具，通常由大锤打入软质岩石以钻孔，在所钻的孔中装填炸药，用以爆破岩石。在我国磷化工起步和振兴之路上，六棱钢钎发挥了不可磨灭的作用，扫描右侧二维码观看相关视频，并试着对六棱钢钎进行构形分析和三维建模。

信物百年
凿开中国磷化工
产业的钢钎

```
AutoCAD  — □ × →
```

第15章

图纸集

【本章重点】
- 创建图纸集
- 整理图纸集
- 发布图纸集

15.1 创建图纸集

图样文件可以传达设计项目的设计意图，同时提供文档和说明，通常是设计项目的主要提交形式。然而，手动管理图样文件的过程繁琐、复杂且耗时，而使用图纸集管理器可以便捷地进行图样文件的管理。如图 15-1 所示，图纸集是一个有序命名的集合，其中的图样是从图形文件中选定的布局，可以将任意图形的布局作为编号图样输入到图纸集中，进而可以将图纸集作为一个单元进行管理、传递、发布和归档。

1. 准备工作

（1）合并图形文件 建议将需要在图纸集中使用的图形文件移动到少数几个文件夹中，这样可以简化图纸集管理过程。

（2）避免多个【布局】选项卡 建议在每个要用于图纸集的图形文件中仅保留一个用作图纸空间的【布局】选项卡。对于多人访问的情况，这样做是非常必要的，因为在一个图形文件中一次只能打开

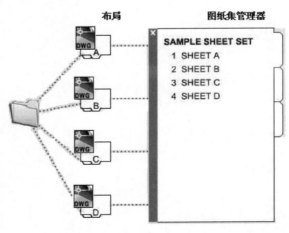

图 15-1 图纸集的形成过程

一张图样。

（3）创建用于创建图样的样板 创建或确定图纸集用于创建新图样的图形样板文件，在【图纸集特性】对话框（图15-5）或【子集特性】对话框中须指定此样板文件（图15-11）。

（4）创建页面设置替代文件 创建或指定样板文件来存储页面设置，以便打印和发布。此文件称为"页面设置替代文件"（图15-5），可用于将一种页面设置应用到图纸集中的所有图样，并替代存储在每个图形文件中各自的页面设置。

2. 图纸集创建步骤

1）组织文档结构。例如，在【齿轮油泵】文件夹中设置【外壳】【轴】【其他】三个子文件夹，在子文件夹中组织包含布局的文件。

2）单击功能区【视图】选项卡【选项板】面板的【图纸集管理器】按钮，系统出现【图纸集管理器】选项板，如图15-2所示。

3）单击展开【打开】下拉列表，选择【新建图纸集】选

图 15-2 【图纸集管理器】选项板

项，系统弹出【创建图纸集-开始】对话框，如图15-3所示。可以看到创建图纸集有【样例图纸集】和【现有图形】两种途径，下面以后者为例讲述创建步骤。

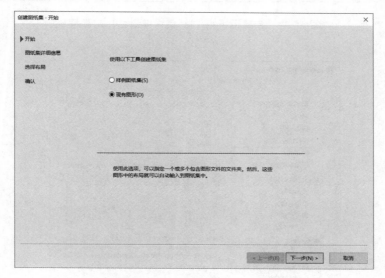

图 15-3 【创建图纸集-开始】对话框

> **提示** 选择【现有图形】选项创建图纸集时，需指定一个或多个包含图形文件的文件夹，可以让图纸集的子集结构复制图形文件的文件夹结构，这些图形的布局也就自动输入到图纸集中了。

4）在【创建图纸集-开始】对话框中选择【现有图形】选项，单击【下一步】按钮，系统出现【创建图纸集-图纸集详细信息】对话框，如图15-4所示。可以修改图纸集名称和

保存的目录，还可以单击【图纸集特性】按钮打开如图 15-5 所示的【图纸集特性-齿轮油泵】对话框，进而进行图纸集特性设置。注意指定【页面设置替代文件】和【用于创建图纸的样板】的内容。

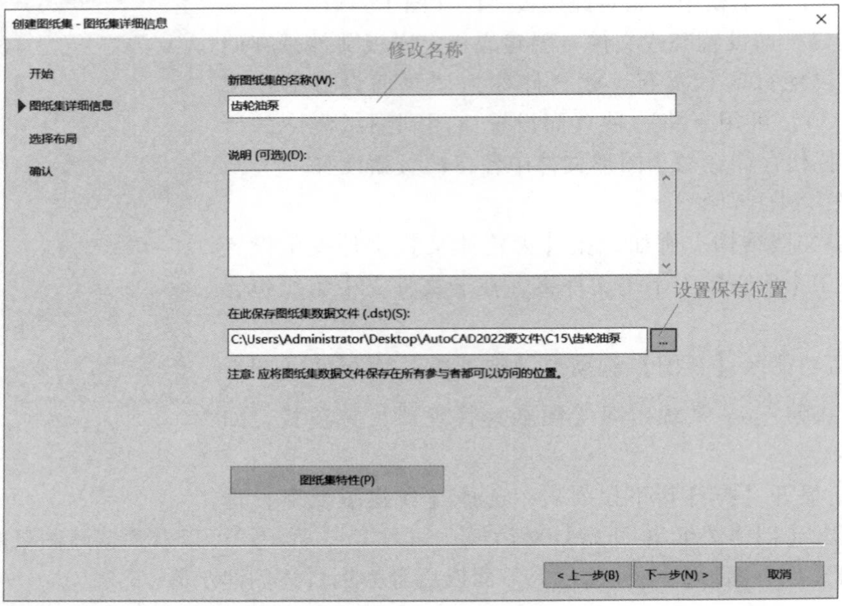

图 15-4 【创建图纸集-图纸集详细信息】对话框

图 15-5 【图纸集特性-齿轮油泵】对话框

5）在【创建图纸集-图纸集详细信息】对话框单击【下一步】按钮，系统出现【创建图纸集-选择布局】对话框，如图 15-6 所示。单击【输入选项】按钮，系统会弹出

【输入选项】对话框，如图 15-7 所示。勾选【根据文件夹结构创建子集】和【忽略顶层文件夹】复选框，单击【确定】按钮回到【创建图纸集-选择布局】对话框。单击【浏览】按钮，在弹出【浏览文件夹】对话框选择【齿轮油泵】文件夹，如图 15-8 所示，单击【确定】按钮返回【创建图纸集-选择布局】对话框，可以看到文件夹中的图样全部输入到图纸集中。

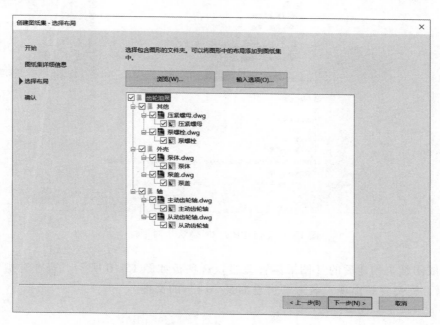

图 15-6 【创建图纸集-选择布局】对话框（图样输入后界面）

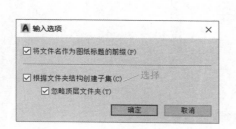

图 15-7 【输入选项】对话框

图 15-8 【浏览文件夹】对话框

6）在【创建图纸集-选择布局】对话框中单击【下一步】按钮，系统出现【创建图纸集-确认】对话框，如图 15-9 所示，单击【完成】按钮完成图纸集创建。

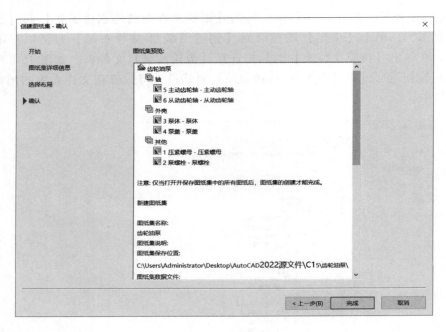

图 15-9 【创建图纸集-确认】对话框

7）完成图纸集创建后的【图纸集管理器】选项板如图 15-10 所示。若查看指定的图纸集存放目录，则会看到出现了名为"齿轮油泵.dst"的文件。

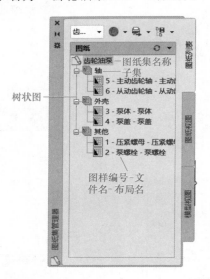

图 15-10 【图纸集管理器】选项板

提示 在【图纸集管理器】选项板的【齿轮油泵】图纸集名称上单击鼠标右键，在弹出的快捷菜单中选择【特性】选项，同样可以打开图 15-5 所示【图纸集特性-齿轮油泵】对话框，可进行特性设置。

15.2 整理图纸集

在【图纸集管理器】选项板中，展开上部的【打开】下拉列表，选择【打开】选项可打开保存的图纸集文件（扩展后为".dst"），可以在图样树状图的名称上单击鼠标右键，进而在弹出的快捷菜单中选择相应的选项来建立子集、新图样，还可以拖动调整图样的位置。

15.2.1 建立子集

若要建立一级子集，可以在【图纸集管理器】选项板图纸集名称上单击鼠标右键，在弹出的快捷菜单中选择【新建子集】选项，系统弹出【子集特性】对话框，如图15-11所示。在【子集名称】文本框中输入想建立子集的名称，如"填充物"，单击【确定】按钮，一个【填充物】子集就出现了，如图15-12所示。若要建立下一级的子集，只需在现有子集的名称上单击鼠标右键，再利用弹出的快捷菜单创建。

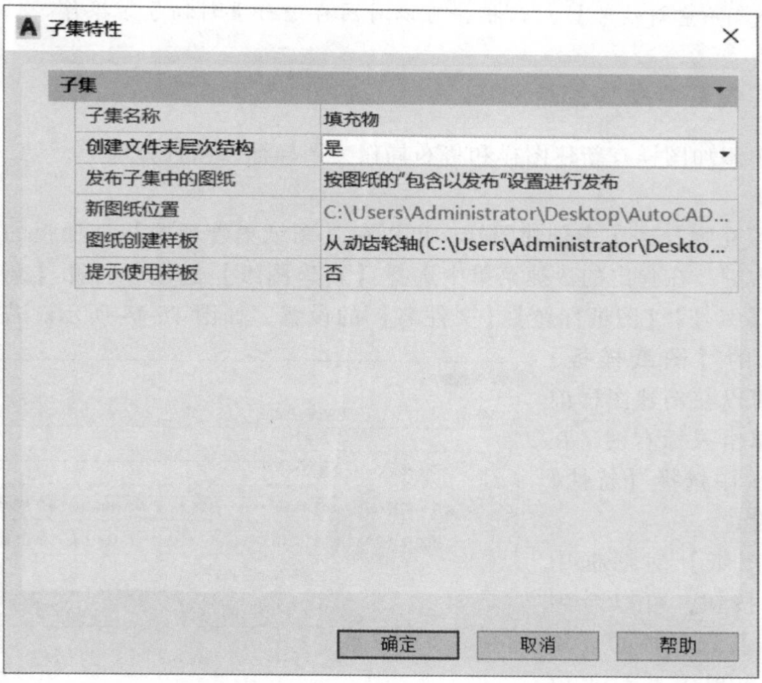

图 15-11 【子集特性】对话框

可以在子集名称或图样上按下鼠标左键并拖动，移到需要的位置后放开鼠标左键确定其新放置位置，如图15-13所示。可以使用右键快捷菜单删除子集或图样，注意如果子集有下一级子集，要删除该子集，则需要先删下一级子集的内容。

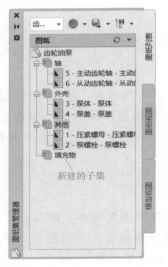

图 15-12　新建【填充物】子集

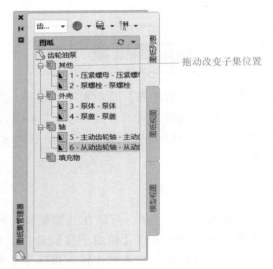

图 15-13　改变位置

> 提示　在图样上单击鼠标右键，在弹出的快捷菜单中选择【重命名并重新编号】选项打开【重命名并重新编号】对话框，可以对图样进行重新编号等操作。

15.2.2　向图纸集中添加图样

向图纸集中添加图样有新建图样和将布局作为图样输入两种方法。

1. 新建图样

若要在【填充物】子集中创建图样，可以在【图纸集管理器】选项板的【填充物】名称上单击鼠标右键，在弹出的快捷菜单中选择【新建图纸】选项，打开【新建图纸】对话框，可以进行【编号】【图纸标题】【文件名】的设置，如图 15-14 所示。若要对【新建图纸】对话框中的【图纸样板】进行设置，则可以在新建图样前在子集名称上单击鼠标右键，在弹出的快捷菜单中选择【特性】选项进而进行设置。

在【新建图纸】对话框中单击【确定】按钮，可以看到【图纸集管理器】选项板的【填充物】子集下出现了【盘盖填料】图样，如图 15-15 所示，双击该图样就可以打开"盘盖填料.dwg"文件，文件中有一个以默认样板建立的名称为"盘盖填料"的布局，可以使用这个布局组织图样。

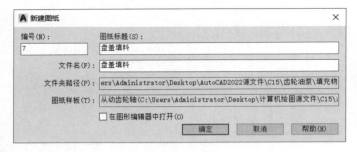

图 15-14　【新建图纸】对话框

2. 将布局作为图样输入

若要向【填充物】子集再添加一张图样，则可以在【图纸集管理器】选项板的【填充物】名称上单击鼠标右键，在弹出的快捷菜单中选择【将布局作为图纸输入】选项，打开【按图纸输入布局】对话框。单击【浏览图形】按钮会打开【选择图形】对话框，可以在其中选择包含要输入布局的图形文件。完成选择后【按图纸输入布局】对话框的列表中便会显示可输入的布局，如图 15-16 所示。单击【输入选定内容】按钮，布局就作为图样输入到图纸集中了。在【图纸集管理器】选项板的图样上单击鼠标右键，在弹出的快捷菜单中，选择【重命名并重新编号】选项，可以为图样重新编号。例如，把刚插入的图样编号为 8，则新建的图样【泵垫圈】便会出现在【图纸集管理器】选项板中，如图 15-17 所示。

图 15-15　新建【盘盖填料】图样

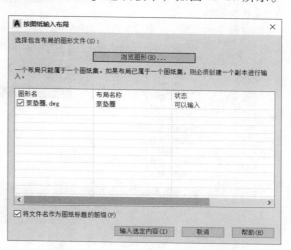

图 15-16　【按图纸输入布局】对话框

15.2.3　插入图样清单

可以利用图样清单罗列图样的明细信息，进而提高图样的管理效率，同时便于查看。以图 5-17 所示【齿轮油泵】图纸集为例，可按如下步骤在图纸集中插入图样清单。

1）在【齿轮油泵】图纸集名称上单击鼠标右键，在弹出的快捷菜单中选择【新建图纸】选项，建立一张存放图样清单表格的图样，设置其图样编号为 0，名称为"图纸清单"，如图 15-18 所示。

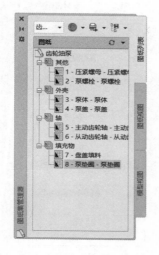

图 15-17　【齿轮油泵】图纸集

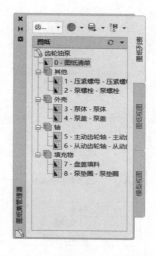

图 15-18　新建【图纸清单】图样

2）双击打开【图纸清单】图样，在【齿轮油泵】图纸集名称上单击鼠标右键，在弹出的快捷菜单中选择【插入图纸一览表】选项，系统弹出【图纸一览表】对话框，设置【表格样式名称】【标题文字】【分栏设置】等内容，勾选【显示小标题】复选框，如图 15-19 所示。

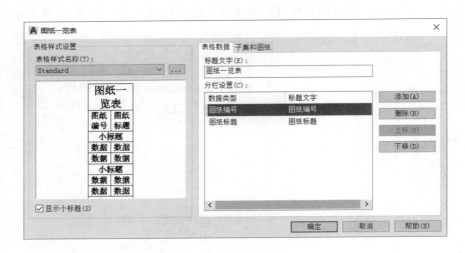

图 15-19 【图纸一览表】对话框

3）完成设置后在【图纸一览表】对话框单击【确定】按钮，系统提示输入表格的插入点，在图样上的合适位置单击鼠标左键，一个图样清单就完成了，如图 15-20 所示。

当图样被删除或名称被修改时，图样清单是可更新的。例如，删除图样 8，然后选择图样清单表格并单击鼠标右键，在弹出的快捷菜单中选择【更新表格数据链接】选项，表格会自动修改，如图 15-21 所示。

图 15-20 图样清单表格　　　　图 15-21 更新的图样清单表格

15.3 发布图纸集

1）在【图纸集管理器】选项板的图纸集名称上单击鼠标右键，在弹出的快捷菜单中选择【发布】→【发布对话框】选项，系统会弹出【发布】对话框，如图15-22所示。对话框的列表中显示了可以发布的图样，使用列表框上方的按钮可以进行添加、删除图样等操作。

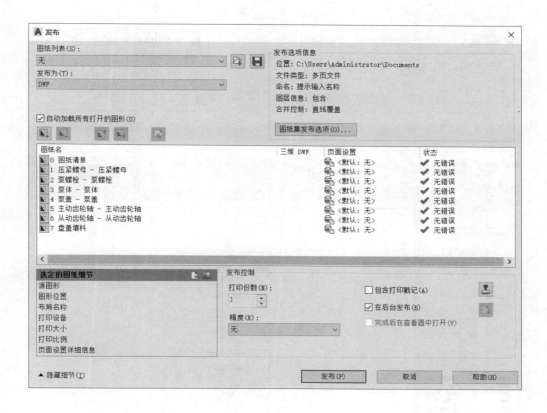

图 15-22 【发布】对话框

2）将【发布为】选择为【DWF】，单击【图纸集发布选项】按钮，系统弹出【图纸集DWF发布选项】对话框，设置【位置】【命名】等内容，如图15-23所示，单击【确定】按钮返回【发布】对话框。

3）单击【发布】按钮，系统提示输入扩展名为".dwf"文件的名称，如"齿轮油泵"，单击【选择】按钮图纸集发布便会开始，一段时间后工作界面右下角气泡提示框会提示发布完成，如图15-24所示。

4）到保存目录下双击"齿轮油泵.dwf"文件就可以打开它（需要安装Autodesk DWF Viewer应用程序），如图15-25所示，也可以把这个文件发给别人查看了。

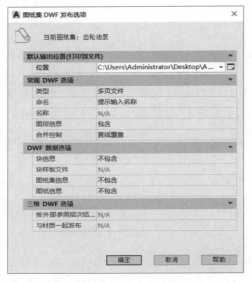

图 15-23　【图纸集 DWF 发布选项】对话框

图 15-24　发布完成提示

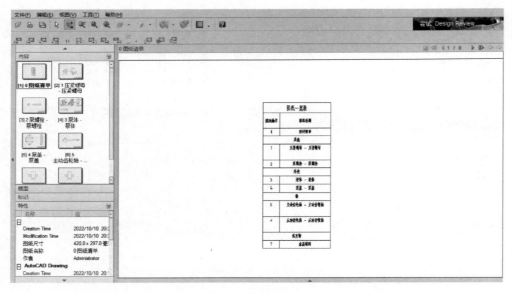

图 15-25　在 Autodesk DWF Viewer 中查看图纸集文件

　　思政拓展："工程未动，图纸先行"，一项改造工程的成功可能需要成百上千，甚至上万张设计图样，扫描右侧二维码了解推动煤电清洁化利用过程中技术图样的重要作用，并在实践中体会如何利用图纸集功能管理技术文件。

信物百年
推动煤电清洁化
利用的技术图纸

参 考 文 献

［1］ 管殿柱. AutoCAD 2005 机械制图 ［M］. 北京：机械工业出版社，2006.

［2］ 张轩，管殿柱. AutoCAD 2006 机械制图设计应用范例 ［M］. 北京：清华大学出版社，2006.

［3］ 管殿柱，张轩. 工程图学基础 ［M］. 2 版. 北京：机械工业出版社，2016.

［4］ 管殿柱，黄薇. 工程图学基础习题集 ［M］. 北京：机械工业出版社，2016.

［5］ 段辉，管殿柱. 现代工程图学基础 ［M］. 北京：机械工业出版社，2010.

［6］ 管殿柱. AutoCAD 2000 机械工程绘图教程 ［M］. 北京：机械工业出版社，2001.

［7］ 陈东祥. 机械制图及 CAD 基础 ［M］. 北京：机械工业出版社，2004.